华晟经世ICT专业群系列教材

物联网云平台
设计与开发

林勇 农国才 郭炳宇 姜善永 主编

人民邮电出版社
北京

图书在版编目（CIP）数据

物联网云平台设计与开发 / 林勇等主编． -- 北京：
人民邮电出版社，2019.2（2024.1重印）
　华晟经世ICT专业群系列教材
　ISBN 978-7-115-50728-0

　Ⅰ．①物… Ⅱ．①林… Ⅲ．①互联网络－应用－教材
②智能技术－应用－教材 Ⅳ．①TP393.4②TP18

中国版本图书馆CIP数据核字(2019)第013479号

内 容 提 要

本教材共6个项目，项目1为物联网云平台的初探，主要介绍了物联网的发展情况以及物联网整体架构的入门；项目2介绍了物联网云平台的需求分析和后台数据库的分析与设计；项目3和项目4重点介绍了物联网云平台的整体环境搭建以及基础模块功能的开发；项目5介绍的是物联网云平台下的海量设备数据存储的MongoDB数据库以及项目如何整合MongoDB数据库；项目6主要介绍了物联网云平台的重要使用协议（MQTT协议），以及如何通过集成MQTT协议实现设备与云端的实时通信。本教材具有较强实用性，教材内容以"学"和"导学"交织呈现，十分适合学习者使用。

◆ 主　编　林　勇　农国才　郭炳宇　姜善永
　责任编辑　李　静
　责任印制　彭志环
◆ 人民邮电出版社出版发行　北京市丰台区成寿寺路11号
　邮编　100164　电子邮件　315@ptpress.com.cn
　网址　http://www.ptpress.com.cn
　三河市君旺印务有限公司印刷
◆ 开本：787×1092　1/16
　印张：18.5　　　　　　　　　　　2019年1月第1版
　字数：444千字　　　　　　　　　2024年1月河北第12次印刷

定价：59.00元

读者服务热线：(010)81055493　印装质量热线：(010)81055316
反盗版热线：(010)81055315

前 言

当今以云计算、大数据、物联网为代表的新一代信息技术受到空前的关注,相关的职业教育急需升级自身技能以顺应和助推产业发展。从学校到企业,从企业到学校,华晟经世已经为中国职业教育产教融合这项事业奋斗了15年。从最早做通信技术的课程培训到如今以移动互联、物联网、云计算、大数据、人工智能等新兴专业为代表的ICT专业人才培养的全流程服务,我们深知课程是人才培养的依托,而教材则是呈现课程理念的基础。如何将行业最新的技术通过合理的逻辑设计和内容表达,呈现给学习者并达到理想的学习效果,是我们编写教材时一直追求的终极目标。

在教材的编写中,我们在内容上贯穿以"学习者"为中心的设计理念——教学方式以任务驱动,教材内容以"学"和"导学"交织呈现,项目引入以情景化的职业元素构成,学习足迹借助图谱得以可视化,学习效果通过最终的创新项目得以校验,具体特点如下。

教材内容的组织强调以学习行为为主线,构建了"学"与"导学"的内容逻辑。"学"是主体内容,包括项目描述、任务解决及项目总结;"导学"是引导学生自主学习、独立实践的部分,包括项目引入、交互窗口、思考练习、拓展训练及双创项目。

本教材以情景化、情景剧式的项目引入方式,模拟一个完整的项目团队,采用情景剧作为项目开篇,并融入职业元素,让内容更加接近于行业、企业和生产实际。项目引入更多的是还原工作场景,展示项目进程,嵌入岗位、行业认知,融入工作的方法和技巧,更多地传递一种解决问题的思路和理念。

项目篇以项目为核心载体,强调知识输入,经过任务的解决与训练,再到技能输出;采用"两点(知识点、技能点)""两图(知识图谱、技能图谱)"的方式梳理知识、技能,项目开篇清晰地描绘出该项目所覆盖的和需要的知识点,项目最后总结出经过任务训练所能获得的技能图谱。

本书强调学生的动手和实操,以解决任务为驱动,做中学,学中做。任务驱动式的学习,可以让我们遵循一般的学习规律,由简到难、循环往复、融会贯通;加强实践、动手训练,使读者在实操中的学习更加直观和深刻。教材还融入最新的技术应用,结合真实的应用场景,解决现实性客户需求。

教材具有创新特色的双创项目设计。教材结尾设计双创项目与其他教材形成呼应,体现了项目的完整性、创新性和挑战性,既能培养学生面对困难勇于挑战的创业意识,又能培养学生使用新技术解决问题的创新精神。

　　本教材共 6 个项目，项目 1 为物联网初探，主要介绍了物联网的发展情况以及物联网整体架构的入门；项目 2 介绍了物联网云平台的需求分析和后台数据库的分析与设计；项目 3 和项目 4 重点介绍了物联网云平台的整体环境搭建以及基础模块功能的开发；项目 5 介绍的是物联网云平台下的海量设备数据存储的 MongoDB 以及项目如何整合 MongoDB；项目 6 主要介绍物联网云平台的重要使用协议（MQTT 协议），以及如何通过集成 MQTT 协议实现设备与云端的实时通信。

　　本教材由林勇、农国才、郭炳宇、姜善永老师主编。主编除了参与编写，还负责拟定大纲和总纂。本教材执笔人依次是：项目 1 林勇，项目 2 农国才，项目 3 朱胜，项目 4 张静，项目 5 李文强，项目 6 范雪梅。初稿完结后，由郭炳宇、姜善永、王田甜、苏尚停、刘静、张瑞元、朱胜、李慧蕾、杨慧东、唐斌、何勇、李文强、范雪梅、冉芬、曹利洁、张静、蒋平新、赵艳慧、杨晓蕊、刘红申、黎正林、李想组成的编审委员会的相关成员进行审核和修订。

　　整本教材从开发总体设计到每个细节，团队精诚协作，细心打磨，以专业的精神尽量克服知识和经验的不足，终以此书飨慰读者。

　　本教材提供配套代码和 PPT，如需相关资源，请发送邮件至 renyoujiaocaiweihu@huatec.com。

编　者
2018 年 7 月

目 录

项目 1 物联网云平台初探与开发环境搭建 ·· 1
    1.1 任务一：物联网云平台初探 ··· 3
        1.1.1 国内外物联网云平台初探 ··· 3
        1.1.2 物联网云平台技术漫谈 ··· 11
        1.1.3 物联网云平台未来的发展趋势 ··· 12
        1.1.4 任务回顾 ··· 12
    1.2 任务二：物联网云平台架构分析 ·· 13
        1.2.1 物联网云平台架构设计 ··· 14
        1.2.2 物联网云平台的产品功能 ··· 15
        1.2.3 物联网云平台的核心技术 ··· 20
        1.2.4 任务回顾 ··· 21
    1.3 项目总结 ··· 22
    1.4 拓展训练 ··· 23

项目 2 物联网云平台总体分析与设计 ··· 25
    2.1 任务一：物联网云平台需求分析 ·· 26
        2.1.1 物联网云平台用户功能需求分析 ·· 26
        2.1.2 物联网云平台设备功能需求分析 ·· 30
        2.1.3 物联网云平台设备数据功能需求分析 ·· 36
        2.1.4 任务回顾 ··· 40
    2.2 任务二：物联网云平台数据库的设计与实现 ·· 41
        2.2.1 物联网云平台数据库分析 ··· 41

            2.2.2　物联网云平台逻辑结构设计 ………………………………………………… 45
            2.2.3　物联网云平台物理结构设计 ………………………………………………… 49
            2.2.4　物联网云平台概念结构设计 ………………………………………………… 53
            2.2.5　物理数据模型导出 SQL …………………………………………………… 54
            2.2.6　任务回顾 ……………………………………………………………………… 55
    2.3　项目总结 …………………………………………………………………………………… 56
    2.4　拓展训练 …………………………………………………………………………………… 56

项目 3　物联网云平台开发框架搭建 …………………………………………………………… 59
    3.1　任务一：IntelliJ IDEA 简介 ……………………………………………………………… 60
            3.1.1　IntelliJ IDEA 概述 …………………………………………………………… 60
            3.1.2　IntelliJ IDEA 安装配置 ……………………………………………………… 61
            3.1.3　IntelliJ IDEA 常用设置 ……………………………………………………… 67
            3.1.4　IntelliJ IDEA 常用智能快捷键 ……………………………………………… 70
            3.1.5　任务回顾 ……………………………………………………………………… 71
    3.2　任务二：IntelliJ IDEA 创建 Gradle 项目 ……………………………………………… 72
            3.2.1　Gradle 简介 …………………………………………………………………… 72
            3.2.2　创建 Gradle 项目 ……………………………………………………………… 73
            3.2.3　任务回顾 ……………………………………………………………………… 76
    3.3　任务三：搭建 SSM 开发环境 …………………………………………………………… 77
            3.3.1　SSM 框架简介 ………………………………………………………………… 77
            3.3.2　Gradle 创建 SSM 开发环境 ………………………………………………… 84
            3.3.3　测试开发环境 ………………………………………………………………… 93
            3.3.4　任务回顾 ……………………………………………………………………… 100
    3.4　项目总结 …………………………………………………………………………………… 101
    3.5　拓展训练 …………………………………………………………………………………… 101

项目 4　物联网云平台基础模块开发实战 ……………………………………………………… 103
    4.1　任务一：安全机制与权限管理 …………………………………………………………… 104
            4.1.1　Token 机制 …………………………………………………………………… 105

        4.1.2　权限管理 117
        4.1.3　任务回顾 120
　　4.2　任务二：用户模块开发 121
        4.2.1　实现用户模块 Service 层 121
        4.2.2　实现用户模块 Controller 层 134
        4.2.3　集成 Restful API 138
        4.2.4　测试实现功能 142
        4.2.5　任务回顾 145
　　4.3　任务三：设备模块开发 146
        4.3.1　实现设备模块 Service 层 146
        4.3.2　实现设备模块 Controller 层 156
        4.3.3　任务回顾 160
　　4.4　项目总结 161
　　4.5　拓展训练 161

项目 5　物联网云平台数据管理开发实战 163
　　5.1　任务一：走进 MongoDB 164
        5.1.1　MongoDB 简介 165
        5.1.2　MongoDB 本地安装 169
        5.1.3　MongoDB 基本操作 174
        5.1.4　MongoDB Java 操作 191
        5.1.5　任务回顾 196
　　5.2　任务二：Spring Data MongoDB 集成 197
        5.2.1　Spring Data MongoDB 介绍及配置 197
        5.2.2　Spring Data MongoDB 操作示例 202
        5.2.3　任务回顾 211
　　5.3　任务三：物联网云平台数据管理模块开发 212
        5.3.1　物联网云平台 MongoDB 业务功能分析 212
        5.3.2　实现物联网云平台 MongoDB 业务功能 214
        5.3.3　物联网云平台 MongoDB 业务功能调用 226
        5.3.4　任务回顾 230

5.4 项目总结 231
5.5 拓展训练 231

项目 6　物联网云平台消息机制 　　　　　　　　　　　　　　　　　233
6.1　任务一：走进 MQTT 协议 234
6.1.1　浅析 MQTT 协议 235
6.1.2　MQTT 协议服务器安装 239
6.1.3　MQTT 协议的工具测试 244
6.1.4　MQTT 协议客户端测试 250
6.1.5　任务回顾 255
6.2　任务二：物联网场景下 MQTT 协议的整合 257
6.2.1　Spring 整合 org.eclipse.paho 实现 MQTT 协议客户端 257
6.2.2　物联网云平台 MQTT 协议业务接口 262
6.2.3　任务回顾 270
6.3　任务三：物联网云平台的设备消息管理 271
6.3.1　MQTT 协议订阅设备数据及接收处理 272
6.3.2　MQTT 协议发布控制设备数据 280
6.3.3　任务回顾 285
6.4　项目总结 286
6.5　拓展训练 287

项目 1
物联网云平台初探与开发环境搭建

项目引入

我是 Jane，是一名初级 Java 程序员，从大四开始在这家互联网公司实习，毕业后顺利地入职，正式成为一名勤奋的"北漂"。

今天，我刚坐到工位上，工作群里就提示有消息，提醒项目组将在 15 分钟后在会议室召开启动会议。

团队的项目经理是资深软件开发工程师 Philip，他从今天开始将带领团队开发一个通用的物联网云平台，时间紧、任务重，我们都要打起精神，准备工作。

大家不约而同地提前 15 分钟到达了会议室。

> 我：Anne，你每天这么早到公司，而且还有时间吃早餐，还能把自己打扮得美美的，你怎么做到的？
>
> Anne：我一起床，就能吃上智能面包机和咖啡机为我准备的热腾腾的早餐，出门扫二维码，骑上一辆共享单车，听着音乐，就到公司啦。
>
> 智能家居、共享单车这些新兴的事物，确实在潜移默化地改变着我们的生活。
>
> 说话间隙，项目助理 Aron 打开了会议室的灯、投影仪、窗帘等。
>
> 我：Anne，昨天 Philip 不是说要开发物联网云平台吗？如果能设计一个会议模式，一键控制会议室的门、灯、投影仪、窗帘等，为大家准备一个舒适的会议环境，那该多好啊！
>
> Philip 已经站在门口，刚好听见了我们的谈话，接过话茬："这就是我们物联网云平台要解决的问题啊，物联网时代已经来临，我们要抓紧，商机稍纵即逝，好，我们现在开会吧。"

会议在轻松的氛围中进行着，到会议结束的时候，我们的讨论还意犹未尽呢！

在会上，Philip 确定了项目组的开发人员结构，如图 1-1 所示。

物联网云平台设计与开发

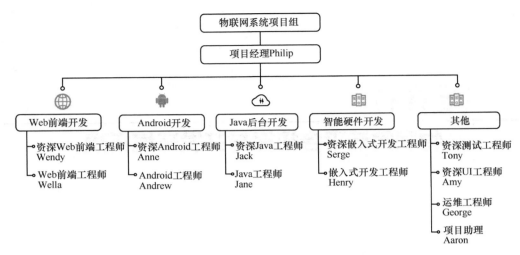

图1-1 项目开发人员结构

我和师傅Jack是开发物联网云平台后台的主力人员，鉴于我对物联网的认识还不够全面，Jack让我先了解国内外物联网云平台的架构和消息协议。

知识图谱

项目1的知识图谱如图1-2所示。

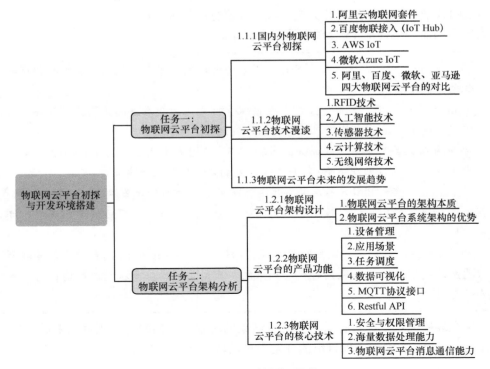

图1-2 项目1的知识图谱

1.1 任务一：物联网云平台初探

【任务描述】

2005 年在突尼斯举行的信息社会世界峰会（WSIS）上，国际电信联盟（ITU）发布《ITU 互联网报告 2005：物联网》，引入物联网（Internet of Things，IoT）的概念，世界各国相继重视起来，国内外物联网云平台日新月异，为了开发一个实用的物联网云平台，我们有必要参考国内外的大型物联网云平台，例如阿里云、华为云、百度云、AWS IoT、微软 Azure IoT 等。"见贤思齐焉"，让我们带着一双善于发现美的眼睛，探索国内外大型企业的物联网云平台。

1.1.1 国内外物联网云平台初探

目前，物联网的发展属于起步阶段，物联网尚无统一的国际标准。物联网的革命必须依托互联网的高速发展和实体的智能化发展。物联网把虚拟的网络和实际物体相结合，而这两者的结合需要更多、更强的技术支持，核心技术包括传感器技术、识别技术、数据处理技术、通信网络技术、安全隐私技术等，这些技术需要进一步的发展以实现与互联网的有机结合。物与互联网的技术结合产生的应用涉及生活实践中的方方面面，影响整个社会的发展，包括军事领域、交通物流、医疗卫生、建筑材料等，强大的技术支撑可想而知。

对于物联网的发展，各个国家都十分重视，我国主要从两方面推动物联网的发展，一方面是研发物联网的技术，提高物联网设备的生产力；另一方面，在"十二五"规划中，我国提出了物联网技术发展的蓝图，从国家层面促进物联网的发展。

物联网云平台将成为互联网时代发展中的又一突破。现阶段不同的物联网云平台都具有以下的特性。

1. 阿里云物联网套件

物联网套件是阿里云针对物联网领域的开发人员所推出的，目的是帮助开发者搭建安全性能强大的数据通道，方便终端（如传感器、执行器、嵌入式设备或智能家电等）和云端的双向通信；在全球多节点部署，全球范围内的海量设备都可以安全、低延时地接入阿里云 IoT Hub，在安全上提供多重防护以保障设备云端安全，在性能上能够支撑亿级设备长连接，百万消息并发；物联网套件还提供一站式托管服务，数据从采集到计算到存储，用户无须购买服务器部署分布式架构，用户通过规则引擎只需在 Web 上配置规则，即可实现采集＋计算＋存储等全套服务。

总而言之，基于物联网套件提供的服务，物联网开发者可以快速搭建稳定可靠的物联网平台。

（1）阿里云物联网套件架构介绍

阿里云物联网套件的架构如图 1-3 所示，包括以下部分。

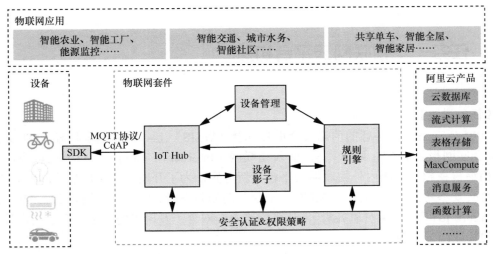

图1-3　阿里云物联网套件架构

1）IoT Hub

IoT Hub 是物联网设备提供的安全通道，该通道可以发布设备信息和接收设备信息。其可以使用的协议有 CoAP 和 MQTT 协议。

① CoAP 有利于实现通道与设备的短连接通信，应用于需要上传信息的低功耗设备。

② MQTT 协议有利于实现通道与设备的长连接通信，应用于需要指令控制的设备场景。

2）安全认证 & 权限策略

在阿里物联网套件创建设备信息时，系统会给每个设备发放唯一的证书，而在使用 IoT Hub 时，必须提前验证该证书的唯一性。用户在使用设备时，只能使用自己账号下的 Topic 发布订阅信息，如果想用其他账号的 Topic，需要授权认证。

3）规则引擎

阿里云物联网套件为用户提供类 SQL 的规则引擎，帮助用户过滤数据、处理数据，并能够发送数据到阿里云的其他服务，例如 Table Store、MNS、DataHUb 等，也能够发送数据到其他 Topic。

4）设备影子

设备影子是一个 JSON 文档，用于存储设备或者应用当前状态信息。每个设备都会在云端有唯一的设备影子，不管设备当前是否联网，都可以通过 MQTT 协议与 HTTP 使用设备影子获取设备当前的状态。

（2）阿里云物联网套件的产品功能

1）设备接入

① 提供不同网络的设备接入方案，例如 2G/3G/4G、NB-IoT、LoRa 等，解决企业异构网络设备接入管理的难点问题。

② 提供多种协议的 SDK，例如 MQTT 协议、CoAP 等，这样既能满足设备需要长连接保证实时性的需求，又能满足设备需要短连接降低功耗的需求。

③ 开源多种平台设备端代码，并且提供跨平台移植手册，让企业可以基于不同平台将设备接入物联网套件。

2）设备通信

① 提供设备与云端的上下行通道，该套件能够稳定可靠地支撑设备上报与指令下发。

② 提供设备影子缓存机制，将设备与应用解耦，解决在无线网络不稳定情况下的通信不可靠痛点的问题。

3）安全能力

① 提供一台设备一个密钥的认证方式，降低设备被攻击的安全风险。

② 提供 TLS 标准的数据传输通道，保证数据的机密性和完整性。

③ 提供设备权限管理机制，保障设备与云端通信安全。

④ 提供设备密钥安全管理机制，防止设备密钥泄露。

⑤ 提供芯片级安全存储方案，防止设备密钥被破解。

4）设备管理

① 提供对设备生命周期的管理，可以注册、删除设备。

② 提供设备 online-offline 变更通知服务，可以实时获取设备状态。

③ 提供设备权限管理，设备基于权限与云端通信。

④ 支持 OTA 升级，让设备具有远程升级的能力。

5）规则引擎解析转发数据

① 基于规则引擎可以配置规则实现设备之间的通信，快速实现 M2M 场景。

② 基于规则引擎将数据转发到 MNS，保障应用消费设备上行数据的稳定可靠性。

③ 基于规则引擎将数据转发到 Table Store，提供设备数据采集 + 存储的联合方案。

④ 基于规则引擎将数据转发到 StreamSql，提供设备数据采集 + 计算的联合方案。

2. 百度物联接入（IoT Hub）

百度物联接入（IoT Hub）是一个全托管的云服务，帮助设备与云端之间建立安全可靠的双向连接，以支撑海量设备的数据收集、监控、故障预测等各种物联网场景。搭建物联网的第一步是将设备连接到物联网平台，百度物联接入可以支持亿级并发连接和消息数，支持海量设备与云端安全可靠的双向连接，无缝对接天工平台和百度云的各项产品和服务。

（1）百度物联接入架构介绍

目前，该平台的服务主要由物接入、物解析、物管理、规则引擎和时序数据库组成，并可无缝对接百度云天算智能大数据平台及基础平台产品，可提供千万级设备接入的能力，并具有每秒百万数据点的读写性能、超高的压缩率、端到端的安全防护能力。百度物联接入架构如图 1-4 所示。

1）Edge SDK

百度云面向设备端提供的 SDK 可以安装在单机设备或企业网关上。安装了 SDK 的设备只需要配置一个云端生成的密钥便可以完成与云端的连接，实现与云端的通信。Edge SDK 支持 SSL 方式，能够保证用户数据的安全。

物联网云平台设计与开发

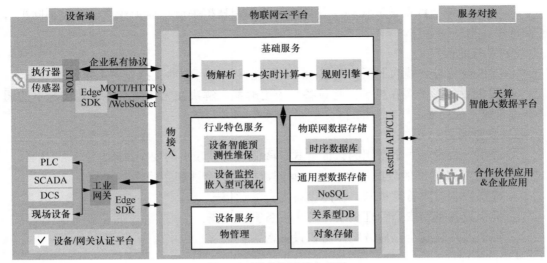

图1-4 百度物联接入架构

2）物接入

物接入是全托管的云服务，在智联设备与云端之间可以双向通信，并通过主流的物联网协议（如MQTT协议）进行通信，实现从设备端到云端以及从云端到设备端的安全稳定的消息传输。

3）物管理

物管理主要用于对接入云端的设备进行管理和操作。物管理需要与百度云的物接入服务配合使用，对接入云端的设备进行一站式设备管理，可应用于设备的层级管理、监测、遥控、固件升级和维护保养等各个场景。

4）物解析

物解析在云端为用户提供工业协议解析服务（比如 Modbus 和 OPC UA）。在云端收到设备端返回的原始数据后，物解析服务结合用户提供的设备通信地址表，可将数据解析成可用于存储和分析的数据。

5）规则引擎

规则引擎作为百度云天工智能物联网平台的重要组件，用于将信息根据预先设置好的规则转发至百度云的其他服务。用户可通过规则引擎设定消息处理规则，对规则匹配的消息采取相应的转发操作，如推送给手机 App 等；也可以将设备消息无缝转发到时序数据库、百度 Kafka 和对象存储中进行存储。

6）时序数据库

时序数据库是用于管理时间序列数据的专业化数据库。区别于传统的关系型数据库，时序数据库针对时间序列数据的存储、查询和展现进行了专门的优化，从而获得极高的数据压缩能力以及极优的查询性能，特别适用于物联网应用场景。

7）天算智能大数据平台

该平台可以存储智能设备的海量数据、智能 API、众多业务场景模板以及进行人脸识别、文字识别、语音识别等，帮助用户实现智能业务。

（2）百度物联接入产品功能
1）安全可靠的双向连接
物联接入服务是全托管的服务，用户可以快速创建物联网服务的实例并安全可靠地连接设备与云端而不用为运维操心。
2）认证与授权
百度物联接入提供设备级别的认证，以及基于策略的授权，允许控制设备对特定主题具有读写等权限，保障物联网应用的安全。
3）支持主流物联网协议
MQTT协议是标准的物联网协议，用户可以使用丰富的MQTT协议客户端，使用熟悉的编程语言以及设备平台开发物联网项目。
4）数据分析
无缝连接物联网服务与大数据服务，通过时序数据库来存储海量数据，进而对接数据分析和机器学习服务，驱动业务的升级与转型。

3. AWS IoT

AWS IoT是一个全托管的云平台，可使互联设备轻松安全地与云应用程序及其他设备交互。AWS IoT可支持数十亿台设备和数万亿条消息，并且可以对这些消息进行处理并将其安全可靠地路由至AWS终端节点和其他设备。AWS IoT平台支持将设备连接到AWS服务和其他设备上，保证数据和交互的安全。它可处理设备数据并对其执行操作，以及支持应用程序与设备（即便处于离线状态）进行交互。

AWS IoT架构如图1-5所示。

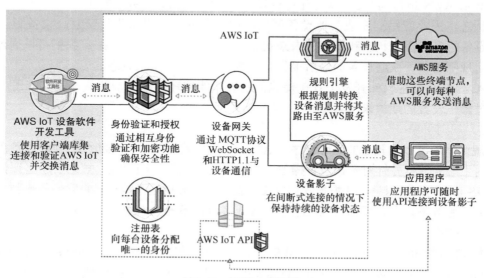

图1-5　AWS IoT架构

1）AWS IoT设备软件开发工具包

AWS IoT提供软件开发工具包，该工具包可以轻松快速地连接硬件设备或移动应用程序。利用AWS IoT设备软件开发工具包，设备可以使用MQTT协议、HTTP或

WebSocket 协议连接和验证 AWS IoT，并与之交换消息。

2）设备网关

AWS IoT 设备网关支持设备安全高效地与 AWS IoT 进行通信。设备网关可以使用发布/订阅模式交换消息，从而支持一对一和一对多的通信。凭借一对多的通信模式，AWS IoT 将支持互连设备向多名给定主题的订阅者广播数据。设备网关支持 MQTT 协议、WebSocket 和 HTTP 1.1 协议。设备网关可自动扩展，以支持十亿多台设备，而无需预置基础设施。

3）身份验证和授权

AWS IoT 在所有连接点处提供相互身份验证和加密，因此绝不会在未验证身份的情况下在设备和 AWS IoT 之间交换数据。AWS IoT 支持 AWS 身份验证（称为"SigV4"）以及基于 X.509 证书的身份验证。HTTP 连接可以使用任一方法，MQTT 协议的连接可以使用基于证书的身份验证，而 WebSocket 的连接可以使用 SigV4。借助 AWS IoT，平台可以通过控制台或使用 API 创建、部署并管理设备的证书和策略。平台也可以预置、激活这些设备证书，并将其与使用 AWS IAM 配置的相关策略关联。如果您选择执行此操作，则会立即被撤销单个设备的访问权限。

4）注册表

注册表将为设备创建一个身份并跟踪元数据，如设备的属性和功能。注册表会向格式一致的每台设备分配唯一的身份，而不管设备的类型和连接方式如何。此外，它还支持描述设备功能的元数据，例如传感器是否报告温度，以及数据是华氏度还是摄氏度。

5）设备影子

凭借 AWS IoT，我们可以创建每台设备的持久虚拟版（或"影子"），它包含设备的最新状态，因此应用程序或其他设备可以读取消息并与此设备进行交互。设备影子保留每台设备的最后报告状态和期望的未来状态，即便设备处于离线状态。我们可以通过 API 或使用规则引擎，获取设备的最后报告状态或设置期望的未来状态。

AWS IoT 设备软件开发工具包使我们的设备能够轻松地同步其状态及其影子，并响应通过影子设置的期望未来状态。

6）规则引擎

规则引擎可以构建 IoT 应用程序，这些应用程序将收集、处理和分析互联设备在全局范围内生成的数据并针对数据执行操作，且无需管理任何基础设施。规则引擎将评估发布到 AWS IoT 的入站消息，并根据我们定义的业务规则转换这些消息，将它们传输到另一台设备或云服务平台上。规则可以应用至一台或多台设备的数据中，并且它可以并行执行一项或多项操作。

规则引擎可以将消息路由 AWS 终端节点，包括 Amazon Kinesis、Amazon S3、Amazon DynamoDB 以及 Amazon CloudWatch。外部终端节点可以使用 Amazon Kinesis 和 Amazon Simple Notification Service（SNS）进行连接。

4. 微软 Azure IoT

Azure IoT 是一个完全托管的云服务平台，它可以在数百万台 IoT 设备和一个解决方案后端之间实现安全可靠的双向通信。

Azure IoT 提供可靠的设备到云和云到设备的大规模消息传送，使用每台设备的安全凭据和访问控制来实现安全通信。它可广泛监视设备连接性和设备标识管理事件，包含流行语言和平台的设备库。

（1）微软 Azure IoT 架构

微软 Azure IoT 的平台定位是连接设备、其他 M2M 资产和人员，以便在业务和操作中更好地利用数据。微软 Azure IoT 架构如图 1-6 所示。

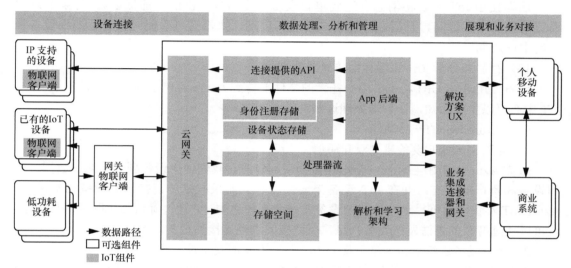

图1-6　微软Azure IoT架构

1）设备级别的身份验证

每台设备设置独有的安全密钥，IoT 中心标识注册表会存储设备标识和密钥，后端可将个别设备加入允许列表或方块列表，以便完全控制设备访问权限。

2）设备连接操作监控

设备标识管理操作与设备连接事件会产生详细的操作日志，便于连接问题的识别。例如，其尝试使用错误凭据进行连接的设备，记录频繁发送消息或拒绝所有云到设备的消息。

3）丰富的设备库

Azure IoT 设备的 SDK 也支持 C、C#、Java 和 JavaScript 等托管语言，支持许多 Linux 分发版、Windows 和实时操作系统。

4）可扩展的 IoT 协议

IoT 中心存在一个公共协议，它使设备可以通过本机方式使用 MQTT 协议 v3.1.1、HTTP 1.1 或 AMQP 1.0 协议。

5）现场网关

使用 Azure IoT 网关 SDK 创建现场网关，该 SDK 可将自定义协议转换为 IoT 中心所理解的 3 个协议之一。

6）云网关

自定义 Azure IoT 协议网关（在云中运行的一个开放源代码组件）。

7）可扩展高并发的事件处理

Azure IoT 中心可扩展为数百万个同时连接的设备，以及每秒数百万个事件。

8）基于事件的设备数据处理

事件处理器引擎在热路径上可以处理设备事件，也可以将它们存储在冷路径上以供分析。IoT 中心可保留最多 7 天的事件数据，以保证可靠的处理并消减负载峰值。

9）可靠的云到设备消息传送

后端使用 IoT 中心将消息发送到单台设备（含至少一次的传递保证）。每条消息都设置单独的生存时间，且后端可以请求传递和过期回执，这可确保完全了解云到设备消息的生命周期。

10）存储和分析文件和缓存的传感器数据

设备使用 SAS URI 将 IoT 中心托管的文件上传到 Azure 存储空间。当文件到达云时，IoT 中心可以生成通知，让后端处理这些文件。

（2）Azure IoT 的产品功能

1）与数十亿 IoT 设备建立双向通信

依靠 Azure IoT 中心轻松安全地连接物联网资产。我们使用设备到云上测试数据，了解设备和资产的状态，并在 IoT 设备需要关注时立即采取措施。在云到设备的消息中，Azure IoT 不仅可以可靠地向连接的设备发送命令和通知，并通过确认回执跟踪消息传递，还可以通过持久的方法发送设备消息，以适应间歇性连接的设备。

2）每台设备进行身份验证可提升 IoT 解决方案的安全性

为每台连接的设备设置标识和凭据，并保持云到设备和设备到云消息的保密性。要保持系统的完整性，请根据需要选择性地撤销特定设备的访问权限。

3）使用 IoT 中心设备预配服务大规模注册设备

IoT 采用安全且可缩放的方式，以零接触方法注册和预配设备，加速其部署过程。IoT 中心设备预配服务支持与 IoT 中心兼容的任何 IoT 设备类型。

4）通过设备管理，大规模管理 IoT 设备

借助 IoT 中心新的设备管理功能，管理员可在云端大规模地远程维护、更新和管理 IoT 设备。IoT 解决方案免除自定义设备管理解决方案的开发和维护任务，或者无需再花费资源维护全球资产，从而节省了时间和成本。

5）将云的功能扩展到边缘设备

利用 Azure IoT Edge 实现混合云解决方案和边缘 IoT 解决方案。IoT Edge 提供了代码和服务之间的简单业务流程，使其能够在云和边缘之间安全流动并在一系列设备之间提供智能支持。它允许在边缘处启用人工智能和其他高级分析，降低 IoT 解决方案成本，简化开发工作并支持在离线或间歇性连接状态下操作设备。

5. 阿里、百度、微软、亚马逊四大物联网云平台的对比

在全球范围内，各国的大公司纷纷进行物联网云平台的开发，物联网发展前景也越来越明朗。物联网的概念也不再仅仅是将硬件联网，而是将连接后的设备数据进行存储、分析和呈现。人工智能技术的深度接入，改变了各类企业的生产、运维、管理。

阿里的物联网云平台套件产品和百度、微软、亚马逊的物联网云平台都支持 MQTT

协议通信协议，但是微软和百度的平台是完全开放的，但阿里的物联网套件平台做了半封装设计，比如平台的发布、订阅功能和微软一样，但是除此，它还可以自定义。可以说，阿里的物联网云平台是介于微软和百度之间的一种模式，并且它的通信加密要求是最高的。阿里的物联网云平台的操作很简单，主要是设备接入和数据导出。阿里提供的 API 能够很方便地和第三合作方进行系统级别的开发。

百度物联网云平台注重的不是设备接入环节，而是人工智能，这一点和微软很相似。百度物联网云平台支持 MQTT 协议，MQTT 协议不仅发挥了 MQTT 协议本身的优势，而且还是一个通信通道，比如信息的发布和订阅。

亚马逊物联网云平台将实现与 Lambda、Amazon Kinesis、Amazon S3、Amazon Machine Learning 和 Amazon DynamoDB 的交互，共同创建物联网应用程序和管理基础设备并分析数据。

微软的云平台提供了全方位的物联网服务，数据采集环节支持 3 种方式：Event Hubs、Service Bus 和 IoT Hub。其中，IoT Hub 支持 3 种通信协议：HTTPS、AMQP 和 MQTT 协议。对于 Azure 云来说，3 种协议不需要预先在云中设定，其是自适应的。从应用的角度来看，HTTPS、AMQP 和 MQTT 这 3 种协议没有太大的区别。需要指出的是，针对数据下发而言，HTTPS 的代价比较高，需要不断请求服务器，以获取数据下发的内容。

由此可以看出，现在的物联网必不可少的三要素分别是：云、手机和智能硬件。例如，当前现象级应用——摩拜单车就是一个典型案例。云的主要作用是数据接入、指令发出；另外一个重要功能是大数据分析，比如车共享频次、故障手机分析等；手机实现用户管理、扫描和位置呈现等功能；智能硬件的作用：一是控制车锁的开启，二是获取当前 GPS 坐标，三是和云端通信，发送位置、车锁状态信息并接收云端指令。

这种结构是一种典型的物联网应用，是智能硬件和云结合的一个典型范例，其产品功能简单明确，利于数量的复制，因而利于大数据分析。

1.1.2　物联网云平台技术漫谈

目前，物联网平台主要包括：RFID 技术、人工智能技术、传感器技术、云计算技术、无线网络技术五大核心技术。

1. RFID 技术

RFID（无线射频识别）是一种通信技术，可通过无线电信号识别特定目标并读写相关数据，识别系统与特定目标之间无需建立机械或光学接触。RFID 是物联网中"让物品开口说话"的关键技术，在物联网中，RFID 标签上保存着规范且互通性的信息，它通过无线数据通信网络将信息自动采集到中央信息系统中以完成对物品的识别。

2. 人工智能技术

人工智能技术是使计算机模拟人的某些思维过程和智能行为（如学习、推理、思考、规划等）的技术，主要包括计算机实现智能的原理，制造类似于人脑智能的计算机，使计算机能实现更高层次的应用。在物联网中,人工智能技术主要分析物品"讲话"的内容，从而实现计算机自动处理。

3. 传感器技术

传感器是一种检测装置，能感受规定的被测量的信息，并按照一定的规律将其转换成电信号或其他形式的信息输出。在物联网中，传感器主要负责接收物品"讲话"的内容。根据功效的不同，目前应用比较广泛的传感器有距离传感器、温度传感器、光离传感器、烟雾传感器、角速度传感器、心率传感器等，不同类型的传感器应用于不同的行业。

4. 云计算技术

在物联网中，终端的计算和存储能力有限，云计算平台可以作为物联网的大脑，实现对海量数据的存储和计算。所以说，物联网的发展离不开云计算技术的支持。

5. 无线网络技术

物联网中的物品要与人无障碍地交流，必然离不开高速、可进行大批量数据传输的无线网络。无线网络技术既包括允许用户建立远距离无线连接的全球语音和数据网络技术，也包括近距离的蓝牙技术、红外技术和 ZigBee 技术。

1.1.3 物联网云平台未来的发展趋势

物联网正在把日常家居、汽车、可穿戴设备及日用品连接到云端，伴随着此次物联网浪潮，我们的生活方式都将发生彻底改变。

技术的发展和生活水平的提升使越来越多的人坚定不移地追求更高品质的生活，智能家居作为高品质、信息化生活的代表得到越来越多的瞩目。目前，虽然在利用物联网技术推进家居智能化的过程中还存在许多问题，但是物联网技术具有先天优势：无需布线、网络容量大、能耗低等。

现在，计算无处不在，移动设备使人与计算自然连接，云计算使人和物与设备以及后端服务无缝连接，未来人类社会终将进入一个万物智能、万物互联的新时代。

1.1.4 任务回顾

 知识点总结

1. 阿里云物联网套件：IoT Hub、安全认证 & 权限策略、规则引擎、设备影子。

2. 百度物联接入（IoT Hub）：Edge SDK、物接入、物管理、物解析、规则引擎、时序数据库、天算智能大数据平台。

3. AWS IoT：AWS IoT 设备软件开发工具包、设备网关、身份验证和授权、注册表、设备影子、规则引擎。

4. 微软 Azure IoT：设备级别的身份验证、设备连接操作监控、丰富的设备库、可扩展的 IoT 协议、现场网关、云网关、可扩展高并发的事件处理、基于事件的设备数据处理、可靠的云到设备消息传送。

5. 四大平台对比：通过通信协议、数据分析、人工智能等方面进行对比。

6. 物联网云平台技术漫谈：RFID 技术、人工智能技术、传感器技术、云计算技术、无线网络技术。

7. 物联网云平台的未来发展趋势：物联网应用覆盖范围遍布个人、家庭和企业。

学习足迹

任务一的学习足迹如图 1-7 所示。

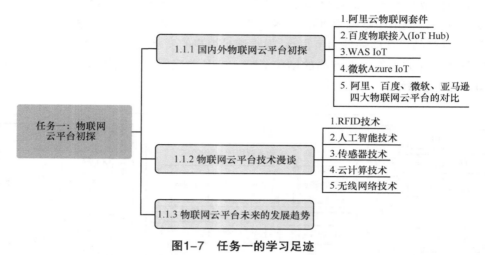

图1-7　任务一的学习足迹

思考与练习

1. 以下哪项不属于国外物联网云平台（　　　）。
   A. 阿里云物联网　　　　　　B. AWS IoT　　　　　C. 微软 Azure IoT
2. 物联网云平台的核心技术是_____、_____、_____、_____、_____、_____。
3. 物联网云平台常用场景有_____、_____、_____。
4. 简述物联网云平台未来的发展趋势。

1.2　任务二：物联网云平台架构分析

【任务描述】

此次任务从软件架构与功能设计两个方面探索物联网云平台。软件架构是构建软件实践的基础，对系统有承上启下的作用。软件架构是指在一定的设计原则的基础上，从不同角度搭配和安排组成系统的各部分，形成多个结构组成的架构。它包括系统的各个组件、组件的外部可见属性及组件之间的相互关系。而物联网云平台的功能设计是根据物联网云平台的架构进行具体应用的实现。

1.2.1 物联网云平台架构设计

架构设计是需求分析到软件实现的桥梁，也是决定软件质量的关键。物联网云平台的系统架构采用的是 MVC 思想，它将一个应用分成 Model（模型）、View（视图）和 Controller（控制器）3 个基本部分，这 3 个部分以最少的耦合协同工作，从而提高了应用的可扩展性及可维护性。虽然使用直接向数据库发送请求并用 HTML 显示的方式的开发速度比较快，但由于数据页面的分离不是很直接，因而很难体现业务模型或者模型的重用性；而且产品设计的弹性力度很小，很难满足用户的变化性需求。MVC 要求应用分层，虽然要花费额外的工作，但产品的结构清晰，产品的应用通过模型体现。物联网云平台的架构如图 1-8 所示。

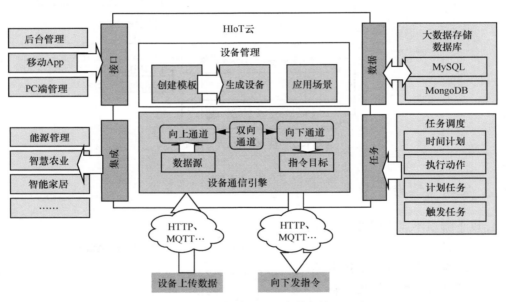

图1-8　物联网云平台的架构

1. 物联网云平台的架构本质

架构的本质是呈现三大能力：系统如何面向最终用户提供支撑能力、如何面向外部系统提供交互能力、如何面向企业数据提供处理能力。

（1）面向最终用户提供支撑能力

访问数据的窗口是表现层，用于展示与接收数据。物联网云平台的访问数据窗口有后台管理、移动 App 和 PC 端管理，它为客户提供交互的页面。PC 端的管理一般由前端工程师完成，移动 App 由安卓工程师完成。该系统的后台管理可以提供功能性接口，可供兴趣爱好者在物联网云平台上进行二次开发，而移动 App 端提供给普通用户使用，普通用户通过 App 控制已有的智能设备并展示数据。App 还可以提供不同场景下，组合控制设备组，组合控制又可以分为定时控制和一键控制等功能，使用户体验达到更加智能的状态。PC 端管理是给智能设备开发者以及智能设备生产商使用的,PC 端管理分为用户模块、设备模块、应用场景模块和任务管理模块等。用户模块的主要功能是注册登录,修改密码和找回密码等;设备模块则包括模板的创建、设备的创建、设备通道的生成、设备数据的显示以及设备持有者的 CRUD 等功能;应用场景模块是指提供给用户绑定的设备组,可以使用户一键绑定多台设备;任务管理模块则是提供设备的定时任务、例行任务、触发任务的设置等功能,使设备具有特殊性的功能。

(2) 面向外部系统提供交互能力

物联网云平台是开发者使用的平台,它可以向开发者提供硬件开发需要的信息,比如智能设备与物联网云平台通信时订阅和发布的主题信息等;开发者也可以通过该平台将开发完成的智能设备的设备信息传给移动 App 端,这样移动 App 就可以绑定设备,从而控制智能设备。设备的所有数据都将经过物联网云平台进行存储和显示,物联网云平台提供移动 App 获取设备上传信息以及下发控制设备信息的接口。移动 App 与物联网云平台是通过 HTTP 进行交互的。而物联网云平台与智能硬件是通过 HTTP 或者 MQTT 协议进行通信的。物联网云平台接收设备上传数据,存储在 MongoDB 中,便于我们存储查询。

(3) 面向企业数据提供处理能力

物联网云平台通过订阅向上通道获取不同设备各种数据类型的数据,它能整理数据,开发者可以查看正在上传数据的智能设备,如果某些设备上传了预警信息或是上传了触发事件的信息,开发者可以直接预先设置设备,同时,物联网云平台将预警消息发送给智能设备的使用者的移动 App 上;物联网云平台中的仪表盘可以通过输入设备信息,查看某个设备上传的数据以及设备下发的数据。

2. 物联网云平台系统架构的优势

(1) 简化开发

物联网云平台架构减少了用户开发项目的工作量,用户无需构建复杂的网络,无需重构主机处理器代码,无需开发后台软件,无需学习特殊的编程或脚本语言,开发难度较低,同时也降低了项目失败的风险。

(2) 加速产品上市

物联网云平台架构为用户节省了开发时间,加速了连接设备和移动应用程序的开发。它可以连接设备和手机应用程序并可独立连接到云端的抽象端点,这样在系统集成阶段就可减少很多问题。

(3) 降低成本

相比企业内部的模式,物联网云平台架构按需索取平台处理能力,降低了建设成本。

1.2.2 物联网云平台的产品功能

1. 设备管理

物联网云平台根据设备模板批量生产设备,设备根据自身的数据通道上传数据至云平台,通过数据通道下发指令控制设备,具体管理流程如图 1-9 所示。

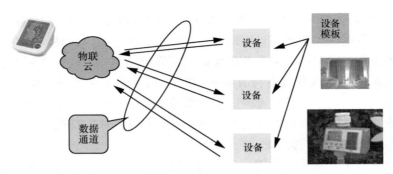

图1-9　设备管理流程

(1) 设备模板的概念

设备模板是向上提取设备的共性，并形成抽象的一类设备，我们将该抽象的一类设备定义为此类设备的模板。设备模板可用于批量生成设备。

(2) 设备的概念

IoT 中的 T 就是设备，是所有其他功能的基础。设备向下分配的是通道，向上整合的是场景。

(3) 数据通道的概念

向上通道：设备采集的数据通过向上通道上传至云端。

向下通道：云端通过向下通道推送指令、消息至设备端。

双向通道 = 向上通道 + 向下通道

(4) 数据类型的概念

设备的上传数据是各种各样的，为方便起见，我们将数据类型分为数值型、布尔型、文本型、GPS 型 4 种类型。

2. 应用场景

应用场景提供给开发者定制化的设备组功能，开发者可以灵活定制功能，并根据场景进行设备集成、设备集中监测，以及与 App 结合使用实现一键控制等。应用场景的概念如图 1-10 所示。

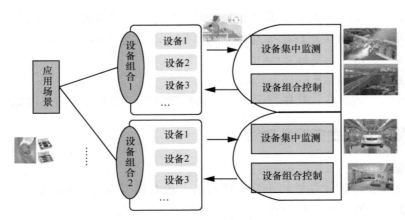

图1-10　应用场景的概念

应用场景功能包括场景定义、设备组合定义、设备组合下的设备列表,如图1-11所示。

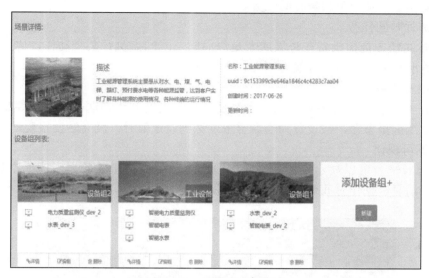

图1-11 应用场景设计

3. 任务调度

任务调度是实现实时性的操作,该平台可定义设备的定时任务、间隔时间任务、例行时间任务、触发任务。通过定义以上所述任务,设备可实现更高层次的智能化,如图1-12所示。

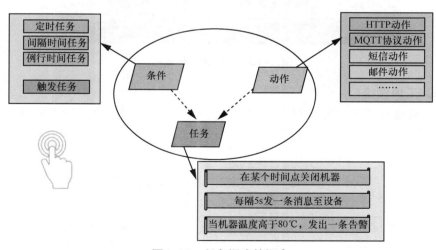

图1-12 任务调度的概念

(1)定时任务

我们可为设备设置开关、温度、亮度等任务,使各项任务按自己所设置的时间、日期进行开启或关闭。

(2)间隔时间任务

我们为设备定义每隔几个小时采集一次数据,这就是一个简单的间隔时间任务。其中每隔几个小时是间隔时间条件，进行一次采集是该设备的一个动作，间隔时间条件和相对应的动作组合是一个间隔时间任务。

（3）例行时间任务

例行时间任务是指设备在每天或者是每周同一时间点执行某个动作，比如闹钟每天早上 7 点钟准时响起，该任务就为例行时间任务。

（4）触发任务

触发任务是我们为设备设置的一个触发条件，当设备达到这个触发条件时就会执行动作，比如烟雾报警器，被设置为当烟雾浓度达到设定值时，就会触发报警动作。

4. 数据可视化

物联网云平台可以显示设备不同时间段产生的不同类型的数据，比如空调的开关、温度、预警消息、操作时间等数据，显示如图 1-13 所示。

图1-13　任务调度可视化

5. MQTT 协议接口

该接口通过设备端的发布和云端的订阅显示数据，通过云端的发布和设备端的订阅控制设备，通信流程如图 1-14 所示。

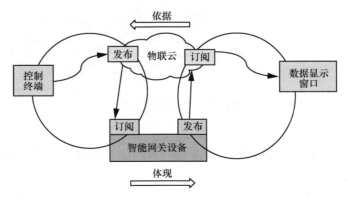

图1-14　物联网云平台MQTT协议通信流程

6. Restful API

Restful API 的后端与前端分离,后端与移动端分离,其通过 API 调用的方式实现各端之间的交互。Restful API 显示如图 1-15 所示。物联网云平台提供完整的 API 调用文档,可简化开发流程,为二次开发提供高效便捷的解决方案。

图1-15　Swagger界面

测试 Restful API,输入参数信息,单击"try it out"按钮,返回创建信息,详情如图 1-16 所示。

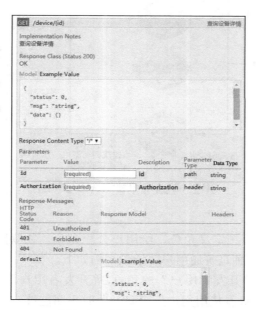

图1-16　测试Restful API

1.2.3 物联网云平台的核心技术

1. 安全与权限管理

（1）安全

物联网云平台采用基于 Token 的认证机制，该机制在每一次 HTTP 请求中都包含用户登录和身份信息的 Token 值，以进行头请求。

1）Token 头请求

① 无状态、可扩展，不依赖于 Session，简化第三方应用程序集成认证，分布式和负载均衡下的用户请求可无缝衔接。

② 安全、避免 Cookie 认证下的 CSRF、多平台跨域，用户只要拥有一个通过验证的 Token 值，就能在任何域上请求数据和资源，支持自动与主动失效。

2）Redis 存储 Token

① 采用 Redis 作为 Token 信息的存储，充分利用 Redis 作为基于内存及可持久化的日志型、Key-Value 数据库的优势。

② 性能极高，快速写入读取用户的 Token 信息，依托 Redis 的安全认证保证 Token 信息安全。

③ 支持主从复制，主机会自动将数据同步到从机，可以进行读写分离。

④ 可持久化 Token 信息，释放内存占用，保证用户认证的快速及安全。

3）MQTT 协议设备下的认证与安全

MQTT 协议认证与安全如图 1-17 所示。

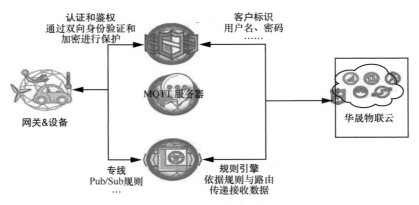

图1-17　MQTT协议认证与安全

（2）权限管理

物联网云平台会为系统定义角色，给用户分配角色。物联网云平台的角色有两种：一种是开发者用户；另一种是普通用户。场景举例如下。

系统给小明赋予了"开发者用户"的角色，"开发者用户"具有"创建模板""创建设备""修改设备"和"查看使用用户"权限，此时小明能够进入系统，并可以进行这些操作。

以上举例局限于功能访问权限，系统还有一些更加丰富、细腻的权限管理，比如：小明是物联网云平台的"开发者用户"，他能够也只能够管理自己开发的所有的设备以及设备的使用用户。小红是物联网云平台的"普通用户"，恰好她使用的是小明开发的设备，所以小红的设备使用信息以及上传数据也能被小明查看和管理。

2. 海量数据处理能力

数据存储除了可采用传统关系型数据库 MySQL，还可采用适用海量存储、分布式存储架构的 NoSQL 数据库 MongoDB。

① 自动 sharding（把数据水平扩展到很多服务器上）。
② 数据的读写分布于 shards 上，读写分离。
③ 备份：逻辑备份、物理备份、增量备份。
④ 设置监听窗口。
⑤ IP 地址绑定，限制连接 IP。
⑥ MongoDB 的分布式集群、高并发写入、易扩展等特性保证了海量数据存储与处理的能力。
⑦ 文档模型：Schema free、强大功能支持。
⑧ 高可用复制集：数据高可靠、服务高可用。
⑨ 分片集群：灵活扩展、海量数据存储。
⑩ Aggregation & MapReduce：数据分析、BI 支持。

3. 物联网云平台消息通信能力

物联网云平台消息通信机制同时支持 HTTP 与 MQTT 通信协议，重点突出 MQTT 协议在物联网应用中的优势：

① 采用 OASIS 标准协议（v3.1.1）；
② 具有对互联设备非常有用的轻量级的 Pub/Sub 传输协议；
③ MQTT 协议用于多资源敏感场景；
④ 需要自行构建、维护和扩展代理服务器以使 MQTT 协议和云应用程序互联。

MQTT 协议与 HTTP 相比具有以下优势：

① 提升吞吐量速度；
② 降低发送信息需要的电池用量；
③ 降低接收信息需要的电池用量；
④ 降低保持连接需要的电源用量；
⑤ 降低网络开销。

1.2.4 任务回顾

 知识点总结

1. 物联网云平台架构设计：Model（模型）、View（视图）、Controller（控制器）。
2. 物联网云平台产品功能：设备管理、应用场景、任务调度、数据可视化、MQTT

协议接口、Restful API。

3. 物联网云平台核心技术：安全与权限管理、海量数据处理能力、物联网云平台消息通信能力。

学习足迹

任务二的学习足迹如图 1-18 所示。

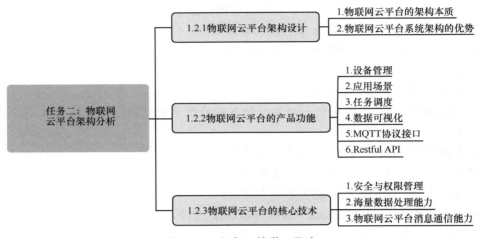

图1-18 任务二的学习足迹

思考与练习

1. 以下哪项不属于物联网云平台提供的接口（   ）。
   A. Restful API   B. PC 端管理平台   C. 设备通信引擎
2. 物联网云平台使用的通信协议有_____。
3. 物联网云平台的产品功能是_____、_____、_____、_____、_____、_____。
4. 物联网云平台安全认证采用的是_____。
5. 简述 MongoDB 的特点与作用。

1.3 项目总结

通过对项目 1 的学习，我们可对物联网云平台、产品功能和核心技术有了一定的了解，在学习过程中提高了调研能力和学习能力。

项目 1 的技能图谱如图 1-19 所示。

项目1　物联网云平台初探与开发环境搭建

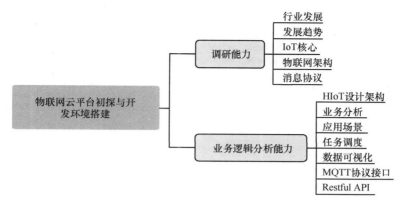

图1-19　项目1的技能图谱

1.4　拓展训练

网上调研：MQTT 协议和 HTTP 的比较。

◆ **调研要求**

MQTT 协议和 HTTP 都是应用较广的通信协议，它们各有什么特点？

调研稿的内容需包含以下关键点：

① MQTT 协议的优缺点和实现过程；

② HTTP 的优缺点和实现过程。

◆ **格式要求**：采用 PPT 的形式展示。

◆ **考核方式**：采取课内发言形式，时间要求为 3~5 分钟。

◆ **评估标准**：见表 1-1。

表1-1　拓展训练评估表

项目名称： MQTT协议和HTTP的比较	项目承接人： 姓名：	日期：
项目要求	扣分标准	得分情况
总体要求（10分） ① 表述清楚MQTT协议和HTTP的优缺点； ② 画出MQTT协议和HTTP的工作原理图，并表述清楚	① 包括总体要求的2项内容（每缺少一项内容扣2分）； ② 逻辑混乱，语言表达不清楚（扣2分）； ③ PPT制作不合格（扣2分）	
评价人	评价说明	备注
个人		
老师		

项目 2
物联网云平台总体分析与设计

 项目引入

接下来，我们的首要工作是分析项目需求，以明确物联网云平台在功能上需要实现什么。Philip 让我们从用户故事入手，那么什么是用户故事呢？

用户故事是站在用户的角度来描述用户渴望得到的功能，它包含以下 3 个方面的内容。

① 角色：谁要使用这个功能。
② 活动：需要完成什么样的功能。
③ 商业价值：为什么需要这个功能，这个功能能带来什么样的价值。

> Philip：我们需要确定项目需求，从用户的角度讲述用户故事，发掘一下痛点。
> 我：用户进入物联网云平台，首先需要进行注册、登录、找回密码等操作。
> Anne：物联网云平台是面向开发者的，开发者如果是生产智能空调的厂商，那么云平台应该具有批量生产智能空调设备的功能，如果开发者是物联网兴趣爱好者，则平台具备生产普通智能设备的功能即可。
> Jack：所以开发者进入平台可以先创建一个智能空调的模板，然后按照模板批量复制。
> 我：每次开会，我们都需要 Aron 手动打开会议室的灯、投影仪、窗帘等，我们想一键进入会议模式。
> Philip：Aane 描述的这种情况可以被定义为应用场景，我们在场景下添加不同的设备，再一键设置进行统一控制。
> ……

 知识图谱

项目 2 的知识图谱如图 2-1 所示。

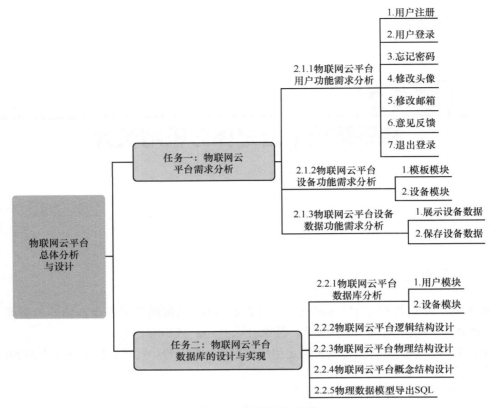

图2-1 项目2的知识图谱

2.1 任务一：物联网云平台需求分析

【任务描述】

相关人员在软件开发前，对软件的需求进行分析是至关重要的，就相当于你想建一所什么样的房子，就需要画一张什么样的设计图纸。如果软件开发的时候需求不明确，项目很可能在开发过程中出现问题，甚至中止。需求分析就是分析解决问题或者达成目标所需要的条件。在软件开发中，需求分析是非常关键的过程，一般包括功能需求、性能需求、运行需求和可用性需求等。在任务一中，我们主要针对物联网云平台的设备模块、设备数据展示以及设备数据下发进行详细的功能分析。

2.1.1 物联网云平台用户功能需求分析

物联网云平台需先进行用户管理，才能帮助用户实现其需要的更多功能。用户模块的部分功能如图 2-2 所示。

项目2 物联网云平台总体分析与设计

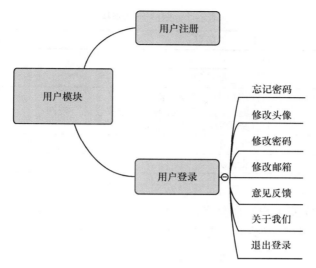

图2-2 用户模块的功能

1. 用户注册

用户使用物联网云平台,首先需要进行注册,用户注册需要的信息如图 2-3 所示。

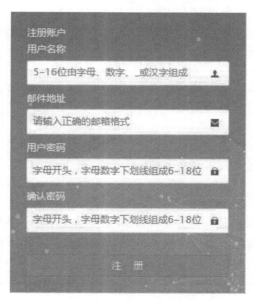

图2-3 注册页面

用户按照要求输入信息,单击注册按钮,系统返回注册成功信息。

2. 用户登录

信息注册完成后,用户登录才可以使用平台部分功能。用户登录时只需要用户名和密码即可,具体流程见表 2-1。

表2-1 用户登录流程

名称	用户登录信息
编号	Case 001
描述	用户登录过程
基本流程	① 用户进入登录页面； ② 输入用户名、密码，单击"登录"按钮； ③ 登录成功，进入主页面
提交数据	用户名称、用户密码
返回数据	登录成功

3. 忘记密码

现在的软件都需要用户注册登录，用户可能很容易忘记密码，那么，忘记密码怎么办呢？忘记密码后，我们需要平台提供什么支持呢？忘记密码时用户操作流程见表2-2。

表2-2 忘记密码操作流程

名称	忘记密码信息
编号	Case 001
描述	忘记密码过程
基本流程	① 用户进入登录页面； ② 单击"忘记密码"按钮； ③ 输入用户名和邮箱； ④ 用户的邮箱将会收到一个初始密码
提交数据	用户名、注册时的邮箱
返回数据	新密码已发送邮箱，请查收

【做一做】

请举一反三，完成修改密码的操作。

4. 修改头像

如果用户注册时没有添加头像信息，系统会自动使用默认头像，当用户注册成功后，为了更好地和其他用户沟通，可以更换系统默认的头像，具体流程见表2-3。

表2-3 修改头像流程

名称	修改头像信息
编号	Case 001
描述	修改头像过程
基本流程	① 用户进入个人中心； ② 单击头像； ③ 上传自己选择的头像； ④ 修改保存
提交数据	新头像
返回数据	修改成功

5. 修改邮箱

目前，邮箱类软件日益增多，人们不再使用单一的邮箱，也可能需要修改自己常用的邮箱，由于登录成功的用户才有权限修改邮箱，因此用户可以直接修改邮箱，具体流程见表 2-4。

表2–4 修改邮箱流程

名称	修改邮箱信息
编号	Case 001
描述	修改邮箱过程
基本流程	① 用户进入个人中心； ② 单击"修改邮箱"按钮； ③ 输入新邮箱，单击"保存修改"按钮； ④ 返回修改成功
提交数据	新邮箱
返回数据	修改成功

6. 意见反馈

用户在使用过程中，可能不会使用有些功能，或者是对某些功能和操作有更好的建议，希望进行意见反馈，具体流程见表 2-5。

表2–5 意见反馈流程

名称	意见反馈信息
编号	Case 001
描述	意见反馈过程
基本流程	① 用户进入个人中心； ② 单击"意见反馈"按钮； ③ 输入反馈意见，单击"提交"按钮； ④ 返回提交成功
提交数据	意见
返回数据	提交成功

【想一想】

思考该方法的实现过程。

7. 退出登录

手机 App 用户如果不退出登录，那么 App 会一直在后台运行，所以退出登录这个功能是很有必要的，具体的流程见表 2-6。

表2-6 退出登录流程

名称	退出登录信息
编号	Case 001
描述	退出登录过程
基本流程	①用户进入个人中心； ②单击"退出登录"按钮
提交数据	用户ID
返回数据	退出成功

2.1.2 物联网云平台设备功能需求分析

物联网云平台必然需要掌握设备的信息，其中设备功能分别为模板模块和设备功能模块，如图2-4所示。

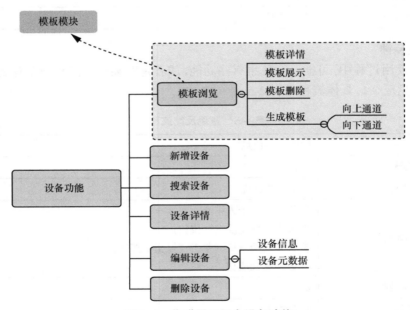

图2-4 物联网云平台设备功能

1. 模板模块

什么是模板？一家玩具厂商要大规模地生产玩具飞机，首先会设计一款飞机模板。同样地，物联网云平台在管理众多设备的时候，首先会创建单一设备，然后针对一些需求量大且规格相似的设备，提炼共同信息，创建模板信息等，具体模板开发流程如图2-5所示。

（1）创建模板

一般情况下，用户进入物联网云平台的设备管理中的设备模板，可以查询到所有的模板，并且可以看到模板的名称、描述及编辑时间等，如图2-6所示。

项目2　物联网云平台总体分析与设计

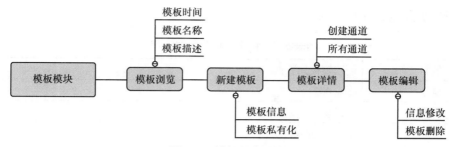

图2-5　模板开发流程

图2-6　模板展示页面

模板有很多的属性，物联网云平台在开发过程中将设备的名称、型号、图片、描述、版本号等属性定为模板的固定属性，用户输入这些信息后，单击"保存"按钮即可完成创建。

（2）创建模板元数据

如果模板具有特殊的属性，我们可以为其创建元数据，元数据以键值对的形式存储，其数量不受限制。用户单击"详情"按钮可以了解设备的详细信息。添加元数据展示页面如图2-7所示。

图2-7　添加元数据展示页面

31

创建模板元数据流程见表2-7。

表2-7 创建模板元数据流程

名称	创建模板元数据
编号	Case 002
描述	创建模板元数据流程
基本流程	①用户进入首页； ②用户进入设备管理的设备模板模块； ③选择模板，单击"详情进入"按钮； ④浏览器将模板的详细信息展示出来，并展示添加元数据的表格； ⑤添加模板元数据，单击"添加"按钮； ⑥返回模板元数据添加成功，并返回模板的所有元数据
提交数据	模板元数据内容
返回数据	添加是否成功

（3）创建模板数据通道

物联网云平台通过向下数据通道下发数据给设备，设备通过向上数据通道将数据上传到物联网云平台。在模板这个抽象的概念里，比如烟雾报警器，当烟雾浓度达到一定限值时，会发出报警声。但是当空间太大时，有时会听不到烟雾报警声，物联网很好地解决了这个问题，当烟雾警报触发的时候，其将消息上传至物联网云平台，即刻通知用户，不受外部环境干扰。这个情况侧面说明烟雾报警器仅仅需要一个向上数据通道即可，用户不需要对烟雾报警器进行控制。创建模板的数据通道页面如图2-8所示。

图2-8 模板添加数据通道

烟雾报警器需要的数据通道是向上的，数据类型是布尔型。创建模板数据通道的流程见表2-8。

项目2 物联网云平台总体分析与设计

表2-8 创建模板数据通道流程

名称	创建模板数据通道
编号	Case 003
描述	模板向上数据通道,或是双向通道
基本流程	①用户进入首页; ②用户进入设备管理下的设备模板模块; ③选择模板,单击"详情进入"按钮; ④浏览器将模板的详细信息展示出来,并展示创建数据通道的表格; ⑤添加通道名称,选择通道方向及类型,单击"创建"按钮; ⑥返回添加成功
提交数据	模板数据通道名称、通道方向、通道类型
返回数据	返回添加是否成功

模板创建包括模板信息创建、模板元数据创建、模板数据通道创建。模板信息创建必须是第一步,模板元数据创建和数据通道创建的顺序可以自由定义。在模板的编辑中,我们除了可对模板信息和模板元数据进行修改,还可以添加模板元数据。

> 【想一想】
>
> 情境一:创建红色的烟雾报警器模板。
> 情境二:创建智能灯模板(双向数据通道)。
> 情景三:将情境一中的烟雾报警器改成白色的烟雾报警器。

2. 设备模块

设备模块也称作设备列表,管理所有根据模板生产的设备。物联网云平台定义的所有设备的数据通道都可以获取模板的数据通道,也可以创建设备所需要的数据通道(这里指的是具体的设备,其如果有某些特定的属性,则均以元数据的形式进行添加)。设备模块对设备进行整体管理,具有查询设备信息、修改设备信息等一系列功能。设备模块开发流程如图2-9所示。

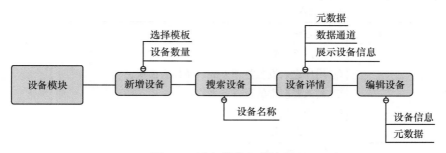

图2-9 设备模块开发流程

(1)新建设备

在设备模块下,前端设计新增设备页面,如图2-10所示,为了大批量地生产设备,新增设备数量可逐一增加,也可直接输入新增设备数量,此时,设备大规模生产可快速实现,并且生成的设备名称会以"设备模板的名称后缀+1"的形式出现。

图2-10 新增设备

新增设备流程见表2-9。

表2-9 新增设备流程

名称	新增设备
编号	Case 004
描述	批量新增设备
基本流程	①用户进入首页; ②用户进入设备管理下的设备列表模块; ③设置生成设备的数量; ④选择设备模板,单击"生成"按钮; ⑤返回新增成功
提交数据	设备模板、设备数量
返回数据	返回新增是否成功

(2)搜索设备

在众多的设备中,当我们需要查看设备、对设备信息进行修改时,需要以设备名称中的任意一个字进行模糊搜索,这就是搜索设备功能。搜索设备的开发流程见表2-10。

表2-10 搜索设备的开发流程

名称	搜索设备
编号	Case 005
描述	搜索设备
基本流程	①用户进入首页; ②用户进入设备管理下的设备列表模块; ③输入要搜索的设备的名称; ④单击"搜索"按钮; ⑤返回搜索设备
提交数据	设备名称中的任意字
返回数据	返回和搜索信息相关的设备集合

(3) 设备详情

设备详情页面需要包括设备名称、设备ID、型号等信息，除此，还需要包括设备的元数据和数据通道信息，用户获取这些设备信息后，才能更好地开发智能设备。设备详情开发流程见表2-11。

表2-11 设备详情开发流程

名称	设备详情开发
编号	Case 006
描述	设备详情
基本流程	① 用户进入首页； ② 用户进入设备管理下的设备列表模块； ③ 搜索要查看的设备（获取设备ID）； ④ 单击"设备详情查看"按钮； ⑤ 返回设备详情（设备信息、设备元数据、设备通道信息）
提交数据	设备ID
返回数据	设备所有信息

设备详情页面会显示设备通道的相关信息，并且提供对设备通道进行增加、删除、修改的方法。假如开发者在开发单个设备的时候，查看发现元数据不正确，其可直接在设备的详情页面进行修改，流程见表2-12。

表2-12 编辑数据通道流程

名称	编辑数据通道
编号	Case 007
描述	编辑数据通道
基本流程	① 用户进入首页； ② 用户进入设备管理下的设备列表模块； ③ 搜索要查看的设备，单击"设备详情查看"按钮； ④ 在设备数据通道列表中，选中设备通道中要修改的信息； ⑤ 单击进入修改页面（这里只允许更改设备名称）； ⑥ 修改完成，点击保存
提交数据	数据通道ID
返回数据	修改成功

如果用户发现生成的设备数据通道类型错误，需要删除数据通道并重新添加设备数据通道，删除数据通道流程见表2-13。

表2-13 删除数据通道流程

名称	删除数据通道
编号	Case 008
描述	删除数据通道
基本流程	①用户进入首页； ②用户进入设备管理下的设备列表模块； ③搜索要查看的设备，单击"设备详情查看"按钮； ④在设备数据通道列表中，选中设备通道中数据通道类型错误的设备； ⑤单击"删除"按钮； ⑥确定删除
提交数据	数据通道ID
返回数据	删除成功

（4）编辑设备

用户发现设备信息内容（设备名称、设备描述、设备激活状态、设备图片内容）出现错误时，可通过表2-14所示流程编辑设备信息。

表2-14 编辑设备流程

名称	编辑设备
编号	Case 009
描述	编辑设备相关信息
基本流程	①用户进入首页； ②用户进入设备管理设备列表； ③搜索要查看的设备，单击"设备编辑"按钮； ④页面跳转到设备编辑页面，进行更改； ⑤单击"保存"按钮； ⑥弹出更改成功的信息提示
提交数据	修改后的设备信息
返回数据	更改成功

2.1.3 物联网云平台设备数据功能需求分析

物联网云平台是设备数据处理的中转站，对设备上传数据进行分类保存。开发者未连接设备时，可以在物联网云平台上模拟设备数据，来测试设备信息与物联网云平台是否相通；开发者连接设备进入测试阶段时，可以在物联网云平台上看到设备上传的实时数据。用户可在物联网云平台上查看设备的历史数据，包括设备不同时段、不同数量的所有数据，具体功能如图2-11所示。

项目2 物联网云平台总体分析与设计

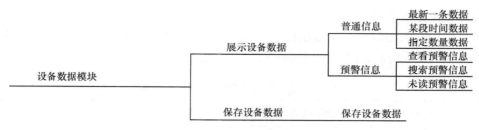

图2-11 设备数据模块功能

1. 展示设备数据

（1）最新一条数据

设备上传数据在物联网云平台进行展示时，物联网显示的设备信息需要和设备的状态实时对应，设备需要展示最近的一条数据，具体查询流程见表2-15。

表2-15 查询设备最新一条数据流程

名称	查询设备最新一条数据
编号	Case 010
描述	查询设备上传的最新一条数据
基本流程	①用户进入首页； ②用户进入设备管理下的设备列表模块； ③搜索要查看的设备，单击"设备详情"按钮； ④查看设备不同通道，选择某一通道，单击"通道类型"按钮，进入设备数据展示页； ⑤查看最新一条数据
提交数据	设备的通道ID和通道类型
返回数据	返回设备上传的最新一条数据

（2）某段时间数据

用户查询设备某段时间内的上传数据时，需要输入初始时间和结束时间信息，提交后等待系统返回数据即可，查询基本流程见表2-16。

表2-16 查询设备某段时间内的数据

名称	查询设备某段时间内的数据
编号	Case 011
描述	查询设备某段时间内的数据
基本流程	①用户进入首页； ②用户进入设备管理下的设备列表模块； ③搜索要查看的设备，单击"设备详情"按钮； ④查看设备不同通道，选择某一通道，单击"通道类型"按钮，进入设备数据展示页； ⑤输入初始时间和结束时间，单击"提交"按钮； ⑥返回这段时间内的数据，以折线图的形式展现出来
提交数据	通道ID、通道类型、初始时间、结束时间
返回数据	返回设备这段时间内的数据

(3) 指定数量数据

当数据量很大的时候,折线图便不适用,因为其只能展示一部分数据,用户定义折线图可以显示需要的最新的50条数据的方法,见表2-17。

表2-17 查询某设备指定数量的设备数据

名称	查询某设备指定数量的设备数据
编号	Case 012
描述	查询最新50条设备上传的数据
基本流程	① 用户进入首页; ② 用户进入设备管理下的设备列表模块; ③ 搜索要查看的设备,单击"设备详情"按钮; ④ 查看设备不同通道,选择某一通道,单击"通道类型"按钮,进入设备数据展示页; ⑤ 折线图显示最新的50条数据
提交数据	向上数据通道ID、数据通道类型、起始条数索引、总条数50
返回数据	返回设备上传的最新50条数据

(4) 查看预警信息

上传数据触发一定的限值时,设备会上传预警信息,比如烟雾报警器在上传数据时,就需要快速地对设备及设备环境进行处理,所以预警信息应具有上传速度快、查看速度快的特点,查看预警信息的具体流程见表2-18。

表2-18 查看预警信息

名称	查看预警信息
编号	Case 013
描述	查看预警信息
基本流程	① 用户进入首页; ② 用户进入信息未读页面; ③ 单击未读预警信息; ④ 查看后预警信息改为已读
提交数据	设备通道ID和已读标记
返回数据	返回更改成功

(5) 搜索预警信息

当多台设备都发送预警信息时,用户想要查看某台设备发送的未读的预警信息时,就需要搜索设备发送的预警信息,具体流程见表2-19。

表2-19　搜索预警信息

名称	搜索预警信息
编号	Case 014
描述	搜索预警信息
基本流程	① 用户进入首页； ② 用户进入信息未读页面搜索框； ③ 输入关键词； ④ 返回与关键词相关的预警信息
提交数据	输入的关键词
返回数据	与关键词相关的预警信息

（6）未读预警信息

预警信息页面需要把未读的预警信息和已读的预警信息分开，并且需要把未读的预警信息按时间先后顺序前置，具体流程见表2-20。

表2-20　查询未读预警信息

名称	查询未读预警信息
编号	Case 015
描述	查询未读预警信息
基本流程	① 用户进入首页； ② 用户进入预警信息页面； ③ 未读预警信息自动按时间顺序排序显示
提交数据	输入未读预警信息标识
返回数据	按时间顺序排列的未读预警信息集合

2. 保存设备数据

接收设备数据功能就是保存设备上传的数据，设备上传数据在物联网云平台中被分为4个类型：文本型、数值型、布尔型、GPS型。设备上传数据要以JSON格式上传，这种轻量级的文本数据交换格式比XML格式体积更小、速度更快、更容易被解析。不同的数据类型，上传的格式也不同，具体见表2-21。

表2-21　不同类型数据上传内容及格式

数据类型	格式
文本型	{ "upDataStreamId": "string", "news": "string"}
数值型	{ "upDataStreamId": "string", "value": "string"}
布尔型	{ "upDataStreamId": "string", "status": "string"}
GPS型	{ "upDataStreamId": "string", 　　"longitude": "string", 　　"latitude": "string", 　　"elevation": "string"}

设备以 JSON 格式上传数据后，物联网云平台保存设备数据的具体流程见表 2-22。

表2-22　保存设备数据

名称	保存设备数据
编号	Case 017
描述	保存设备数据
基本流程	① 在设备开发过程中，访问保存设备数据接口； ② 提交设备上传数据； ③ 返回保存成功
提交数据	设备向上通道ID和设备JSON格式的数据
返回数据	保存成功

2.1.4　任务回顾

 知识点总结

1. 用户功能需求分析：用户注册、用户登录、忘记密码、修改头像、修改密码、修改邮箱、意见反馈、关于我们、退出登录。

2. 设备功能需求分析：模板模块（模板列表、模板详情、模板删除、创建模板）和设备模块（新增设备、搜索设备、设备详情、编辑设备、删除设备）。

3. 设备数据功能需求分析：最新数据、某段时间数据、指定数量数据、查看预警数据、搜索预警数据、未读预警数据、保存设备数据。

学习足迹

任务一的学习足迹如图 2-12 所示。

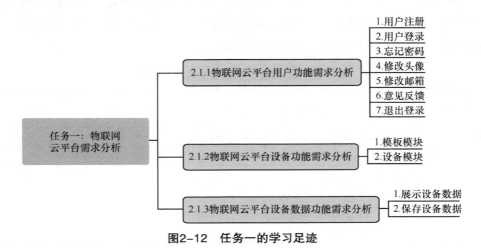

图2-12　任务一的学习足迹

项目2 物联网云平台总体分析与设计

> **思考与练习**

1. 以下哪项不属于用户模块的实现功能（　　）。
   A. 用户注册　　　B. 用户登录　　　C. 更改密码　　　D. 添加设备
2. 用户注册的业务流程_____。
3. 设备功能的需求分析有_____、_____、_____、_____、_____。
4. 设备数据功能需求有_____。
5. 简述物联网云平台的需求分析。

2.2 任务二：物联网云平台数据库的设计与实现

【任务描述】

在任务一中，我们对物联网云平台进行了需求分析，现在需要把需求分析转化为实质性的数据库表格以及 SQL。接下来，我们就要开发自己的物联网云平台的数据库了，PowerDesigner 是设计与编写数据库的工具，我们使用它可以便捷地创建 SQL，还可以清晰地看到数据表格之间的关系，使创建数据库的主键、外键等过程变得简单。

2.2.1 物联网云平台数据库分析

该平台面向两种用户：一种是设备开发者用户；另一种是普通用户。提供给用户所需要的开发模块分为用户模块、设备模块、设备数据模块，而设备数据模块分为数据上传和数据下发两部分，具体模块介绍如图 2-13 所示。

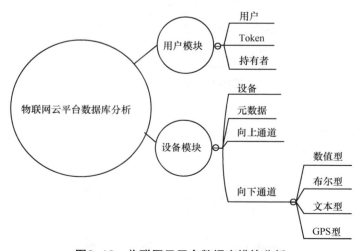

图2-13　物联网云平台数据库模块分析

1. 用户模块

物联网系统开发者非常重视用户的注册、登录等功能的信息安全问题。在本系统中，用户登录产生 Token，退出登录时 Token 失效，Token 持有者在整个过程中都集合了普通用户和用户绑定的设备，所以系统开发者开发用户模块需要具有用户、Token、持有者这3张表，如图 2-14 所示。

图2-14 用户模块

（1）用户

用户在注册的时候需要填入一些必要的信息，如用户名称、用户密码、邮箱（用于找回密码）以及用户角色；创建时间和登录时间以及激活状态等由后台自动生成，是用于分辨不同类型的用户所需要的字段。用户具体字段详情如图 2-15 所示。

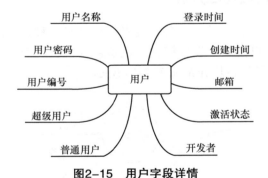

图2-15 用户字段详情

（2）Token

用户成功登录后产生 Token，Token 表单包括 Token 编号、用户编号、Token 值、Token 状态，如图 2-16 所示。

图2-16 Token表单详情

（3）持有者

持有者就是拥有设备使用权的用户，持有者表中需要包括的字段有设备编号、持有者编号、绑定状态、用户编号，如图2-17所示。

图2-17　持有者表单详情

2. 设备模块

设备模块主要包括设备、元数据、向上数据通道和向下数据通道。向下数据通道还有不同类型，比如数值型、布尔型、文本型、GPS型。设备模块的具体内容如图2-18所示。

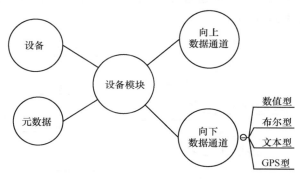

图2-18　设备模块

（1）设备

设备具有很多的属性，比如设备编号、设备名称、型号、物理地址、设备状态、创建者、创建时间、更新时间、图片、描述等，具体如图2-19所示。

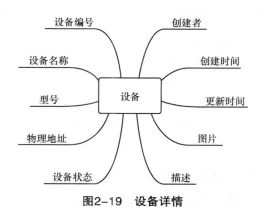

图2-19　设备详情

（2）元数据

设备具有不同的种类、特性，每台设备还可能具有独特的属性，这时用户需要给设备添加元数据，以实现设备的特殊属性。元数据实体包括元数据编号、设备编号、元数据键、元数据值，如图2-20所示。

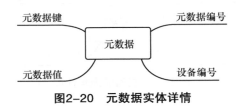

图2-20 元数据实体详情

（3）向上数据通道

设备上传数据需要在单独的通道进行，以识别该通道归属于哪个设备，除此还需要知道该通道的数据类型，因为上传数据的时候，设备并不区分数据类型。

向上数据通道实体的字段包括通道编号、设备编号、通道名称、通道类型、数据单位、单位符号、备注，如图2-21所示。

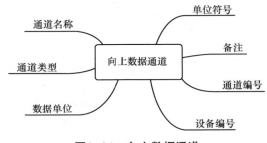

图2-21 向上数据通道

（4）向下数据通道

向下数据通道是设备接受指令的通道，为了方便记录设备接受指令的数据类型，明确区分同一台设备接受指令的通道，向下数据通道产生了通道类型。向下数据通道实体字段包括通道编号、设备编号、通道名称、通道类型，如图2-22所示。

图2-22 向下数据通道

1）数值型

设备向下数据通道具有不同的类型，用户需要定义设备向下数据通道的类型，数值型实体主要包括数值编号、向下数据通道编号、数值、时间戳，如图2-23所示。

项目2 物联网云平台总体分析与设计

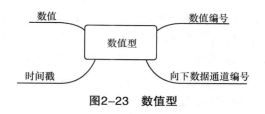

图2-23 数值型

2）布尔型

布尔型实体包括通道编号、布尔型编号、开关、时间戳，如图2-24所示。

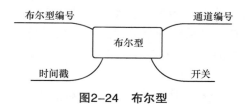

图2-24 布尔型

3）文本型

文本型实体包括文本编号、通道编号、消息、时间戳，如图2-25所示。

图2-25 文本型

4）GPS型

GPS型的通道类型需要存储不同的纬度，GPS型实体包括通道编号、GPS型编号、经度、海拔、纬度、时间戳，如图2-26所示。

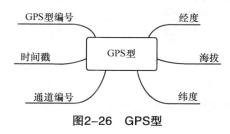

图2-26 GPS型

2.2.2 物联网云平台逻辑结构设计

逻辑结构独立于任何一种数据模型。在实际应用中，数据库环境一般已经给定（如SQL Server或Oracle或MySQL）。由于目前使用的数据库基本上都是关系型数据库，因此用户首先需要将E-R图转换为关系模型，然后根据具体数据库管理系统的特点，将其转换为特定的数据库管理系统支持的数据模型，最后对其进行优化。

目前，市场上存在的数据库类型有关系型数据库、非关系型数据库、海量存储需求数据库、面向文档的数据库。常用的关系型数据库有 Oracle、SQLServer、DB2 和 MySQL 等；常用的非关系型数据库有 SQLite、Redis 等；海量存储需求数据库有 MongoDB、CouchDB 等。MySQL 数据库具有开源、高效、可靠等特点，因此，物联网云平台关系型数据库采用了 MySQL 数据库。Redis 数据库具有支持数据持久化、支持主从复制、数据结构丰富等优点，因此，物联网云平台非关系型数据库采用的是 Redis 数据库。

物联网云平台需要存储大量的设备上传数据，由于 MongoDB 具有支持大容量存储、海量数据、性能优越、支持自动故障恢复等优点，因此该平台选择了 MongoDB。本小节将以设备模块的部分实体为例，以表格的形式介绍物联网云平台的逻辑结构设计。

（1）设备信息表

从需求分析中我们可以看出，用户和设备是一对多的关系，即一台设备只能属于一个用户，一个用户可以包含多台设备。所以设备表中的字段包含编号（user_id），设备信息逻辑见表 2-23。

表2-23 设备信息逻辑

字段名	数据类型	说明	描述
id	char(32)	主键、非空且唯一	设备编号
title	varchar(30)	非空	设备名称
dev_type	varchar(50)	非空	设备型号
mac	varchar(40)	可为空	MAC物理地址
status	tinyint(1)	可为空	设备状态
user_id	char(32)	可为空	创建者编号
created	timestamp	可为空	创建时间
updated	timestamp	可为空	更新时间
deviceimg	varchar(255)	可为空	设备图片
description	varchar(255)	可为空	描述

（2）元数据表

设备与元数据是一对多的关系，即一个元数据只能属于一台设备，一台设备可以包含多个元数据，所以元数据表中的字段包含设备编号（device_id），具体内容见表 2-24。

表2-24 元数据

字段名	数据类型	说明	描述
id	char(32)	主键、非空且唯一	元数据编号
device_id	char(32)	可为空	设备编号
device_key	varchar(40)	可为空	元数据键
device_value	varchar(50)	可为空	元数据值

(3) 向上数据通道

设备与向上数据通道是一对多的关系，即一个向上数据通道只能属于一台设备，一台设备可以包含多个向上数据通道，所以向上数据通道表中的字段包含设备编号（device_id），具体内容见表 2-25。

表2-25 向上数据通道

字段名	数据类型	说明	描述
id	char(32)	主键、非空且唯一	向上数据通道编号
device_id	char(32)	可为空	设备编号
title	varchar(50)	可为空	通道名称
data_type	varchar(50)	可为空	通道类型
unit	varchar(40)	可为空	数据单位
unitsymbol	varchar(30)	可为空	单位符号
mark	varchar(255)	可为空	备注

(4) 向下数据通道

设备与向下数据通道是一对多的关系，即一个向下数据通道只能属于一台设备，一台设备可以包含多个向下数据通道，所以向下数据通道表中的字段包含设备编号（device_id），具体内容见表 2-26。

表2-26 向下数据通道

字段名	数据类型	说明	描述
id	char(32)	主键、非空且唯一	向下数据通道编号
device_id	char(32)	可为空	设备编号
title	varchar(50)	可为空	通道名称
data_type	varchar(50)	可为空	通道类型
configunit_id	varchar(50)	可为空	数值单位编号

1) 数值型

向下数据通道与数值型数据是一对多的关系，即一个数值型数据只能属于一个向下数据通道，一个向下数据通道可以包含多个数值型数据，所以数值型数据表中的字段包含向下数据通道编号（downdatastream_id），具体内容见表 2-27。

表2-27 数值型

字段名	数据类型	说明	描述
id	char(32)	主键、非空且唯一	数值编号
downdatastream_id	char(32)	可为空	向下数据通道编号
downdatastream_valeue	varchar(100)	可为空	数值
timing	timestamp	可为空	时间戳

2）布尔型

向下数据通道与布尔型数据是一对多的关系，即一个布尔型数据只能属于一个向下数据通道，一个向下数据通道可以包含多个布尔型数据，所以布尔型数据表中的字段包含向下数据通道编号（downdatastream_id），具体内容见表 2-28。

表2-28 布尔型

字段名	数据类型	说明	描述
id	char(32)	主键、非空且唯一	布尔型编号
downdatastream_id	char(32)	可为空	向下数据通道编号
switch	tinyint(1)	可为空	开关
timing	timestamp	可为空	时间戳

3）文本型

向下数据通道与文本型数据是一对多的关系，即一个文本型数据只能属于一个向下数据通道，一个向下数据通道可以包含多个文本型数据，所以文本型数据表中的字段包含向下数据通道编号（downdatastream_id），具体内容见表 2-29。

表2-29 文本型

字段名	数据类型	说明	描述
id	char(32)	主键、非空且唯一	文本型编号
downdatastream_id	char(32)	可为空	向下数据通道编号
news	varchar(255)	可为空	消息
timing	timestamp	可为空	时间戳

4）GPS 型

向下数据通道与 GPS 型数据是一对多的关系，即一个 GPS 型数据只能属于一个向下数据通道，一个向下数据通道可以包含多个 GPS 型数据，所以 GPS 型数据表中的字段包含向下数据通道编号（downdatastream_id），具体内容见表 2-30。

表2-30 GPS型

字段名	数据类型	说明	描述
id	char(32)	主键、非空且唯一	元数据编号
downdatastream_id	char(32)	可为空	向下数据通道编号
longitude	varchar(30)	可为空	经度
latitude	varchar(30)	可为空	纬度
elevation	varchar(30)	可为空	海拔
timing	timestamp	可为空	时间戳

2.2.3 物联网云平台物理结构设计

将一个给定逻辑结构实施到具体的环境中时，逻辑数据模型要选取具体的工作环境，这个工作环境应提供数据存储结构与存取方法，这个过程就是数据库的物理设计。

物理结构依赖于给定的数据库管理系统和硬件系统，因此设计人员必须充分了解所用关系型数据库系统管理的内部特征、存储结构、存取方法。数据库的物理设计通常分为两步：确定数据库的物理结构；评价实施空间效率和时间效率。

确定数据库的物理结构包含4方面的内容：确定数据的存储结构、设计数据的存取路径、确定数据的存放位置、确定系统配置。

设计人员在进行数据库物理设计时需要对时间效率、空间效率、维护代价和各种用户要求进行权衡，选择一个优化方案作为数据库物理结构。在数据库物理设计中，最有效的方式是集中式存储和检索对象。

持久化数据存储于MySQL数据库中，设备海量数据存储于MongoDB。根据逻辑结构设计中的实体和字段，设计人员可以使用PowerDesigner来设计物联网云平台的物理数据模型，并可以根据此模型得到数据库文件。

（1）PowerDesigner的下载与安装

首先，我们需要下载并安装该PowerDesigner软件。

（2）PowerDesigner创建物理数据模型

打开PowerDesigner软件后的页面如图2-27所示，我们可选择"Create Model"，也可以选择"Do not show this page again"，也可以打开软件后来创建。

图2-27　创建Model

我们打开PowerDesigner，然后单击"File"→"New Model"，页面分别有概念数据模型（Conceptual Data Model，CDM）、物理数据模型（Physical Data Model，PDM）、面向对象的模型（Objcet-Oriented Model，OOM）、业务模型（Business Process Model，BPM）。我们选择需要的物理数据模型（物理数据模型的名字根据情况命名，然后选择自

己所使用的数据库即可），如图 2-28 所示。

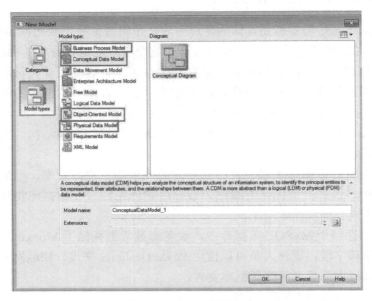

图2-28　创建模型类型

创建好的物理数据模型主页面如图 2-29 所示，物理数据模型最常用的 3 个功能是 Table（表）、View（视图）、Reference（关系）图标，3 个图标如图 2-29 所示。

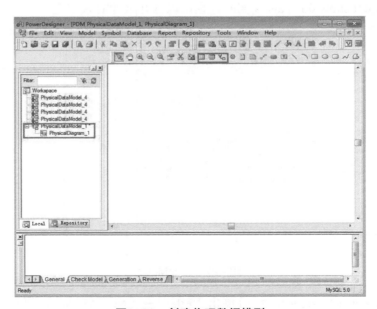

图2-29　创建物理数据模型

我们使用鼠标单击"Table"然后单击"新建的物理数据模型"即可新建一个表，然后使用鼠标双击，如图 2-30 所示，在"General"的"Name"和"Comment"填上自己需要的信息，单击"确定"按钮即可。

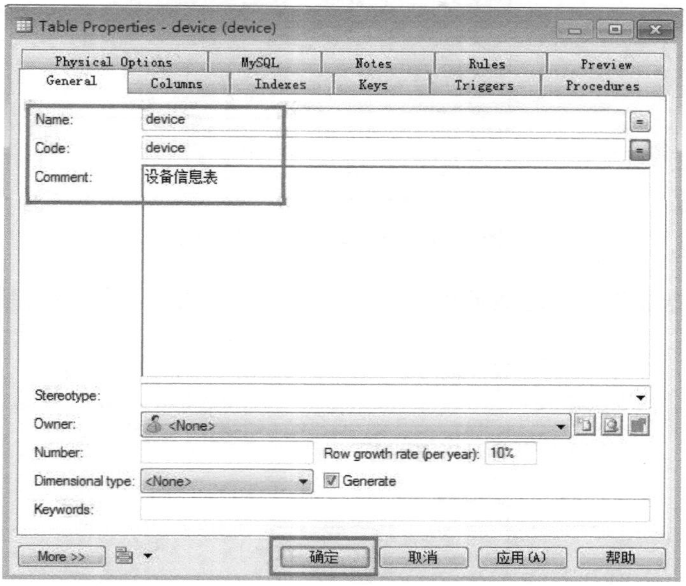

图2-30 创建设备表

然后我们单击"Columns"，如图 2-31 所示。我们需要格外注意"P"（Primary，主键）、"F"（Foreign Key，外键）、"M"（Mandatory，强制性的，代表不可为空）这三个属性。

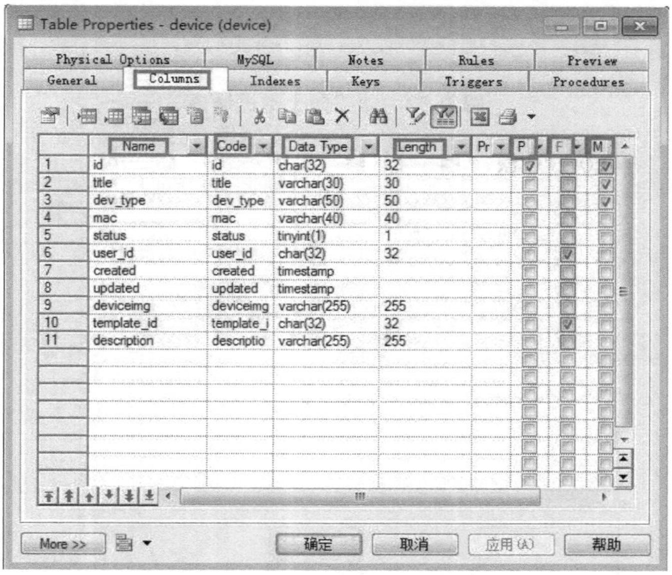

图2-31 添加设备表字段

操作全部完成后的页面如图 2-32 所示。

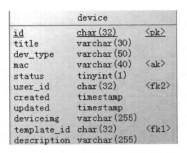

图2-32 设备表物理结构模型

创建向上数据通道的物理数据模型按照图2-33和图2-34所示的步骤创建即可。

图2-33 创建向上数据通道

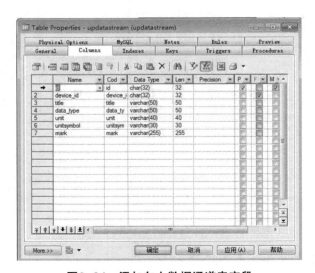

图2-34 添加向上数据通道表字段

完成操作后的页面如图 2-35 所示。

图2-35　完成操作后的页面

我们在工具栏中单击"Reference"按钮，因为设备对向上数据通道的关系是一对多的，所以鼠标从向上数据通道拉到设备信息表的过程如图 2-36 所示，此时，向上数据通道表将发生变化，向上数据通道表里面增加了一行，这行代表设备表的主键作为向上数据通道表的外键，将设备表和向上数据通道表联系起来（仔细观察即可看到区别）。

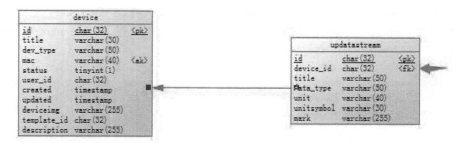

图2-36　向上数据通道拉到设备信息表的过程

2.2.4　物联网云平台概念结构设计

概念结构设计根据需求说明书，按照特定的方法把需求抽象为一个不依赖于任何具体机器的数据模型，即概念模型。概念模型使设计者的注意力从复杂的细节中转移到最重要的信息组织结构和处理模式上。2.2.3 小节介绍了物理模型，2.2.4 小节将介绍如何将物理结构模型转化为概念结构模型。

我们单击"Tools"按钮后选择"Generate Conceptual Data Model"，出现如图 2-37 所示界面，然后将"物理数据模型"修改为"概念数据模型2"，单击"应用"按钮即可。

图2-37　创建概念数据模型

单击"确认"按钮后如图 2-38 所示的页面将自行打开，如果数据库转换为 Oracle 数据库，数据类型会发生变化，比如 Varchar2 等。

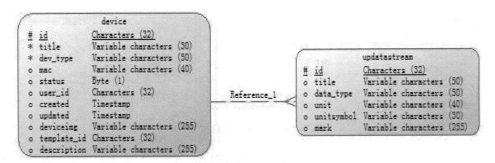

图2-38　概念数据模型

2.2.5　物理数据模型导出SQL

单击"Database"按钮的"Generate Database"或者按快捷键"Ctrl+G"，进入如图 2-39 所示页面，"Directory"是指生成的 SQL 存放在计算机的位置，"File name"是生成文件的名字。

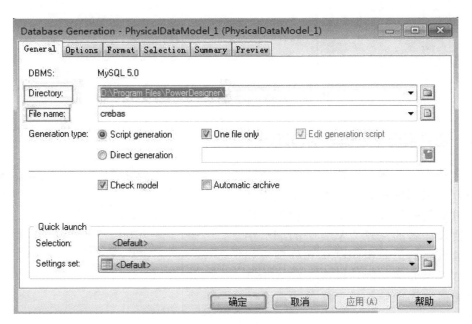

图2-39　导出SQL

我们单击"应用"和"确认"按钮即可生成 SQL。我们可根据存放地址查看 SQL 文件，其可以使用记事本打开。

2.2.6 任务回顾

知识点总结

1. 用户模块：用户、Token、持有者需求分析。
2. 设备模块：设备、元数据、向上数据通道、向下数据通道需求分析。
3. 用户模块和设备模块的逻辑结构设计、物理结构设计、概念结构设计。
4. 利用 PowerDesigner 设计物理数据模型和概念数据模型。
5. 利用物理数据模型导出 SQL。

学习足迹

任务二的学习足迹如图 2-40 所示。

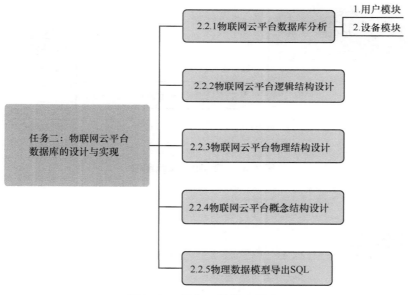

图2-40 任务二的学习足迹

思考与练习

1. 逻辑结构设计如何定义用户表字段？
2. 使用 PowerDesigner 设计用户表与设备表之间的关系？
3. 将问题 2 中物理数据模型转化成概念数据结构设计？
4. 如何使用 PowerDesigner 导出 SQL？

2.3 项目总结

通过对项目 2 的学习，我们对物联网云平台和后台的功能需求有了一定的了解，对数据库的设计有一定的了解。

项目 2 的技能图谱如图 2-41 所示。

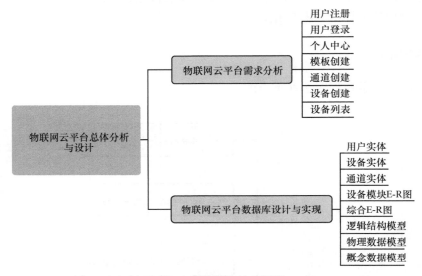

图2-41 项目2的技能图谱

2.4 拓展训练

1. 自主分析——功能需求分析

◆ **分析要求**

选题：参考 2.1.3 小节对展示设备最新一条数据的分析，在设备数据列表中查询某天的设备数据，进行详细分析。

分析稿需包含以下关键点：分析清楚该操作的基本处理流程；采用表格的形式体现出基本流程、提交数据和返回数据。

◆ **格式要求**：采用 PPT 的形式展示。

◆ **考核方式**：采取课内发言形式，时间要求为 3~5 分钟。

◆ **评估标准**：见表 2-31。

表2-31 拓展训练评估表

项目名称： ×××功能需求分析	项目承接人： 姓名：	日期：
项目要求	扣分标准	得分情况
总体要求（10分） ① 描述该操作的基本处理流程； ② 采用表格的形式进行总结，内容需包含基本操作、提交数据、返回数据	① 包括总体要求的2项内容（每缺少一项内容扣3分）； ② 逻辑混乱，语言表达不清楚（扣2分）； ③ PPT制作不合格（扣2分）	
评价人	评价说明	备注
个人		
老师		

2. 自主设计

◆ **设计要求**

选题：参考商品模块物理数据模型设计，使用 PowerDesigner 对模板模块进行物理数据模型设计。

◆ **格式要求**：采用 PPT 的形式展示。
◆ **考核方式**：采取课内发言形式，时间要求 3~5 分钟。
◆ **评估标准**：见表 2-32。

表2-32 拓展训练评估表

项目名称： 参考商品模块物理数据模型设计	项目承接人： 姓名：	日期：
项目要求	扣分标准	得分情况
总体要求（10分） ① 字段名称合理，不能采用中文拼音； ② 合理使用数据类型，合理设置非空和主键自增； ③ 设计完成后导出数据库文件	① 包括总体要求的3项内容（每缺少一项内容扣2分）； ② 逻辑混乱，语言表达不清楚（扣2分）； ③ PPT制作不合格（扣2分）	
评价人	评价说明	备注
个人		
老师		

项目 3
物联网云平台开发框架搭建

 项目引入

数据库终于成型了，接下来我们就要进入开发阶段了。

在开发阶段，技术选型尤为重要。团队对 SSH（Spring+Struts2+Hibernate）框架和 SSM（Sring+SpringMVC+Mybatis）框架进行了对比，最终选择后者 SSM 框架进行开发。Philip 说："因为 SpringMVC 控制器控制视图和模型的交互机制与 Struts2 的不同，Struts2 是 Action 级别的，而 SpringMVC 是方法级别的，所以 SpringMVC 更容易实现 Restful 风格。"

> Philip："这次项目开发环境使用 IntelliJ IDEA，相比 Eclipse，IntelliJ IDEA 既简单又方便。"
>
> 我："我已经将开发环境搭建起来了，接下来我们是使用 Gradle 还是使用 Maven 进行开发呢？"
>
> Jack："这次我们采用 Gradle，Gradle 是一个基于 Apache Ant 和 Apache Maven 概念的项目自动化构建工具，它是一个后起之秀，使用起来很方便，它抛弃了 Maven 基于 XML 的配置文件，而使用一种基于 Groovy 的特定领域语言 (DSL) 来声明项目设置。它还支持 Maven、Ivy 仓库，支持传递性依赖管理，而不需要远程仓库或者是 pom.xml 和 ivy.xml 配置文件，非常便捷。"

下面就跟着我一起搭建物联网云平台的开发框架吧！

 知识图谱

项目 3 的知识图谱如图 3-1 所示。

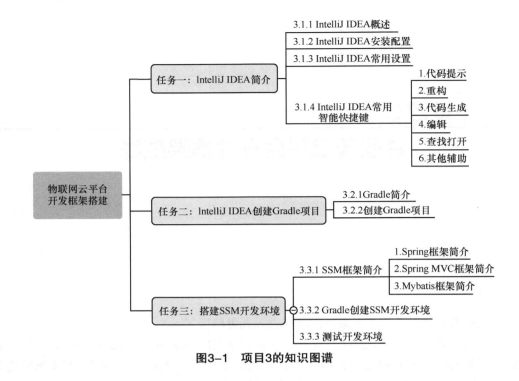

图3-1 项目3的知识图谱

3.1 任务一：IntelliJ IDEA 简介

【任务描述】

在项目 1 中，我们已经了解了国内外物联网云平台的一些信息以及物联网云平台的发展趋势。接下来我们就要开发自己的物联网云平台了，IntelliJ IDEA、Eclipse、MyEclipse、NetBeans IDE 等都是目前比较主流的 Java 开发工具。那么我们使用哪一种开发工具呢？经过比较之后，我们最终选择了 IntelliJ IDEA 作为物联网云平台的开发工具。接下来我们一起了解如何使用 IntelliJ IDEA 搭建物联网云平台的开发环境。

3.1.1 IntelliJ IDEA概述

IntelliJ IDEA（以下简称"IDEA"）是 JetBrains 公司的产品，该公司还研发 WebStorm、PHPStorm 等开发工具。IntelliJ IDEA 是 Java 语言开发的集成环境，其在智能代码助手、代码自动提示、重构、J2EE 支持、各类版本工具（git、svn、github 等）、JUnit、CVS 整合、代码分析、创新的 GUI 设计等方面的功能更是十分强大。它的旗舰版还支持 HTML、CSS、PHP、MySQL、Python 等。它的社区版（免费版）只支持 Java 等少数语言。IntelliJ IDEA 1.0 版本于 2001 年 1 月发布，同年 7 月 2.0 版本发布，接下来每年都有一个版本（2003 年除外）发布，并且每年发布的版本在使用性能方面都会有一定的升级。

IDEA 的特点即智能编码，其可以在很大程度上减少程序员的工作，IDEA 的智能编码特色功能有以下几项内容。

（1）智能地选取以及对代码的重构

IDEA 提供基于语法的选择，用户在默认设置中使用快捷键"Ctrl+W"，可以实现对于选取范围的不断扩充，这种方式在重构的时候尤其方便。IDEA 是所有 IDE 中最早支持重构的工具，其优秀的重构能力一直是主要卖点之一。例如，我们想要选取某种方法或某个循环，或想一步一步从一个变量到整个类慢慢扩充并进行选取时就可以使用此种方法。

（2）丰富的导航模式

IDEA 具有丰富的导航查看模式和多种查看视图方式。导航查看模式（如使用快捷键"Ctrl+E"）可显示最近打开过的文件，使用快捷键"Ctrl+N"可查找文件，按类查找的搜索框同样具有智能补充功能，当输入字母后，IDEA 将显示所有候选类名。在最基本的 project 视图中，使用多种查看视图方式，我们就可以选择多种视图方式，既便捷又简单。

（3）历史记录功能

不用通过版本管理服务器，单独的 IDEA 工具就可以查看任何工程中的文件的历史记录，在版本恢复时其可以很容易地被恢复。

（4）编码辅助

Java 规范中提倡的 toString()、hashCode()、equals() 以及所有的 get/set 方法，都可使用户不通过进行任何输入就可以实现代码的自动生成或者是通过输入方法的首字母就可以获取该方法的完整提示。

（5）灵活的排版功能

大部分 IDE 都具有重排版功能，但只有 IDEA 是人性化的，因为它支持排版模式的定制，你可以根据不同的项目要求采用不同的排版方式。

（6）XML 的完美支持

所有流行框架的 XML 文件都支持全提示。

（7）版本控制完美支持

IDEA 集成了目前市面上常见的所有版本的控制工具插件，包括 git、svn、github，开发人员在编程中就能直接在 IntelliJ IDEA 里完成代码的提交、检出、冲突解决、版本控制服务器内容查看等操作。

（8）智能代码

IDEA 自动检查代码，发现与预置规范有出入的代码给出提示，若程序员同意修改则自动完成修改，例如代码：String str ="Hello Intellij"+"IDEA"。

了解了 IDEA 的特色功能之后，接下来我们一起安装 IDEA 来体验一下它的便捷之处吧！

3.1.2　IntelliJ IDEA 安装配置

① 下载 IntelliJ IDEA 的安装包如图 3-2 所示。

图3-2　IntelliJ IDEA下载

我们可以选择社区版(Community)或者旗舰版(Ultimate)。旗舰版支持的语言比较多，例如支持HTML、CSS、PHP等Web开发以及MySQL等一些数据库工具，但它是收费的；社区版支持的语言较少，只支持Java等少数语言，但它是免费的。

为了方便我们在开发过程中集成SpringMVC、Mybatis框架以及Tomcat服务器等插件，我们选择安装旗舰版。

② 下载完成后双击安装文件，安装完成后单击"Next"按钮，如图3-3所示。

图3-3　安装界面

③ 选择安装路径如图 3-4 所示。

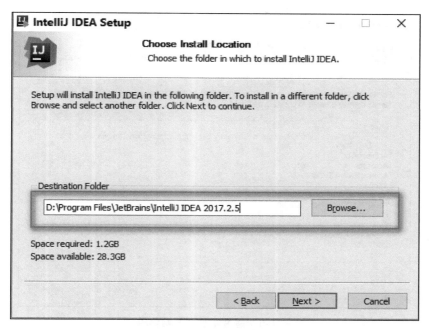

图3-4　选择安装路径

④ 根据计算机操作系统选择安装 64 位或者 32 位，单击"Next"按钮，如图 3-5 所示。

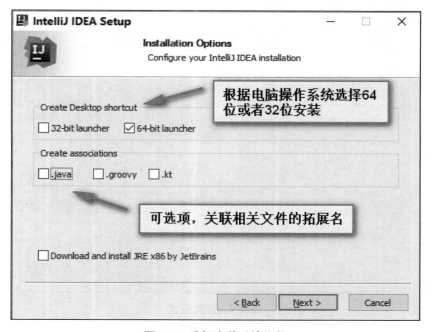

图3-5　选择安装系统位数

⑤是否添加到开始菜单，这里我们选择默认即可，单击"Install"按钮，如图3-6所示。

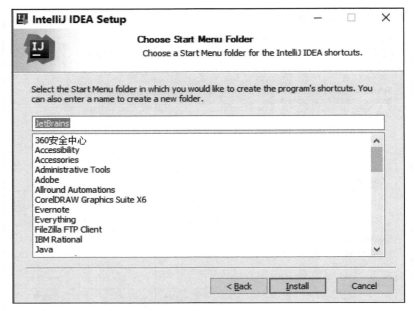

图3-6　是否添加到开始菜单

开始安装页面如图3-7所示。

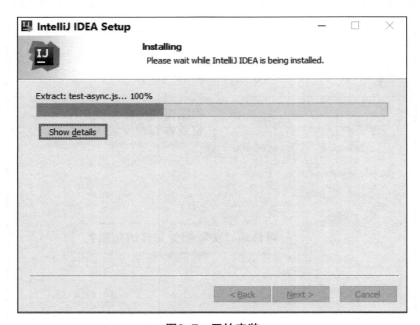

图3-7　开始安装

⑥安装完成，勾选"Run IntelliJ IDEA"，如图3-8所示。

项目3　物联网云平台开发框架搭建

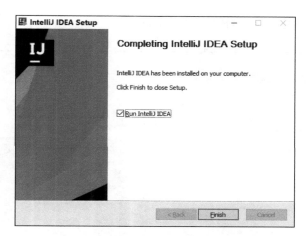

图3-8　安装完成选择运行IntelliJ IDEA

⑦ 是否导入 IntelliJ IDEA 的设置，用户如果之前安装过 IntelliJ IDEA 则选择图 3-9 中的第一项，未安装过的选择下面选项，如图 3-9 所示。

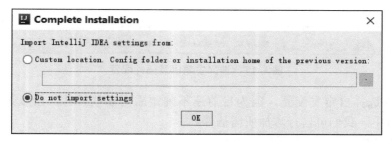

图3-9　是否导入IntelliJ IDEA的设置

⑧ 激活 IntelliJ IDEA，填写用户名或邮箱和密码，如图 3-10 所示。

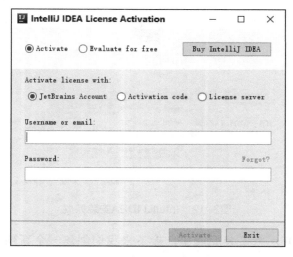

图3-10　激活IntelliJ IDEA

⑨ 选择主题以及配置相关插件，如图 3-11 所示。

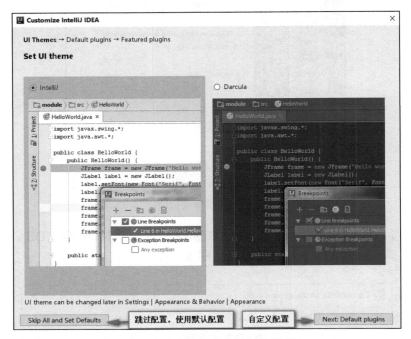

图3-11 选择主题以及插件配置

我们可以选择自定义配置，因为目前还不确定需要哪些插件，所以选择默认配置。在后面的学习中，我们可自行添加所需插件。

⑩ 安装完成

安装完成界面如图 3-12 所示。

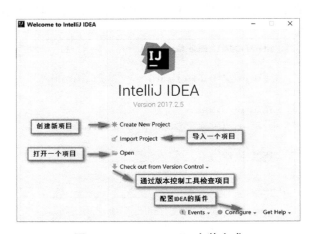

图3-12 IntelliJ IDEA安装完成

至此，IntelliJ IDEA 就安装完成了，接下来我们创建一个新项目，了解一下 IntelliJ IDEA 的常用设置。

3.1.3 IntelliJ IDEA常用设置

（1）JDK 设置

IntelliJ IDEA 兼容不同版本的 JDK。每个项目都可以根据需要选择合适的版本，用户需要在每次创建的时候进行选择；同样我们也可以选择一个默认的 JDK 版本，针对有其他版本要求的项目再进行修改。

设置步骤如下："File"→"Project Structure"→"SDKs"，选择"+"添加，选择 JDK 的安装路径，最后单击"Apply"按钮即可，如图 3-13 所示。

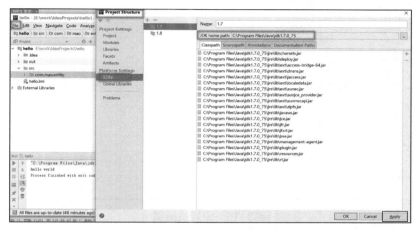

图3-13　JDK设置

（2）设置字体、字号以及行高

设置字体、字号以及行高的操作如图 3-14 所示。

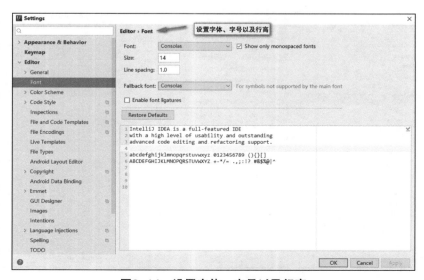

图3-14　设置字体、字号以及行高

（3）设置编辑器的快捷键

有的用户可能已经习惯用 Eclipse 的快捷键了，比如我们删除一行比较习惯用快捷键"Ctrl+d"、下方向复制一行用快捷键"Ctrl + Alt + ↓"等，我们可以通过如图 3-15 所示的选项设置这些快捷键。

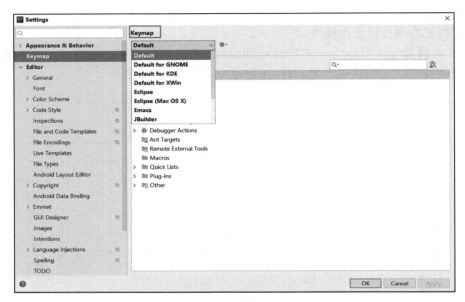

图3-15　设置快捷键

（4）设置自动补全

自动补全设置如图 3-16 所示。

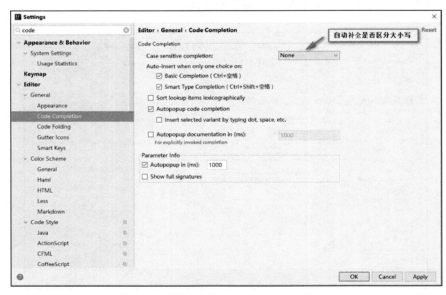

图3-16　自动补全设置

（5）自动导入需要的包并进行优化

我们可以设置自动导入某个包下的类，包一旦超过设定的数量，它就会自动地被替换为"*"，如图 3-17 和图 3-18 所示。

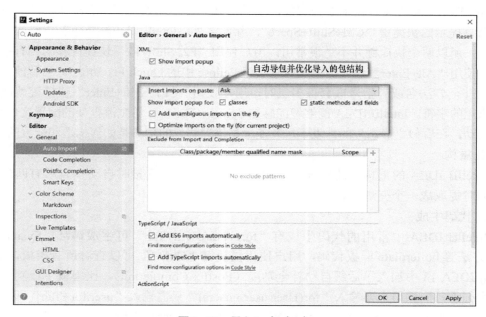

图3-17　导入jar包（1）

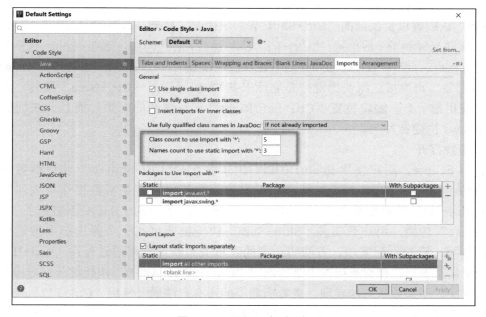

图3-18　导入jar包（2）

3.1.4 IntelliJ IDEA常用智能快捷键

1. 代码提示

IntelliJ IDEA 的代码提示十分智能，基本的代码提示用快捷键"Ctrl+Space"，还有按类型信息提示的快捷键"Ctrl+Shift+Space"，除此之外，IntelliJ IDEA 会随着代码的输入自动提示，所以两个快捷键并不是很常用，用户使用"F2/ Shift+F2"快捷键移动到有错误的代码，使用"Alt+Enter"快捷键快速修复（即 Eclipse 中的 Quick Fix 功能）。当智能提示显示自动补全方法名或者括号嵌套很多层时，用户使用"Ctrl+Shift+Enter"快捷键就能自动补全末尾的字符。IntelliJ IDEA 能够智能感知 Spring、Hibernate 等主流框架的配置文件和类，以静制动，在看似"静态"的外表下，智能地扫描理解你的项目是如何构造和配置的。

2. 重构

IntelliJ IDEA 的重构功能更强大，比如它支持在提取变量时自动检查所有匹配并将它们同时提取成一个变量等。

3. 代码生成

IntelliJ IDEA 中常用的代码生成有"fori/sout/psvm+Tab"可生成循环、System.out、main 方法等 boilerplate 样板代码，用户使用快捷键"Ctrl+J"可以查看所有模板。此外，Intellij IDEA 13 中加入了后缀自动补全功能（Postfix Completion），比模板生成功能更加灵活和强大，例如用户要输入"for(User user : users)"只需输入"user.for+Tab"即可；要输入"Date birthday = user.getBirthday();"，只需输入"user.getBirthday().var+Tab"即可。

4. 编辑

IntelliJ IDEA 的编辑中不得不说的一大亮点就是能够自动按语法选中代码的"Ctrl+W"快捷键以及反向的"Ctrl+Shift+W"快捷键。此外，用户使用快捷键"Ctrl+Left/Right"移动光标到前/后单词，"Ctrl+[/]"移动到前/后代码块，这些类 Vim 风格的光标移动也是亮点。此外，IntelliJ IDEA 的书签功能也很强大，用户使用"Ctrl+Shift+Num"定义 1~10 书签（再次按这组快捷键则是删除书签），然后通过"Ctrl+Num"跳转，这避免了多次使用前/下一编辑位置"Ctrl+Left/Right"来回跳转的麻烦，而且此快捷键默认与 Windows 快捷键冲突。

5. 查找打开

类似 Eclipse，用户使用 IntelliJ IDEA 中的"Ctrl+N/Ctrl+Shift+N"快捷键可以打开类或资源，但 IntelliJ IDEA 更加智能，用户输入的任何字符都将被视作模糊匹配，省却了 Eclipse 中用户需要输入"*"的麻烦。最新版本的 IntelliJ IDEA 还加入了"Search Everywhere"功能，用户只需按"Shift+Shift"快捷键即可在一个弹出框中搜索任何东西，包括类、资源、配置项、方法等。类的继承关系查询则可通过使用"Ctrl+H"快捷键打开类层次窗口，在继承层次上跳转则用"Ctrl+B/Ctrl+Alt+B"快捷键分别对应父类或父方法定义、子类或子方法实现，查看当前类的所有方法通过使用"Ctrl+F12"快捷键实现。要找类或方法通过使用"Alt+F7"快捷键实现。要查找文本的出现位置通过"Ctrl+F/Ctrl+Shift+F"快捷键在当前窗口或全工程中查找，再配合"F3/Shift+F3"快捷键前后移动到下一匹配处来实现。IntelliJ IDEA 再次更加智能地证明用户在任意菜单或显示窗口都可以直接输入想要找的单词，IntelliJ IDEA 会自动进行过滤。

6. 其他辅助

我们通过使用快捷键还可以实现一些其他的辅助功能。

① 命令：我们使用快捷键"Ctrl+Shift+A"可以查找所有 IntelliJ IDEA 的命令，并且每个命令后面还有其快捷键。

② 新建：我们使用快捷键"Alt+Insert"可以新建类、方法等任何项目。

③ 格式化代码：格式化"import"列表可用快捷键"Ctrl+Alt+O"实现，格式化代码可用快捷键"Ctrl+Alt+L"实现。

④ 切换窗口：我们使用快捷键"Alt+Num"可以切换窗口，常用的有 1 代表项目结构，3 代表搜索结果，4/5 代表运行调试。我们使用快捷键"Ctrl+Tab"切换标签页，"Ctrl+E/Ctrl+Shift+E"打开最近打开过的或编辑过的文件。

⑤ 单元测试：我们使用快捷键"Ctrl+Alt+T"创建单元测试用例。

⑥ 运行：我们使用快捷键"Alt+Shift+F10"运行程序，"Shift+F9"启动调试，"Ctrl+F2"停止。

⑦ 调试：快捷键"F7/F8/F9"分别对应"Step into""Step over""Continue"。

此外还有自定义的快捷键，例如水平分屏"Ctrl+|"等。

3.1.5 任务回顾

知识点总结

1. IntelliJ IDEA 的特色功能。

2. IntelliJ IDEA 常用设置：JDK 设置、字体、字号以及行高等设置，设置编辑器的快捷键、设置自动补全、设置自动导包等。

3. IntelliJ IDEA 常用智能快捷键：代码提示"Ctrl+Space"、重构"Ctrl+Shift+Alt+T"、代码生成、编辑、查找打开等其他快捷键。

学习足迹

任务一的学习足迹如图 3-19 所示。

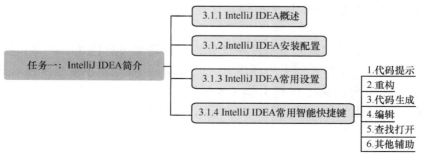

图3-19　任务一的学习足迹

思考与练习

1. IntelliJ IDEA 是_____。
2. 说出 IntelliJ IDEA 的 5 个常用设置。
3. 说出 IntelliJ IDEA 的 5 个智能快捷键。
4. IntelliJ IDEA 的优点有哪些？
5. IntelliJ IDEA 与 Eclipse 的区别有哪些？

3.2 任务二：IntelliJ IDEA 创建 Gradle 项目

【任务描述】

在 3.1 节中，我们了解了 IntelliJ IDEA 开发工具的使用，接下来，我们介绍一款简洁方便的构建项目的工具——Gradle，Gradle 可管理和集中处理项目的 jar 包，且效率很高，接下来，我们来一起了解相关内容。

3.2.1 Gradle简介

Gradle 是一个基于 Apache Ant 和 Apache Maven 概念的项目自动化构建工具。它使用一种基于 Groovy 的特定领域语言（DSL）来声明项目设置，它抛弃了基于 XML 的各种繁琐配置，面向 Java 应用为主。Gradle 当前支持的语言只有 Java、Groovy、Kotlin 和 Scala，未来将支持更多的语言。Gradle 是一款基于 JVM 的通用灵活的构建工具，支持 Maven、Ivy 仓库，支持传递性依赖管理，而不需要远程仓库或者是 pom.xml 和 ivy.xml 配置文件，基于 Groovy、Build 脚本使用 Groovy 编写。

Gradle 的功能很强大，比如 Gradle 支持局部构建，还支持多方式依赖管理，包括以 Maven 远程仓库、Nexus 私服、Ivy 仓库以及本地文件系统的 Jars 或者 Dirs 方式进行管理。Gradle 是第一个构建集成工具，它与 Ant、Maven、Ivy 有良好的兼容性，它还具有轻松迁移的功能，适用于任何结构的工程，用户可以在同一个开发平台平行构建原工程和 Gradle 工程。这种迁移可以减少破坏性，尽可能地真实还原工程，因而成为重构的最佳实践。总之，Gradle 的整体设计是以一种语言为导向的设计，而非一个严格死板的框架。

Gradle 中有两个基本概念：项目和任务。项目是指用户构建的产物（如 jar 包）或实施产物（将应用程序部署到生产环境），一个项目包含一个或多个任务。任务是指不可分的最小工作单元，执行构建工作（如编译项目或执行测试）。那么，这些概念和 Gradle 的构建又有什么联系呢？图 3-20 展示了这些概念的关系。

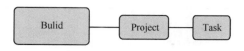

图3-20　Gradle的构建

用户可使用以下配置文件对 Gradle 的构建进行配置。

① Gradle 构建脚本（build.gradle）：指定了一个项目和其任务。

② Gradle 属性文件（gradle.properties）：用来配置项目所需要的属性。

③ Gradle 设置文件（gradle.settings）：对于只有一个项目的构建而言是可选的，如果用户的构建中多于一个项目，它就是必须的，因为它描述了哪一个项目参与构建。每一个多项目所构建的项目结构的根目录中必须被加入一个配置文件，将所有项目关联起来。

除此之外，Gradle 还为构建项目提供其他有用的特性，比如一个 Gradle 插件能够在项目中添加新任务，为新加入的任务提供默认配置，这个默认配置会在项目中注入新的约定（如源文件位置）；加入新的属性，可以覆盖插件的默认配置属性；为项目加入新的依赖等。

Gradle 用户手册提供了一系列标准 Gradle 插件，在为项目加入 Gradle 插件时，用户可以根据名称或类型来指定 Gradle 插件。用户可以将图 3-21 所示的这行代码加入"build.gradle"文件中，其通过名称指定 Gradle 插件（这里的名称是 foo）。

图3-21　通过名称指定Gradle插件

另一方面，我们也可以通过类型指定 Gradle 插件，将图 3-22 所示的这行代码加入"build.gradle"文件中（这里的类型是 com.bar.foo）。

图3-22　通过类型指定Gradle插件

3.2.2　创建Gradle项目

接下来，我们就要创建 Gradle 项目了。

新建项目时选择创建基于 Gradle 的 java web 项目，单击"Next"按钮，如图 3-23 所示。

GroupId、ArtifactId 和 Version 其实与 Maven 类似，后面我们还会继续使用 Maven 的仓库，填好之后，单击"Next"按钮，如图 3-24 所示。

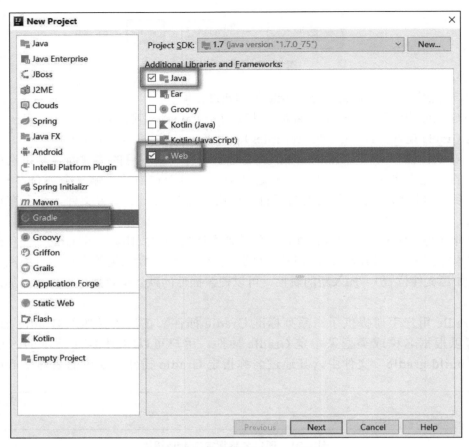

图3-23　选择创建Gradle项目

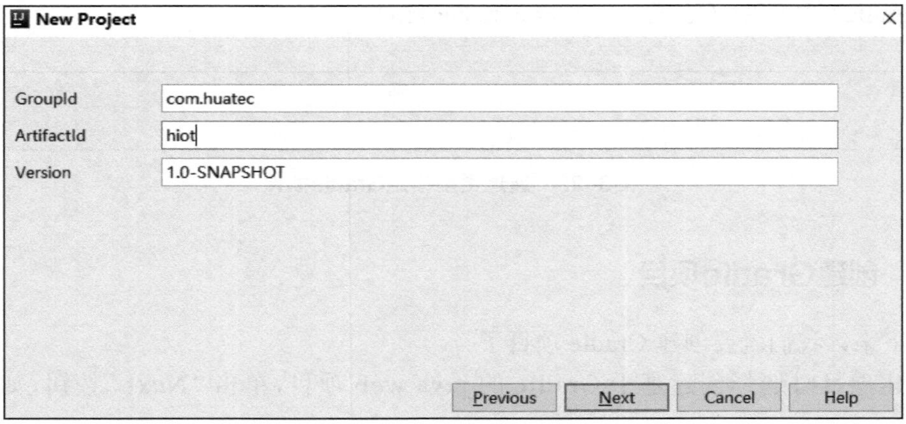

图3-24　填写GroupId和ArtifactId

用户选择 Gradle 的来源，可以用自己下载的 Gradle 版本，也可以使用 IDEA 内建的 Gradle 版本，如图 3-25 所示，并点击"next"，具体如图 3-26 所示。

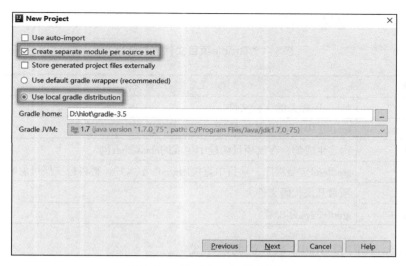

图3-25 选择Gradle的来源

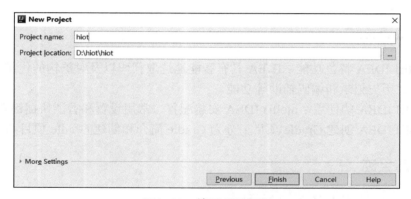

图3-26 填写项目名称

单击"Finish",会生成一个最基本的java web目录,如图3-27所示。

图3-27 基本的java web目录

文件的具体含义见表 3-1。

表3-1 Gradle项目文件夹的含义

文件名	含义
.gradle	与gradle相关的支持文件
.idea	IntelliJ IDEA的相关文件
build	构建生成物，存放项目构建中生成的class和jar包
gradle	gradle的包装程序，项目中直接用gradle不太好，得再包一层可忽略
src	项目开发代码文件夹
build.gradle	gradle的构建配置

到此为止，我们的 Gradle 项目就创建完成了。

3.2.3 任务回顾

知识点总结

1. IntelliJ IDEA 特色功能：IDEA 具有智能地选取代码以及对重构的优越支持，丰富的导航模式、历史记录和编码辅助等功能。
2. IntelliJ IDEA 的使用：ntelliJ IDEA 安装配置、常用设置和智能快捷键等。
3. IntelliJ IDEA 创建 Gradle 项目：分为 Gradle 简介和创建 Gradle 项目两部分。

学习足迹

任务二的学习足迹如图 3-28 所示。

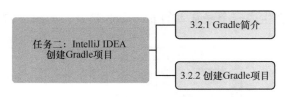

图3-28 任务二的学习足迹

思考与练习

1. Gradle 的作用是_____。
2. 简述 Gradle 项目的搭建过程。
3. 以下哪些不属于 Gradle 项目的配置文件（   ）。
   A.build.gradle   B.gradle.properties   C.gradle.settings   D.mail.properties

3.3 任务三：搭建 SSM 开发环境

【任务描述】

熟悉了 Gradle 构建项目，接下来，我们需要搭建项目的开发环境。物联网云平台使用的是 SSM（Spring+SpringMVC+Mybatis）框架。任务三首先介绍了这 3 种优秀框架，然后用 IntelliJ IDEA 的 Gradle 创建 SSM 的开发环境，最后测试该环境。

3.3.1 SSM 框架简介

SSM 框架由 Spring、SpringMVC 和 MyBatis 3 个开源框架整合而成，是标准的 MVC 模式。SSM 框架是继 SSH 框架之后，目前比较主流的 Java EE 企业级框架。SSM 框架适用于搭建各种大型的企业级应用系统。

1. Spring 框架简介

Spring 框架是一个开源的、轻量级的 Java 开发框架，它由 Rod Johnson 创建，主要目的是简化企业级应用程序的开发。Spring 使用基本的 JavaBean 完成以前只可能由 EJB 完成的开发。Spring 框架充分地体现了它的简单性、可测试性和松耦合性。所以，任何 Java 应用都可以从 Spring 框架设计中受益。

（1）Spring 的组成

Spring 框架是一个分层架构，它由 7 个模块组成，这 7 个模块为我们提供了企业级应用所需要的大部分功能。Spring 模块构建在核心容器之上，核心容器定义了创建、配置和管理 Bean 的方式，我们可以自由选择并使用其中的模块，每个模块（或组件）都可以单独存在或者与其他一个或多个模块联合使用，如图 3-29 所示。

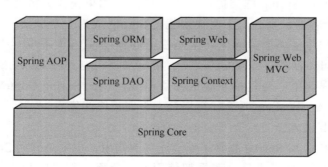

图 3-29　Spring 组成模块

1）Spring Core

Spring Core 是 Spring 的核心容器，它提供 Spring 框架的基本功能，Spring Core 是最基础的部分。Spring Core 还提供了依赖注入（DependencyInjection）来实现容器对 Bean 的管理。核心容器的主要组件是 BeanFactory，它是工厂模式。应用程序的配置和依赖性规范与实际的应用程序代码分开，它是 BeanFactory 使用控制反转（IoC）模式来实现的。

2）Spring AOP

Spring AOP 支持面向切面编程，此模块是在 Spring 应用中实现切面编程的基础。Spring AOP 模块为基于 Spring 应用程序中的对象提供了事务管理服务，它将应用系统分为核心业务逻辑（Core business concerns）和横向通用逻辑。Spring AOP 的一大特点是可以分离通用逻辑（事务管理、日志管理等）然后将其统一切入业务逻辑代码中。

3）Spring ORM

Spring 框架插入了若干个 ORM 框架，从而提供了 ORM 的对象关系工具，其中包括 JDO、Hibernate、JPA、MyBatis 等。这些工具都遵从 Spring 的通用事务和 DAO 异常层次结构。

4）Spring DAO

开发过程中使用 JDBC 连接数据库，我们在增删改查数据库过程中，会发现大量的重复性代码，而 Spring DAO 模块抽取了这些重复的代码，这样，不仅能简洁数据库访问代码的过程而且还能防止数据库因资源关闭失败而引起的相关问题。

5）Spring Web

Spring Web 建立在应用程序上下文模块之上，为基于 Web 的应用程序提供上下文。Web 层包含 Web、Web-Servlet、WebSocket 和 Web-Portlet 模块。Spring Web 模块提供了基本的面向 Web 的集成功能，例如，多个文件上传（multipart file-upload）、使用 Servlet 监听器、Web 应用上下文初始化 IoC 容器和 Spring 远程访问支持的 Web 相关部分。Web-Servlet 模块包含 Spring 对 Web 应用的模型—视图—控制器（MVC）模式的实现。Spring 的 MVC 框架清晰分离领域模型代码和 Web 表单，并且集成了其他所有 Spring 框架的特性。Web-Portlet 模块提供用于 portlet 环境和 Web-Servlet 模块功能镜像的 MVC。

6）Spring Context

Spring Context 向 Spring 框架提供上下文信息。如果说作为核心模块的 BeanFactory 使 Spring 成为一个容器，那么上下文模块就使 Spring 成为一个框架。上下文模块继承了 Bean 模块的特性，并且添加国际化（比如使用资源包）、事件传播、资源加载和透明创建上下文（如 Servlet 容器）等方面的支持。上下文模块也支持 Java EE 特性，比如 EJB、JMX 和基本的远程调用；还包括了集成模版框架，例如 Spring Context 支持 Velocity 和 FreeMarker 集成，ApplicationContext 接口是上下文模块的焦点。

7）Spring Web MVC

Spring Web MVC 与 Spring 起到了无缝连接的作用，主要是因为 Spring Web MVC 提供了一个功能全面的 MVC 框架。该框架使用 IoC 分离控制逻辑和业务对象，其提供的 API 封装了 Web 开发中常用的功能，简化了 Web 开发的过程。

（2）Spring 特性

Spring 是一个轻量级的控制反转和面向切面（AOP）的容器框架，如图 3-30 所示。

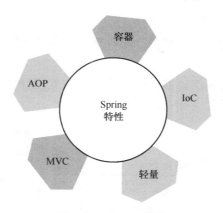

图3-30　Spring特性

1）轻量

Spring 的轻量体现在大小和开销两方面。完整的 Spring 框架可以在 1 MB 左右的 JAR 文件中发布，并且 Spring 所需的处理开销也非常小。此外，Spring 是非侵入式的框架，例如，Spring 应用中的对象不依赖于 Spring 的特定类。

2）容器

Spring 包罗并管理应用对象的配置和生命周期，从这方面来讲它是一个容器。由 Spring 容器管理的那些组成应用程序的对象被称为 Bean，Bean 就是 Spring 容器初始化、装配及管理的对象，Spring 容器相当于一个巨大的 Bean 工厂。

3）IoC

IoC（Inverse of Control，控制反转）指程序中对象创建责任的反转。在 Spring 中，BeanFacotory 是 IoC 容器的核心接口，负责实例化、定位和配置应用程序中的对象及建立这些对象间的依赖，以此来降低 Spring 的耦合性。控制反转是通过 DI（Dependency Injection，依赖注入）实现的。

4）AOP

AOP（Aspect Oriented Programming，面向切面编程）基于 IoC，是对 OOP（面向对象编程）的有益补充。AOP 的本质是共同的处理逻辑和原有传统业务处理逻辑剥离并独立封装成组件，然后通过配置低耦合形式切入原有传统业务组件中。

5）MVC

Spring MVC 属于 Spring 的后续产品，提供了构建 Web 应用程序的全功能 MVC 模块。在使用 Spring 进行 Web 开发时，我们可以选择使用 Spring MVC 框架或集成其他 MVC 开发框架，如 Struts1、Struts2 等。

2. Spring MVC 框架简介

Spring MVC 是 SpringFrameWork 的后续产品，并且融合了 Spring Web Flow。Spring MVC 是一种基于 Java 的、实现了 Web MVC 设计模式的请求驱动类型的轻量级 Web 框架，它运用了 MVC 架构模式的思想，职责解耦 Web 层，因此，我们在使用 Spring 进行 Web 开发时，可以选择使用 Spring 的 Spring MVC 框架或集成其他 MVC 开发框架，如

Struts1、Struts2 等。基于请求驱动指的是使用请求——响应模型。框架的目的是帮助我们简化开发。另外还有一种基于组件的、事件驱动的 Web 框架，如 Tapestry、JSF 等。

（1）Spring MVC 核心组件

Spring MVC 主要由前端控制器、处理器映射、处理器（后端控制器）、模型和视图解析器组成，如图 3-31 所示。

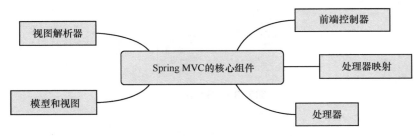

图3-31　Spring MVC核心组件

1）前端控制器（DispatcherServlet）

DispatcherServlet 也是 SpringMVC 的中央调度器，所有的请求都由它统一分发。它首先根据 Spring 提供的处理器获取具体的处理器，然后在前端控制器将请求分发给处理器。

2）处理器映射（HandlerMapping）

HandlerMapping 主要负责请求的派发。前端控制器会根据处理器映射调用相应的处理器组件。

3）处理器（Controller）

Controller 也可以称为后端控制器。它负责具体的请求处理流程，然后将 ModelAndView 对象返回给前端控制器。Controller 接口一般都具有安全性、可重复使用性，以此防止多个用户访问时发生并发。

4）模型和视图（ModelAndView）

ModelAndView 也是封装了处理结果数据和视图名称信息。

5）视图解析器（ViewResolver）

ViewResolver 也是视图显示处理器。

（2）Spring MVC 处理请求的流程

Spring MVC 处理请求的流程如图 3-32 所示。

① DispatcherServlet 接收用户发送的请求；

② DispatcherServlet 查询一个或多个 HandlerMapping，找到处理请求的 Controller；

③ DispatcherServlet 调用匹配的 Controller 组件；

④ Controller 调用业务逻辑处理；

⑤ Controller 将调用业务逻辑得到的 ModelAndView（处理结果）返回给 DispatcherServlet；

项目3 物联网云平台开发框架搭建

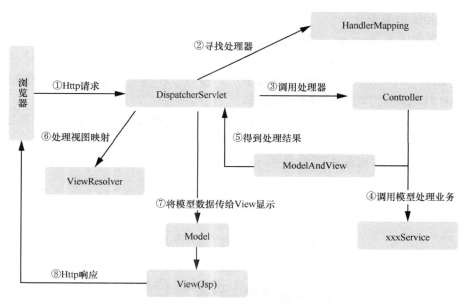

图3-32 Spring MVC处理请求的流程

⑥ DispatcherServlet 查询一个或多个 ViewResoler；
⑦ DispatcherServlet 调用 ViewResolver 解析视图；
⑧ ViewResolver 完成后返回一个 View，再渲染视图并展示。

（3）SpringMVC 常用注解

Spring2.5 之前，我们都是通过 Controller 接口或其实现来定义我们的处理器类的。Spring2.5 通过引入注解来实现处理器类，比如 @Controller 和 @RequestMapping 注解定义处理器类。Spring3.0 还引入特殊注解来支持 RESTful 架构风格（比如 @PathVariable 注解和一些其他特性注解），且又引入了更多的注解，例如 @RequestBody、@ResponseBody 和 @CookieValue 等。下面我们介绍几个比较常用的注解。

1）@Controller

该注解类似 @Component，不同点是使用的地点不同。我们在 Spring MVC 中使用 @Controller 注解定义处理器类，这样可以简化配置文件，降低侵入性。

2）@RequestMapping

此注解定义访问的 URL，@RequestMapping 可以被放在类级别上，也可以被放在方法级别上。

3）@ResponseBody

@ResponseBody 注解可以直接被放在方法上，表示返回类型，它将直接作为 HTTP 响应字节流输出。此注解可以很方便地将数据自动转换为 Json 格式字符串并将其返回给客户端。一般我们使用 @ResponseBody 注解时，平台会输出 Json 格式的数据（此注解是通过 HttpMessageConverter 进行类型转换的）。

4）@PathVariable

@PathVariable 注解获得请求 url 中的动态参数，从而支持 RESTful 架构风格。

3. Mybatis 框架简介

Mybatis 原本是 Apache 基金会的一个开源项目 iBatis，iBatis 是一个基于 Java 的持久层框架。2010 年 Apache software foundation 将该项目迁移到 google code，并将其改名为 Mybatis。Mybatis 是一个支持普通 SQL、存储过程和高级映射的优秀持久层框架。封装 JDBC 技术简化了数据库的操作代码。

Mybatis 框架映射了数据库表，并且是使用简单的 XML 和注解来配置和原始数据库映射的，实现过程简单清晰。

（1）Mybatis 工作流程如图 3-33 所示。

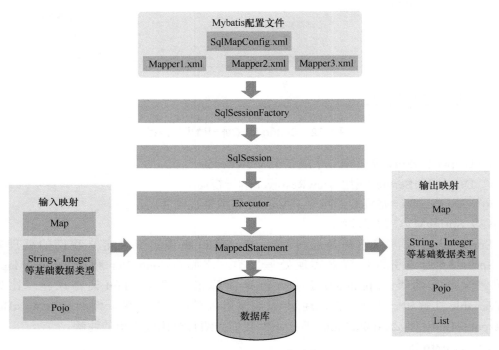

图3-33　Mybatis工作流程

1）加载配置并初始化

触发条件：加载配置文件。

配置文件 SqlMapConfig.xml 是 Mybatis 的全局配置文件，其内容配置了与 Mybatis 的运行环境等相关的信息。mapper.xml 文件即 SQL 映射文件，文件中配置了操作数据库的 SQL，此文件需要在 SqlMapConfig.xml 中加载。Mybatis 环境等配置信息构造了 SqlSessionFactory（会话工厂），会话工厂创建 SqlSession（会话）。SqlSession 是一个面向用户的接口，用户使用接口 CRUD 数据库。

Mybatis 是通过内部执行器操作数据库的，它可查询数据并将其存放在 SqlSession 中。Mybatis 底层自定义了 Executor 接口操作数据库，Executor 接口有基本执行器和缓存执行器。

Mapped Statement 也是 Mybatis 的底层封装对象，它将传入参数的映射配置、执行的 SQL、结果的映射配置等信息都存储在内存中。mapper.xml 文件中一个 SQL 对应一个 Mapped Statement 对象,SQL 的 ID 即是 Mapped Statement 的 ID。Mapped Statement 定义了 SQL 执行输入参数,包括 HashMap、基本类型、pojo。Executor 执行 SQL 前通过 Mapped Statement 将输入的 Java 对象映射至 SQL 中,输入参数映射就是 jdbc 编程中设置 preparedStatement 的参数。

2)接收调用请求

触发条件:调用 Mybatis 提供的 API。

传入参数:是 SQL 的 ID 和传入参数对象。

处理过程:Mybatis 将请求传递给请求处理层进行处理。

3)处理操作请求

触发条件:API 接口层传递请求。

传入参数:是 SQL 的 ID 和传入参数对象。

处理过程:首先,Mybatis 根据 SQL 的 ID 查找对应的 MappedStatement 对象;再根据传入参数对象解析 MappedStatement 对象,得到最终要执行的 SQL 和执行传入参数;接下来获取数据库连接,根据得到的最终 SQL 和执行传入参数将其放到数据库中执行,并得到执行结果;最后根据 MappedStatement 对象中的结果映射配置并转换处理得到的执行结果,得到最终的处理结果后释放连接资源。

4)返回处理结果

我们可以定义返回处理结果的格式,比如 HashMap、JavaBean 或者基本数据类型,并返回最终结果。

(2)Mybatis 优化

1)连接获取和释放

频繁地开启和关闭数据库连接会造成资源的浪费,影响系统的性能。因此我们可以使用数据库连接池解决资源浪费的问题。我们通过连接池可以反复利用已经建立的连接访问数据库,其工作原理是系统在初始运行时,主动建立足够的连接并组成一个池,每次应用程序请求连接数据库时就从池中取出已有的连接(不是重新打开连接)并使用,用完后再归还(不是关闭)。这种机制减少了数据库连接频繁的建立、关闭的开销,减少了连接的开启和关闭时间。

目前连接池多种多样,不过大致可分为两种,一种是采用容器本身的 JNDI,另一种是采用 DBCP 的连接池。由于现在的连接池多种多样,可能存在变化。我们可以通过 DataSource 进行隔离解耦,我们统一从 DataSource 里面获取数据库连接,DataSource 可以由 DBCP 实现,也可以由容器的 JNDI 实现,所以我们让用户配置 DataSource 的具体实现方式。

2)SQL 统一存取

我们使用 JDBC 操作数据库时,SQL 基本都散落在各个 Java 类中,SQL 的可读性很差,不利于后期维护以及性能调优;改动代码后就需要重新编译、打包部署,但不方便取出 SQL。Mybatis 将这些 SQL 统一集中放到配置文件或者数据库里(以 key-value 的格式存放),然后,它再通过 SQL 的 key 值去获取对应的 SQL。

3）传入参数映射和动态 SQL

参数映射是指 Java 数据类型和 JDBC 数据类型之间的转换。该转换包括两个过程：一个过程是查询阶段，我们把需要将 Java 类型的数据转换成 JDBC 类型的数据并通过 preparedStatement.setXXX() 来设值；另一个过程是将 resultset 查询结果集的 jdbcType 数据转换成 Java 数据类型。

我们可以在 SQL 中设置占位符使用传入参数，但这种方式有一定的局限性，传入参数是按照一定顺序被传的，因此它要与占位符一一匹配。但是，如果我们传入的参数是不确定的，如列表查询根据用户填写的查询条件不同，传入查询的参数也是不同的，有时传入一个参数、有时传入 3 个参数，那么我们就得在后台代码中根据请求的传入参数去拼凑相应的 SQL，但这样，我们还会在 Java 代码里写 SQL。Mybatis 的动态 SQL 功能正是为了解决这种问题，它通过 if、choose、when、otherwise、trim、where、set 和 foreach 标签，组合成非常灵活的 SQL，从而提高了开发人员的效率。

4）结果映射和结果缓存

前面我们已经优化了 SQL 处理器来获取连接、设置传入参数、执行 SQL、释放资源等，但还没有封装处理结果。如果处理结果被封装起来，那么，每个数据库在操作时都不用写一堆 Java 代码了，我们可以直接调用封装方法即可。我们有很多种方式处理执行结果，有可能将结果不做任何处理就直接返回，也有可能将结果转换成一个 JavaBean 对象、Map、List 返回等。因此，我们必须告诉 SQL 处理器两点：第一，需要返回什么类型的对象；第二，返回对象的数据结构如何跟执行结果映射，这样才能将具体的值复制到对应的数据结构上。

我们可以优化 SQL 执行结果的缓存来提升性能。SQL 处理器的缓存数据都是 key-value 格式，那么这个 key 怎么来的呢？它怎么保证唯一呢？即使同一条 SQL 每次访问时传入的参数不同，得到的执行 SQL 也是不同的，那么缓存的内容也是多样的，但是 SQL 和传入参数两部分合起来可以作为数据缓存的 key 值。

5）解决重复 SQL 问题

由于我们将所有的 SQL 都放到配置文件中，会遇到 SQL 重复的问题，几个功能的 SQL 其实都差不多，有些可能是 Select 后面那段不同、有些可能是 Where 语句不同。有时候表结构改了，我们就需要改多个地方，不利于后期维护。当我们的代码程序出现重复代码时，我们会将重复的代码抽离出来并将其作为独立的一个类，然后在需要使用它的地方再进行引用。我们可以将 SQL 片段模块化，将重复的 SQL 片段独立成一个 SQL 块，然后在各个 SQL 中引用重复的 SQL 块，这样修改 SQL 时只要修改一处即可。

3.3.2 Gradle创建SSM开发环境

在前面的学习中我们充分地认识了 IntelliJ IDEA 工具以及如何使用 IntelliJ IDEA 创建 Gradle 项目。接下来我们就要开始搭建 SSM 开发环境了。

3.2.2 节创建了一个最基本的 java web 目录，如图 3-34 所示。

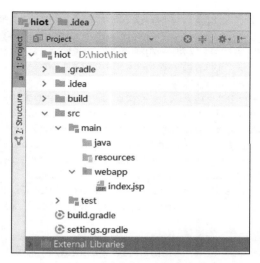

图3-34 基本的java web目录

更改后的文件目录如图 3-35 所示。

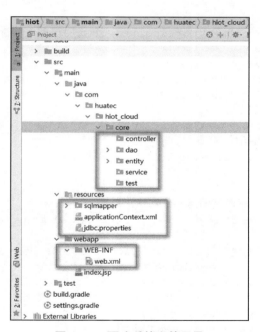

图3-35 更改后的文件目录

接下来我们只需要增加相应的文件内容即可。

① 在 resources 文件夹下添加 applicationContext.xml 文件，具体代码如下：

【代码 3-1】 applicationContext.xml 配置文件

```
1  <?xml version="1.0" encoding="UTF-8"?>
2  <beans
3          xmlns="http://www.springframework.org/schema/beans"
```

```
4        xmlns:xsi="http://www.w3.org/2001/XMLSchema-instance"
5        xmlns:context="http://www.springframework.org/schema/context"
6        xmlns:tx="http://www.springframework.org/schema/tx"
7        xmlns:util="http://www.springframework.org/schema/util"
8        xsi:schemaLocation="
9        http://www.springframework.org/schema/beans http://www.springframework.org/schema/beans/spring-beans-3.2.xsd
10       http://www.springframework.org/schema/context http://www.springframework.org/schema/context/spring-context-3.2.xsd
11       http://www.springframework.org/schema/tx http://www.springframework.org/schema/tx/spring-tx-3.2.xsd
12       http://www.springframework.org/schema/util http://www.springframework.org/schema/util/spring-util-3.2.xsd">

13   <!-- 开启组件扫描 -->
14   <!--注解注入:<context:annotation-config/>,使用 <context:component-scan base-package=""默认开启注解。/>-->
15   <!--Use-dafault-filters="false" 的情况下:<context:exclude-filter> 指定的不扫描,<context:include-filter> 指定的扫描 -->
16   <context:component-scan base-package="com.huatec.hIoT_cloud.core"/>

17   <!-- 配置视图解析器 ViewResolver,负责将视图名解析成具体的视图技术,比如,解析成 html、jsp 等 -->
18   <bean id="viewResolver"
19         class="org.springframework.web.servlet.view.InternalResourceViewResolver">
20       <!-- 前缀属性 -->
21       <property name="prefix" value="/"/>
22       <!-- 后缀属性 -->
23       <property name="suffix" value=""/>
24   </bean>

25   <!-- 配置数据库连接信息 -->
26   <util:properties id="jdbc" location="classpath:jdbc.properties"/>
27   <bean id="dbcp" class="org.apache.commons.dbcp.BasicDataSource">
28       <property name="driverClassName" value="#{jdbc.driver}"/>
29       <property name="url" value="#{jdbc.url}"/>
30       <property name="username" value="#{jdbc.username}"/>
31       <property name="password" value="#{jdbc.password}"/>
32       <!--initialSize: 连接池初始值 -->
33       <property name="initialSize" value="#{jdbc.initialSize}"/>
34       <!--maxIdle: 连接池最大空闲连接 -->
35       <property name="maxIdle" value="#{jdbc.maxIdle}"/>
36       <!--minIdle: 连接池最小空闲连接 -->
37       <property name="minIdle" value="#{jdbc.minIdle}"/>
38       <!--maxActive: 连接池最大连接数量 -->
39       <property name="maxActive" value="#{jdbc.maxActive}"/>
40       <!--maxWait: 连接池最大连接数量 -->
```

```xml
41      <property name="maxWait" value="#{jdbc.maxWait}"/>
42      <!--SQL 查询,用来验证从连接池取出的连接 -->
43      <property name="validationQuery" value="#{jdbc.validationQuery}"/>
44      <!-- 指明使用空闲连接回收器进行检验 -->
45      <property name="testWhileIdle" value="#{jdbc.testWhileIdle}"/>
46      <!-- 在空闲连接回收器线程运行期间休眠的时间值,以毫秒为单位,一般比 minEvictableIdleTimeMillis 小 -->
47      <property name="timeBetweenEvictionRunsMillis" value="#{jdbc.timeBetweenEvictionRunsMillis}"/>
48      <!-- 在每次空闲连接回收器线程（如果有）运行时检查的连接数量,最好和 maxActive 一致 -->
49      <property name="numTestsPerEvictionRun" value="#{jdbc.numTestsPerEvictionRun}"/>
50      <!-- 连接池中连接,在时间段内一直空闲,被逐出连接池的时间 (1000*60*60), 以毫秒为单位 -->
51      <property name="minEvictableIdleTimeMillis" value="#{jdbc.minEvictableIdleTimeMillis}"/>
52    </bean>
53    <!-- 配置 SqlSessionFactoryBean -->
54    <!-- 可以定义一些属性来指定 Mybatis 框架的配置信息 -->
55    <!-- spring 和 MyBatis 完美整合,不需要 mybatis 的配置映射文件 -->
56    <bean id="ssf" class="org.mybatis.spring.SqlSessionFactoryBean">
57      <!-- 数据源,注入连接信息 -->
58      <property name="dataSource" ref="dbcp"/>
59      <!--mybatis 配置文件 SqlMapConfig.xml,与 spring 管理不用
60      <property name="configLocation" value="classpath:TemplateSqlMap.xml"/> -->
61      <!-- 用于指定 sql 定义文件的位置 ( 加 classpath 从 src 下找 ),自动扫描 mapping.xml 文件 -->
62      <property name="mapperLocations" value="classpath*:sqlmapper/*.xml"/>
63      <!-- 扫描 entity 包,这样在 mapper 中就可以使用简单类名,多个用 , 隔开 -->
64      <property name="typeAliasesPackage" value="com.huatec.hIoT_cloud.core.entity"/>

65    </bean>
66    <!--<bean id="redis" class="org.springframework.data.redis.connection.RedisConnectionFactory"></bean>-->

67    <!-- 配置 MapperScannerConfigurer -->
68    <!-- 按指定包扫描 dao 接口,批量生成 dao 接口实现对象,id 为接口名首字母小写,自动注入 DAO 实现类,无须手动实现 -->
69    <bean class="org.mybatis.spring.mapper.MapperScannerConfigurer">
70      <!-- 指定扫描 com.huatec.hIoT_cloud.core.dao 包下所有接口 -->
71      <property name="basePackage" value="com.huatec.hIoT_cloud.core.dao"/>
```

```xml
72     <!-- 注入 sqlSessionFactory（此句可不写，自动注入 sqlSessionFactory）-->
73     <!--<property name="sqlSessionFactory" ref="ssf"/>-->
74     <property name="sqlSessionFactoryBeanName" value="ssf"/>
75   </bean>
76   <!-- 使用注解来实现声明式事务 -->
77   <!-- 声明事务管理组件 -->
78   <bean id="transactionManager" class="org.springframework.jdbc.datasource.DataSourceTransactionManager">
79       <property name="dataSource" ref="dbcp" />
80   </bean>
81   <!-- 带有 @Transactional 标记的方法会调用 transactionManager 组件追加事务控制 -->
82   <tx:annotation-driven transaction-manager= "transactionManager"/>
83 </beans>
```

② 在 resources 文件夹下，数据库的连接信息被放在 jdbc.properties 文件中，具体代码如下：

【代码 3-2】 jdbc.properties 数据库信息配置文件

```
1   driver=com.mysql.jdbc.Driver
2   url=jdbc:mysql://127.0.0.1:3306/hIoT
3   username=root
4   password=123456

5   #initialSize: 连接池初始值
6   initialSize=5
7   # 连接池最大空闲连接
8   maxIdle=20
9   # 连接池最小空闲连接
10  minIdle=5
11  # 连接池最大连接数量
12  maxActive=1000
13  # 获取连接时的最大等待时间，以毫秒为单位
14  maxWait=60000
15  #SQL 查询，用来验证从连接池取出的连接
16  validationQuery=SELECT 1
17  # 指明连接是否被空闲连接回收器（如果有）检验，如果检测失败，则连接将被从池中去除
18  testWhileIdle=true
19  # 在空闲连接回收器线程运行期间休眠的时间值，以毫秒为单位，一般比 minEvictableIdleTimeMillis 小
20  timeBetweenEvictionRunsMillis=300000
21  # 在每次空闲连接回收器线程（如果有）运行时检查连接数量，最好和 maxActive 一致
22  numTestsPerEvictionRun=1000
23  # 连接池中连接，在时间段内一直空闲，被逐出连接池的时间 (1000*60*60)，以毫秒为单位
24  minEvictableIdleTimeMillis=360000
```

③ 在 webapp 下添加 WEB-INF 文件夹，在文件夹中添加 web.xml 文件，具体代码如下：

【代码 3-3】 web.xml 配置文件

```xml
1  <?xml version="1.0" encoding="UTF-8"?>
2  <web-app xmlns="http://xmlns.jcp.org/xml/ns/javaee"
3          xmlns:xsi="http://www.w3.org/2001/XMLSchema-instance"
4          xsi:schemaLocation="http://xmlns.jcp.org/xml/ns/javaee http://xmlns.jcp.org/xml/ns/javaee/web-app_3_1.xsd"
5          version="3.1">
6      <display-name>hIoT</display-name>

7      <!-- servlet 容器启动之后，会立即创建 DispatcherServlet 实例，
8           接下来会调用该实例的 init 方法，此方法会依据 init-param 指定位置
的配置文件启动 spring 容器 -->
9      <!-- Spring MVC servlet -->
10     <servlet>
11         <servlet-name>SpringMVC</servlet-name>
12         <servlet-class>org.springframework.web.servlet.DispatcherServlet</servlet-class>
13         <init-param>
14             <param-name>contextConfigLocation</param-name>
15             <param-value>classpath:applicationContext.xml</param-value>
16         </init-param>
17         <load-on-startup>1</load-on-startup>
18         <!--<async-supported>true</async-supported>-->
19     </servlet>
20     <servlet-mapping>
21         <servlet-name>SpringMVC</servlet-name>
22         <!-- 此处可以配置成 *.do，对应 struts 的后缀习惯 -->
23         <url-pattern>/</url-pattern>
24     </servlet-mapping>
25 </web-app>
```

④ jar 包都是在 build.gradle 文件更新之后才被加载到 External Libraries 目录之下的，因此我们需要在项目的根目录下的 build.gradle 文件中添加以下代码：

【代码 3-4】 build.gradle 配置文件

```groovy
1  group 'com.huatec'
2  version '1.0-SNAPSHOT'

3  apply plugin: 'groovy'
4  apply plugin: 'java'
5  apply plugin: 'war'
6  apply plugin: 'idea'

7  sourceCompatibility = 1.7
8  targetCompatibility = 1.7

9  /*
```

```
10    * 本地 maven 依赖包
11    * */
12   repositories {
13       mavenLocal()
14       mavenCentral()
15   }

16   configurations {
17       mybatisGenerator
18   }

19   // 设置默认 resources 为开发环境状态,idea 编译时会默认获取 resources 目录
20   sourceSets {
21       main {
22           resources {
23               srcDirs = ['src/main/resources', 'src/main/java/com/huatec/hIoT_cloud/sqlmapper']
24           }
25       }
26   }

27   /*
28    * 使用 UTF-8 编码
29    * */
30   tasks.withType(JavaCompile) {
31       options.encoding = "UTF-8"
32   }

33   /*
34    *  配置依赖的 jar 包
35    * testCompile 表示执行单元测试时编译的依赖;
36    * compile 表示编译时依赖.
37    * */
38   dependencies {
39       testCompile group: 'junit', name: 'junit', version: '4.11'
40       testCompile group: 'junit', name: 'junit', version: '4.12'
41       //tomcat
42       compile 'org.apache.tomcat:tomcat-servlet-api:8.0.24'

43       //spring 与 springweb
44       compile 'org.springframework:spring-aop:4.2.4.RELEASE'
45       compile 'org.springframework:spring-context: 4.2.4.RELEASE'
46       compile 'org.springframework:spring-beans:4.2.4.RELEASE'
47       compile 'org.springframework:spring-web:4.2.4.RELEASE'
48       compile 'org.springframework:spring-webmvc:4.2.4.RELEASE'
49       compile 'org.springframework:spring-tx:4.2.4.RELEASE'
50       compile 'org.aspectj:aspectjweaver:1.8.6'
51       // 导入 Mysql 数据库连接 jar 包
```

```
52        compile 'mysql:mysql-connector-java:5.1.36'
53        /*
54        *SSM集成开发依赖包
55        * */
56        //mybatis/spring 包
57        compile 'org.mybatis:mybatis-spring:1.2.3'
58        //mybatis 核心包
59        compile 'org.mybatis:mybatis:3.3.0'
60        compile 'org.springframework:spring-jdbc:4.1.7.RELEASE'
61        compile 'org.springframework:spring-test:4.0.5.RELEASE'
62        compile 'org.mybatis:mybatis:3.3.0'

63        // 日志文件管理包
64        compile 'log4j:log4j:1.2.17'
65        // 解决 slf4j 与 log4j 冲突
66        compile group: 'org.slf4j', name: 'slf4j-log4j12', version: '1.7.21'
67        // 格式化对象,方便输出日志
68        compile 'com.alibaba:fastjson:1.1.41'

69        // 导入 dbcp 的 jar 包,该 jar 包被用来在 applicationContext.xml 中配置数据库
70        compile 'commons-dbcp:commons-dbcp:1.2.2'

71        // 使用 json 相关方法,需要引入 json 的 jar 包
72        compile "net.sf.json-lib:json-lib:2.3:jdk15"
73        // 对象转换成 json 格式
74        compile 'org.codehaus.jackson:jackson-core-asl:1.9.12'
75        compile group: 'org.codehaus.jackson', name: 'jackson-mapper-asl', version: '1.9.12'
76        compile group: 'com.fasterxml.jackson.core', name: 'jackson-core', version: '2.8.3'
77        compile group: 'com.fasterxml.jackson.core', name: 'jackson-databind', version: '2.8.3'

78        //
79        compile group: 'javax.servlet', name: 'javax.servlet-api', version: '3.1.0'
80    }
```

⑤ 接下来我们就需要运行 Gradle 来下载相应的依赖包了,操作步骤为:打开 IDEA → View → Tool Windows → Gradle,单击"刷新",此时 Gradle 就会自动联网下载 build.gradle 中定义的依赖包了,如图 3-36 所示。

依赖包下载完成后,可以在 External Libraries 的文件目录下找到已经下载完成的依赖包,如图 3-37 所示。

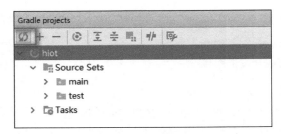

图3-36 下载依赖包

图3-37 查看下载完成的依赖包

⑥ 接下来我们将所有配置都部署到Tomcat服务器上,操作步骤为:打开IDEA → Run → Edit Configurations 选项,具体内容如图3-38所示。

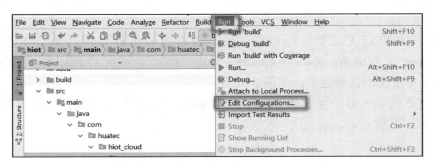

图3-38 部署到Tomcat服务器上

单击"+",选择 Tomcat Server 的 Local 选项,单击右上角的"Configure...",在弹出的对话框中选中下载的 Tomcat 根目录,最后单击"OK"按钮即可,具体操作如图 3-39 所示。

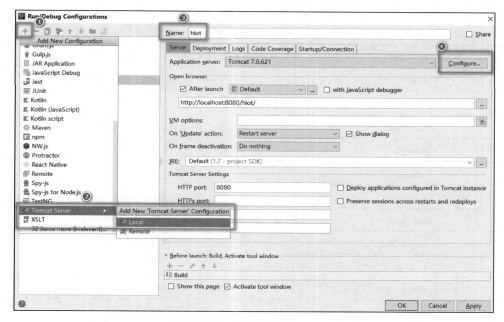

图3-39　配置本地Tomcat

此时,我们可以看到 Tomcat 服务器已经被添加到运行库中了,如图 3-40 所示。

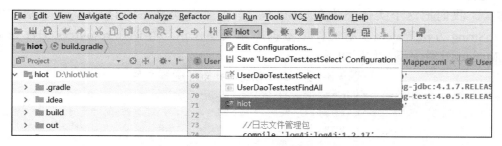

图3-40　将Tomcat服务器添加到运行库中

我们 Gradle 创建 SSM 开发环境到这里就配置完成了。

3.3.3　测试开发环境

开发环境搭建完成之后,我们要开始写物联网云平台的代码吗?当然不是,虽然开发环境搭建完成了,但是我们还没有测试该环境能否连通数据库。

我们在测试开发环境时会使用单元测试。JUnit 是一个开源的 Java 单元测试框架、是 Java 的标准单元测试库、是非常重要的第三方 Java 库、是由 Kent Beck 和 Erich Gamma 开发的。Junit 测试是程序员主导的测试,即白盒测试,因为程序员知道被测试的软件如何（How）完成功能和完成什么样（What）的功能。在 Java 程序中，一个工作单元通常指一个方法，那么测试工作单元也就是测试一个方法。

我们以 DAO 层为例，测试最常见的用户表，用户表的字段见表 3-2。

表3-2 用户表

表字段	含义
id	用户表的主键，表示用户的id
password	用户密码
username	用户名，该字段是唯一的
lastlogin	上次登录时间
email	邮箱，该字段是唯一的
is_active	是否被激活
date_join	注册时间
is_superuser	是否是超级管理员
is_staff	是否是普通用户
is_developer	是否是开发者
img	用户头像
phone	用户电话

我们的表字段已经确定下来了，接下来，我们就需要根据表字段编写相应的 Java 实体类。我们把这个实体类放在 entity 包之下，实体类必备的有 set、get 方法，构造器、toString 方法等，该映射文件中数据库相关操作语句存储在 resources 文件夹下的 SQLMapper 文件夹下，代码如下：

【代码 3-5】 UserMapper.xml 配置文件

```xml
1  <?xml version="1.0" encoding="UTF-8" ?>
2  <!DOCTYPE mapper PUBLIC "-//mybatis.org//DTD Mapper 3.0//EN"
3          "http://mybatis.org/dtd/mybatis-3-mapper.dtd">
4  <mapper namespace="com.huatec.hIoT_cloud.core.dao.UserDao">
5      <!-- 配置列和属性之间的映射 -->
6      <!-- 一对一映射 property:指定当前类中的属性名 javaType:属性的类型 -->
7      <resultMap type="User" id="userMap">
8          <id column="id" property="id" />
9          <result column="username" property="username" />
10         <result property="email" column="email"></result>
11         <result property="password" column="password"></result>
12         <result property="phone" column="phone"></result>
13         <result property="data_type" column="data_type"></result>
14         <result property="title" column="title"></result>
15         <result property="is_active" column="is_active"></result>
```

```
16         </resultMap>
17         <!-- resultMap：引用上面配置的resultMap的id
18             parameterType：参数类型
19             使用#{属性名}：参数类型是基本数据类型或String大括号中的名称可以自定义
20             insert元素：在此元素内写增加的sql语句
21         -->

22         <!-- 注册用户信息保存 -->
23         <insert id="saveForRegister" parameterType="com.huatec.hIoT_cloud.core.entity.User" >
24             insert into users(id,username,email,password,is_developer,is_staff,is_active,is_superuser,date_joined,lastlogin,phone,img) values (#{id},#{username},#{email},#{password},#{is_developer},#{is_staff},#{is_active},#{is_superuser},#{date_joined},#{lastlogin},#{phone},#{img})
25         </insert>

26         <!-- 修改密码 -->
27         <update id="updatePassword" parameterType="String">
28             update users
29             set password=#{password}
30             where id=#{id}
31         </update>

32         <!-- 根据用户id查询用户信息 -->
33         <select id="findById" parameterType="String" resultType="User">
34             select * from users where id=#{id}
35         </select>

36         <!-- 查询所有用户 -->
37         <select id="findAll" resultType="com.huatec.hIoT_cloud.core.entity.User">
38             select * from users
39         </select>

40         <!-- 根据用户id删除用户信息 -->
41         <delete id="detele" parameterType="String">
42             delete from users where id=#{id}
43         </delete>
44 </mapper>
```

Mapper映射文件完成后，以下代码是对DAO层操作，该层中主要添加与数据库操作相关的接口，该层接口的存放路径为：com.huatec.hIoT_cloud.core.dao。

【代码3-6】 UserDao接口代码实现

```
1  package com.huatec.hIoT_cloud.core.dao;

2  import com.huatec.hIoT_cloud.core.entity.User;
```

```
3   import org.apache.ibatis.annotations.Param;
4   import org.springframework.stereotype.Repository;
5   import java.util.List;

6   /**
7    * @ Created by liwenqiang on 2017/5/2 0002.
8    * @ Description:
9    */
10  @Repository
11  public interface UserDao {
12      /* 保存新用户注册信息 */
13      public int saveForRegister(User user);

14      /* 根据用户id查询用户信息 */
15      public User findById(String id);

16      /* 查询所有用户 */
17      public List<User> findAll();

18      /* 修改用户密码 */
19       public int updatePassword(@Param("id") String id, @Param("password") String password);

20      /* 根据用户id删除用户 */
21      public int detele(String id);
22  }
```

Mapper 映射文件和 DAO 层完成后，我们就可以开始单元测试了。在 test 包下新建一个 UserDaoTest.java 文件。

在开始测试之前，我们先来看看以下注解的作用。

@RunWith(SpringJUnit4ClassRunner.class) 使用了 Spring 的 SpringJUnit4ClassRunner，以便我们在测试开始时自动创建 Spring 的应用上下文。

@ContextConfiguration 注解有以下两个常用的属性。

locations：可以通过该属性手工指定 Spring 配置文件所在的位置，可以指定一个或多个 Spring 配置文件。我们在测试中用到的是此属性。

inheritLocations：是否要继承父测试用例类中的 Spring 配置文件，默认为 true。

@Autowired：该注解可以标注类成员变量、方法及构造函数，完成自动装配的工作。

@Test 注解则让被注解的方法成为一个 JUnit 4.4 标准的测试方法，@Test 是由 JUnit 4.4 所定义的注解。

（1）查找所有用户

创建 testFindAll() 方法，该方法是对 UserDao.java 接口中的 FindAll() 方法进行测试，具体代码如下：

【代码 3-7】 测试查找所有用户方法的代码实现

```
1   package com.huatec.hIoT_cloud.core.test;
```

```
2    import com.huatec.hIoT_cloud.core.dao.UserDao;
3    import com.huatec.hIoT_cloud.core.entity.User;
4    import org.junit.Test;
5    import org.junit.runner.RunWith;
6    import org.springframework.beans.factory.annotation.Autowired;
7    import org.springframework.test.context.ContextConfiguration;
8    import org.springframework.test.context.junit4.SpringJUnit4ClassRunner;
9    import java.util.Date;

10   @RunWith(SpringJUnit4ClassRunner.class)
11   @ContextConfiguration(locations = {"classpath:applicationContext.xml"})
12   public class UserDaoTest {

13       // 自动装载
14       @Autowired
15       private UserDao userDao;
16       /* 测试查找所有用户 */
17       @Test
18       public void testFindAll(){
19           System.out.println(userDao.findAll());
20           System.out.println(userDao.findAll()==null?"测试失败":"测试成功");
21       }
22   }
```

测试方法写完之后，我们将鼠标放在该方法的范围内并单击鼠标右键，选择运行。测试结果如图 3-41 所示。

图3-41 查找方法测试成功

（2）测试新增用户

在测试新增用户时，我们首先查询数据库中已存的数据，如图 3-42 所示。

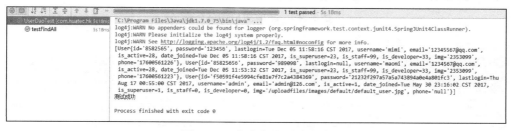

图3-42 新增用户

运行以下代码后，我们再去查询数据库信息，发现数据已经被新增到用户表中，如图 3-43 和图 3-44 所示。创建 testsaveForRegister() 方法，该方法是测试 UserDao.java 接口中的 saveForRegister() 方法，具体代码如下：

【代码 3-8】 测试注册用户方法的代码实现

```
1   /* 注册新用户 */
2   @Test
3   public void testsaveForRegister(){
4       User user = new User();

5       user.setId("123");
6       user.setEmail("078945567@qq.com");
7       user.setPassword("123123");
8       user.setPhone("17600561234");
9       user.setUsername("krystal");
10      user.setImg("123123");
11      user.setIs_active(32);
12      user.setIs_developer(12);
13      user.setIs_staff(23);
14      user.setIs_superuser(11);
15      user.setDate_joined(new Date());
16      user.setLastlogin(new Date());
17      System.out.println(userDao.saveForRegister(user));
18  }
```

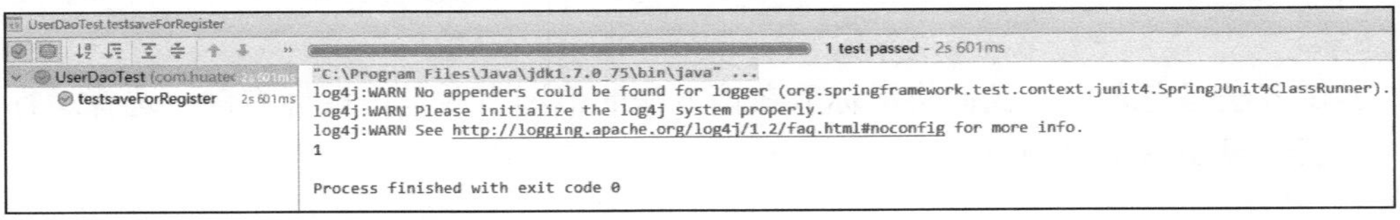

图3-43 新增用户测试结果

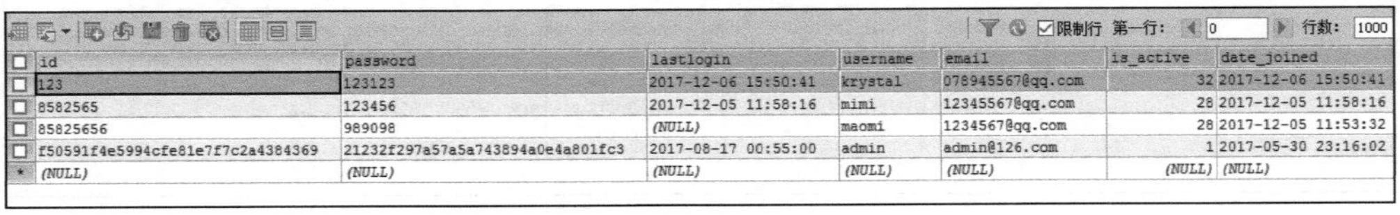

图3-44 新增用户后

（3）修改用户信息

创建 testupdatePassword() 方法，该方法是对 UserDao.java 接口中的 updatePassword 方法进行的测试。

我们将前面测试中添加的用户 ID 为"123"的用户密码由"123123"修改为"222111"，测试代码如下：

【代码 3-9】 测试修改密码方法的代码实现

```
1   /* 根据id修改用户密码 */
2   @Test
3   public void testupdatePassword(){
```

```
4        User user = userDao.findById("123");
5        System.out.println("修改前的userPassword:"+user.getPassword());
6        userDao.updatePassword("123","222111");
7        user = userDao.findById("123");
8        System.out.println("修改后的userPassword:"+user.getPassword());
9    }
```

测试结果如图 3-45 所示。

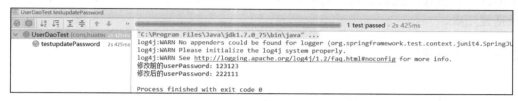

图3-45 修改用户密码测试结果

刷新数据库查询结果如图 3-46 所示。

id	password	lastlogin	username	email
123	222111	2017-12-06 15:50:41	krystal	078945567@qq.com
8582565	123456	2017-12-05 11:58:16	mimi	1234567@qq.com
85825656	989098	(NULL)	maomi	1234567@qq.com
f50591f4e5994cfe81e7f7c2a4384369	21232f297a57a5a743894a0e4a801fc3	2017-08-17 00:55:00	admin	admin@126.com
(NULL)	(NULL)	(NULL)	(NULL)	(NULL)

图3-46 修改用户密码查询数据库结果

（4）删除用户

创建 testDelete() 方法，该方法是测试 UserDao.java 接口中的 delete() 方法。

【代码 3-10】 测试删除方法的代码实现

```
1    /* 根据id删除用户 */
2    @Test
3    public void testDelete(){
4        User user = userDao.findById("85825656");
5        System.out.println(user);
6        int res = userDao.detele("85825656");
7        user = userDao.findById("85825656");
8        System.out.println(user);
9    }
```

删除用户的运行结果如图 3-47 和图 3-48 所示。

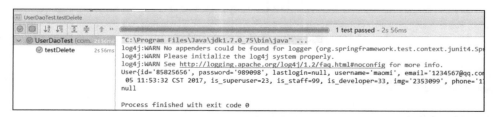

图3-47 删除用户测试结果

id	password	lastlogin	username	email	is_active
123	222111	2017-12-06 15:50:41	krystal	078945567@qq.com	32
8582565	123456	2017-12-05 11:58:16	mimi	12345567@qq.com	28
f50591f4e5994cfe81e7f7c2a4384369	21232f297a57a5a743894a0e4a801fc3	2017-08-17 00:55:00	admin	admin@126.com	1
(NULL)	(NULL)	(NULL)	(NULL)	(NULL)	(NULL)

图3-48 删除用户查询数据库结果

我们测试了数据库中最基本的增删改查（CRUD）的方法，程序运行成功并且数据库中的数据有变化时就表明我们能够顺利连通数据库了。经过测试可知，SSM 开发环境已经搭建完成。

3.3.4 任务回顾

 知识点总结

1. Spring 框架是一个分层架构，是由 Spring Core、Spring ORM、Spring AOP、Spring DAO、Spring Web、Spring Context、Spring Web MVC 7 个模块组成。

2. Spring MVC 主要由前端控制器、处理器映射、处理器（后端控制器）、模型和视图、视图解析器组成。

3. Mybatias 的工作流程：加载配置并初始化、接收调用请求、处理操作请求、返回处理结果。

4. Gradle 创建 SSM 开发环境需要添加 applicationContext.xml、jdbc.properties、web.xml、build.gradle 4 个文件。

5. 使用 JUnit 对用户表进行 CRUD 操作。

 学习足迹

任务三的学习足迹如图 3-49 所示。

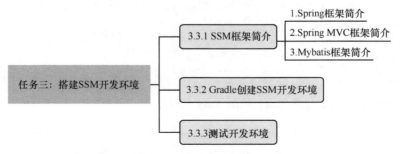

图3-49 任务三的学习足迹

 思考与练习

1. SSM 分别是_____、_____、_____。

2. 以下哪些不属于 Spring 的特点（　　）。
   A.build.gradle　　B.gradle.properties　　C.gradle.settings　　D.mail.properties
3. Spring 的组成有哪些模块？
4. SpringMVC 的核心组件是＿＿＿＿、＿＿＿＿、＿＿＿＿、＿＿＿＿、＿＿＿＿。
5. 简述 Gradle 搭建 SSM 开发环境的步骤。

3.4　项目总结

通过本项目的学习，我们对 SSM 框架有了一定的了解并且能够熟练掌握 Spring 开发的步骤，提高了学习能力和搭建环境的能力。

项目 3 的技能图谱如图 3-50 所示。

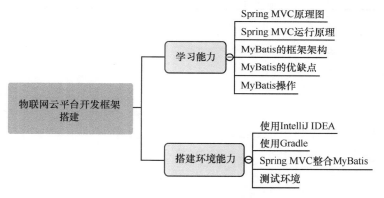

图3-50　项目3的技能图谱

3.5　拓展训练

网上调研：IntelliJ IDEA 和 Eclipse 的比较。
◆ 调研要求
IntelliJ IDEA 和 Eclipse 都是很优秀的开发工具，它们各有什么特点？
调研报告需包含以下关键点：
① IntelliJ IDEA 的优缺点和搭建项目的方式；
② Eclipse 的优缺点和搭建项目的方式。
◆ 格式要求：采用 PPT 的形式展示。
◆ 考核方式：采取课内发言，时间要求为 3~5 分钟。

◆ **评估标准**:见表3-3。

表3-3 拓展训练评估表

项目名称: IntelliJ IDEA和Eclipse的比较	项目承接人: 姓名:	日期:
项目要求	扣分标准	得分情况
总体要求(10分) ① 表述清楚IntelliJ IDEA和Eclipse的优缺点; ② 使用IntelliJ IDEA搭建开发环境; ③ 使用Eclipse搭建环境	① 包括总体要求的3项内容(每缺少一项内容扣2分); ② 逻辑混乱,语言表达不清楚(扣2分); ③ PPT制作不合格(扣2分)	
评价人	评价说明	备注
个人		
老师		

项目 4
物联网云平台基础模块开发实战

 项目引入

Jack 让我选择一个简单的模块独立开发，我有点不知道从哪里入手。

> Jack："你如果不知道从哪个模块开始开发，那就从用户模块开始吧。"
> 我："嗯，好的。"
> Jack："用户模块整体比较简单，如登录、注册等操作，但还是有几个难点，例如，Token 机制的实现原理及原因、权限管理等。"
> Philip："行，用户模块就由 Jane 负责了。Jack，设备模块的开发，就由你负责，业务逻辑你再梳理梳理，要是有什么问题，我们随时讨论。"
> Jack："恩，行。"

虽然独立开发模块有一些困难，但是能很快提升个人独立完成任务的能力，首先我们要开发模块的持久层，实现模块数据的增删改查。其次是业务逻辑层的开发，这一层是实现具体功能的核心模块，比如用户注册，用户信息从表示层发给业务逻辑层，业务逻辑判断用户信息是否正确，正确就存入数据库，并将信息反馈给用户。

 知识图谱

项目 4 的知识图谱如图 4-1 所示。

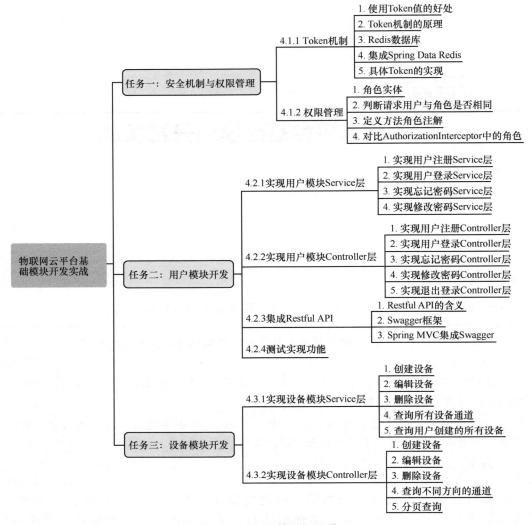

图4-1 项目4的知识图谱

4.1 任务一：安全机制与权限管理

【任务描述】

项目开发的过程中，一定会遇到安全问题和权限问题，如怎么确定发起多次访问请求的是同一个用户，并且该用户是什么角色，是开发者？还是普通用户？这些都是需要我们完善的功能。安全机制使用的是 Token 机制，用户在登录成功时会产生一个 Token 值，该值伴随用户之后一系列的访问请求。权限管理的实现方式有很多，有设置权限表、设置用户角色注释等，该任务会介绍如何注释用户角色。安全机制与权限管理对整个项目来说，十分重要。

4.1.1　Token机制

Token 是身份认证中的令牌，即暗号，数据传输之前要先核对暗号，不同的暗号被授权不同的数据操作。例如，USB1.1 协议中定义了 Token、data、handshake 和 special 4类数据包。主机和 USB 设备之间连续的数据交换可以分为三个阶段：第一个阶段由主机发送 Token 包，不同的 Token 包内容不一样（暗号不一样）；第二个阶段发送 data 包；第三个阶段由设备返回一个 handshake 包。

本文的 Token 机制是在用户登录的状态下，用户的 Token 值一直有效。用户的每次访问都要认证 Token 值，以保证平台的安全性，当用户退出登录或长时间无请求时，该 Token 值自动失效。Token 机制不仅适用于用户，还适用于设备，因为设备需要上传设备数据，所以也需要 Token 值认证。Token 值会被分类，一类是用户型的 Token 值，另一类是设备型的 Token 值。Token 值是需要被设置过期时间的，多长时间不使用后 Token 值将会过期。用户型 Token 值被设置以小时为单位，设备型 Token 值被设置以天为单位。

1. 使用 Token 值的好处

（1）无状态、可扩展

客户端存储的 Token 值是无状态的，并且能被扩展。基于这种无状态和不存储 Session 信息的情况，负载均衡器能够将用户信息从一个服务器传到其他服务器上。

如果我们将已验证的用户信息保存在 Session 中，则用户的每次请求都需要向已验证的服务器发送验证信息（称之为 Session 亲和性）。用户量大时，这种操作可能会造成一些拥堵。如果使用 Token 值，这些问题都会迎刃而解，因为 Token 值能自己验证用户信息。

（2）安全性

用户请求时发送 Token 值而不再发送 cookie，这样能够防止 CSRF（跨站请求伪造）。即使客户端使用 cookie 存储 Token 值，cookie 也仅仅是一个存储机制而不是认证机制。

Token 值是有时效的，一段时间之后用户需要重新验证。用户若想使 Token 值认证无效时不需要等到 Token 值自动失效，Token 值有撤回的操作，通过 Token revocataion 可以使一个特定的 Token 值或一组有相同认证的 Token 值无效。

（3）可扩展性

Token 值能够创建与其他程序共享权限的程序。例如，Token 值能将一个社交账号和自己的账号（Fackbook 或是 Twitter）联系起来。当用户通过服务登录 Twitter（我们将这个过程 Buffer）时，可以将这些 Buffer 附到 Twitter 的数据流上。

使用 Token 值时，程序可以提供可选的权限给第三方应用程序。当用户想让另一个应用程序访问它们的数据时，我们可以通过建立自己的 API，得出特殊权限的 Token 值。

（4）多平台跨域

CORS（跨域资源共享）扩展应用程序和服务时，需要介入各种设备和应用程序。

2. Token 机制的原理

Token 机制的原理如图 4-2 所示。

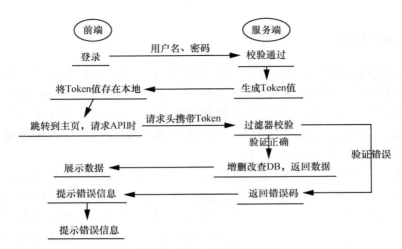

图4-2 Token机制的原理

Token 机制原理图的具体流程如下。
① 用户在客户端通过用户名与密码请求登录。
② 服务端收到请求后验证用户名与密码。
③ 验证通过，服务端会签发一个 Token 值，之后 Token 值被发送给客户端。
④ 客户端收到 Token 值，将其存储到本地。
⑤ 客户端每次请求 API 接口时，都要带上 Token 值。
⑥ 服务端收到请求，验证 Token 值，如果通过就返回数据，否则提示报错信息。
为什么将 Token 值存储到 Redis 数据库中呢？Redis 数据库与其他数据库有什么区别呢？

3. Redis 数据库

Redis 是一个开放源码数据库（BSD 许可），它具有数据结构存储特性，因而被用作数据库、缓存和消息代理。它支持的数据结构，如字符串、散列、列表、集合、排序集，排序集包括范围查询、位图、超对数和地理空间。

Redis 不是一个简单的键值存储，它实际上是一个数据结构服务器，支持不同类型的值。传统的键值存储将字符串键与字符串值关联在一起，Redis 中的值不仅仅是一个简单的字符串，它还可以容纳更复杂的数据结构。以下是 Redis 支持的所有数据结构的列表。

① 二进制安全弦。
② 列表：根据插入顺序排列的字符串元素的集合，它们基本上是链表。
③ 集合：唯一的、未排序的字符串元素的集合。
④ 排序集，类似于集合，但排序集中的每个字符串元素都与浮点数值相关联，被称为分数。元素总是按照它们的分数排序，因此它不同于集合，它可以检索一系列元素。
⑤ 哈希，它是由与值相关联的字段组成的映射。字段和值都是字符串。哈希与 Ruby 或 Python 散列非常相似。
⑥ 位数组（或者简单的位图）：位数组是用特殊的命令来处理字符串的值，我们可以设置和清除单个位元，把所有的位数都数到 1，找到第一个集合或未设置的位等。
⑦ 这是一种概率数据结构，用来估计集合的基数。

（1）Redis 数据库的优势

Redis 是一个开源的、使用 ANSI C 语言编写、遵守 BSD 协议、支持网络、可基于内存、亦可持久化的日志型的 Key-Value 数据库。它提供多种语言的 API。Redis 数据库的优势有以下几点。

① 性能极高：Redis 读取的速度是 110000 次/秒，写的速度是 81000 次/秒。

② 丰富的数据类型：Redis 支持二进制的 Strings、Lists、Hashes、Sets 及 OrderedSets 数据类型。

③ 原子：Redis 的所有操作都是原子性的，同时 Redis 还支持对几个操作合并后的原子性执行。

④ 丰富的特性：Redis 还支持 publish/subscribe、通知和 key 过期等特性。

（2）Redis 数据库的特点

Redis 支持持久化数据，它可以将内存中的数据保持在磁盘中，我们重启的时候可以再次加载使用这些数据。

Redis 不仅仅支持简单的 Key-Value 类型的数据，同时还提供 list、set、zset 和 hash 等数据结构的存储。

Redis 能备份数据，即备份 Master-Slave 模式的数据。

（3）Redis 数据库与其他 Key-Value 数据库的不同

Redis 有更为复杂的数据结构并且提供原子性操作，这是一个不同于其他数据库的进化路径。Redis 的数据类型都是基于基本数据结构并对程序员透明，无需进行额外的抽象。

Redis 虽然运行在内存中但是可以被持久化到磁盘中，所以在高速读写不同数据集时我们需要权衡内存，注意数据量不能大于硬件内存。在内存数据库方面 Redis 还有另一个优点即操作简单，Redis 可以进行很多内部复杂性很强地操作；同时，在磁盘格式方面，Redis 以追加的方式存储。

了解 Redis 数据库后，我们需要下载安装 Redis 数据库。

（4）下载 Redis 数据库

下载 Redis 数据库的页面如图 4-3 所示。

图4-3　下载Redis数据库页面

根据计算机型号（64 位或 32 位）下载相应的 zip 包。根据自己的实际情况，将 zip 包解压到自定义的安装目录并取名为 redis。如 D:\reids。

（5）安装 Redis 数据库

打开 cmd 窗口，使用 cd 命令将目录切换到 D:\redis 中，运行 redis-server.exe redis.windows.conf。我们可以把 Redis 的路径加到系统的环境变量里，这样不用再输入路径了，"redis.windows.conf"可以省略，如果省略，会启用默认的路径。输入之后，显示界面如图 4-4 所示。

图4-4 Redis数据库启动成功

Redis 数据库安装完毕后，我们如何使用它来开发项目呢？Spring data 中有一部分是 Spring Data Redis，Spring Data Redis 提供了从 Spring 程序中配置和访问 Redis 的功能。

4. 集成 Spring Data Redis

在使用 Java 操作 Redis 的过程中，Java 最常使用的是 jedis，除此之外还有 jdbc-redis，它们都可以在 Java 客户端操作 Redis 数据库，但是它们之间是无法兼容的，Spring-dat-redis 包括专门支持 Redis 的操作。如果我们在项目中使用了 jedis，再改用 jdbc-redis 会比较麻烦，Spring-Data-Redis 提供了 Redis 的 Java 客户端的抽象，在开发中可以忽略掉切换具体客户端时所带来的影响。而且它本身就属于 Spring 的一部分，比起单纯地使用 jedis，这种方式更加稳定、管理起来更加自动化（当然 jedis 的缺点不止以上）。

（1）添加 jar 包依赖

首先使用 jar 包管理器 Gradle 添加 jar 包，文件为 bulid.gradle 的具体代码如下：

【代码 4-1】 bulid.gradle

```
1    // 使用 spring-Data-Redis 封装的 TokenManager, Token Manager 对 Token 进行基础的操作
2   compile group: 'org.springframework.data', name: 'spring-data-redis', version: '1.8.3.RELEASE'
3     compile group: 'redis.clients', name: 'jedis', version: '2.9.0'
```

(2) 配置文件

首先编写与 Redis 数据库信息相关的配置文件 Redis-config.propertites 并存储在 resources 文件夹下，该配置文件需要定义 Redis 服务器地址，如果用户的 Redis 服务器安装在本机上，则地址为 127.0.0.1，若 Redis 未安装在本机，则填写 Redis 服务器所在的 IP 地址，具体代码如下：

【代码 4-2】Redis-config.propertites

```
1   #redis的服务器地址
2   redis.host=127.0.0.1
3   #redis的服务端口
4   redis.port=6379
5   #密码
6   redis.pass=
7   #连接数据库
8   redis.default.db=0
9   #客户端超时，时间单位是毫秒
10  redis.timeout=100000
11  #最大连接数，默认8个
12  redis.maxTotal=500
13  #最大空闲连接数，默认8个
14  redis.maxIdle=8
15  #最小空闲连接数，默认0
16  redis.minIdle=1
17  #redis获取连接时的最大等待毫秒数（如果设置为阻塞时BlockWhenExhausted），如果超时就抛出异常,默认为-1
18  redis.maxWaitMillis=30000
19  #指明是否检验从池中取出的连接，如果检验失败，则从池中去除连接并尝试取出另一个，默认为false
20  redis.testOnBorrow=true
21  #连接耗尽时redis是否阻塞, false报出异常,true阻塞直到超时, 默认为true
22  redis.blockWhenExhausted=true
23  #设置的逐出策略类名, 默认为DefaultEvictionPolicy（当连接超过最大空闲时间，或连接数超过最大空闲连接数）
24  redis.evictionPolicyClassName=org.apache.commons.pool2.impl.DefaultEvictionPolicy
25  #是否启用pool的jmx管理功能，默认为true
26  redis.jmxEnabled=true
27  #是否启用后进先出，默认为true
28  redis.lifo=true
29  #逐出连接的最小空闲时间 默认1800000ms（30min）
30  redis.minEvictableIdleTimeMillis=1800000
31  #每次逐出检查时 逐出的最大数目，如果为负数即1/abs(n)时，默认为3
32  redis.numTestsPerEvictionRun=3
33  #对象空闲多久后逐出, 当空闲时间>该值且空闲连接>最大空闲连接数时直接逐出,不再根据MinEvictableIdleTimeMillis判断 （默认逐出策略）
34  redis.softMinEvictableIdleTimeMillis=1800000
35  #在空闲时检查有效性，默认为false
```

```
36    redis.testWhileIdle=false
37    # 逐出扫描的时间间隔（毫秒）如果为负数，则不运行逐出线程，默认为 -1
38    redis.timeBetweenEvictionRunsMillis=-1
```

综上所示为配置 Redis 数据库信息。

其次是在 Spring 的配置文件 applicationContext.xml 中，添加 Redis 的相关配置。具体代码如下：

【代码 4-3】 applicationContext.xml

```
1   <!-- 配置 redis, 缓存 token-->
2   <bean id="propertyConfigurerRedis" class="org.springframework.beans.factory.config.PropertyPlaceholderConfigurer">
3     <property name="order" value="1" />
4     <property name="ignoreUnresolvablePlaceholders" value="true" />
5     <property name="locations">
6       <list>
7         <value>classpath:redis-config.properties</value>
8       </list>
9     </property>
10  </bean>
11  <!-- jedis pool 配置 -->
12  <bean id="jedisPoolConfig" class="redis.clients.jedis.JedisPoolConfig">
13    <property name="maxTotal" value="${redis.maxTotal}" />
14    <property name="maxIdle" value="${redis.maxIdle}" />
15    <property name="minIdle" value="${redis.minIdle}" />
16    <property name="maxWaitMillis" value="${redis.maxWaitMillis}" />
17    <property name="testOnBorrow" value="${redis.testOnBorrow}" />
18  </bean>
19  <!-- spring data redis -->
20  <bean id="jedisConnectionFactory" class="org.springframework.data.redis.connection.jedis.JedisConnectionFactory">
21    <property name="usePool" value="true"></property>
22    <property name="hostName" value="${redis.host}" />
23    <property name="port" value="${redis.port}" />
24    <property name="password" value="${redis.pass}" />
25    <property name="timeout" value="${redis.timeout}" />
26    <property name="database" value="${redis.default.db}"></property>
27    <constructor-arg index="0" ref="jedisPoolConfig" />
    </bean>
```

配置完成后，Token 的存储问题就解决了，接下来，我们一起研究 Token 的生成以及 Token 的功能。

5. 具体 Token 的实现

根据 Token 的实现原理，我们知道用户第一次登录成功时，系统生成并保存 Token，当登录成功后用户的每一个请求都需要验证前端页面或者 App 端传递的 Token 和 Redis 数据库中 Token 是否一致。当用户退出登录时，后台需要做的是删除数据库中用户对应的 Token。我们首先要创建 Token 的实体类，并设计 Token 的组成成分。

(1) Token 实体类

Token 和用户是一一对应的，并且 Token 是唯一的。Token 中需要包含用户标识（uuid）和唯一的标识（tokenvalue）。Token 请求后台 API 的对象包含用户、开发者还有设备，设备在使用 HTTP 上传数据时，也需要携带 Token，Token 也需要类型区分（type）。Token 的组成如下：

```
Token=uuid_tokenvalue_type
```

Token 实体类存放路径如下：

```
src\main\java\com\huatec\hIoT_cloud\core\authorization\model\TokenModel.java
```

其代码如下：

【代码 4-4】 Token 实体类

```
1   public class TokenModel implements Serializable {
2   //用户 Id
3   @JsonPropertyOrder
4   private String UUId;
5   //token 类型
6   @JsonIgnore
7   private String typeCode;
8   // 随机生成的 token
9   private String tokenValue;
10  public TokenModel(String UUId, String tokenValue) {
11  this.UUId = UUId;
12  this.tokenValue = tokenValue;
13  }
14  public TokenModel(String UUId, String typeCode, String tokenValue) {
15  this.UUId = UUId;
16  this.typeCode = typeCode;
17  this.tokenValue = tokenValue;
18  }
19  public String getUUId() {
20  return UUId;
21  }
22  public void setUUId(String UUId) {
23  this.UUId = UUId;
24  }
25  public String getTypeCode() {
26  return typeCode;
27  }
28  public void setTypeCode(String typeCode) {
29  this.typeCode = typeCode;
30  }
31  public String getTokenValue() {
32  return tokenValue;
33  }
34  public void setTokenValue(String tokenValue) {
35  this.tokenValue = tokenValue;
```

```
36   }
37   @Override
38   public String toString() {
39   return "TokenModel{" +
40   "UUId='" + UUId + '\'' +
41   ", typeCode='" + typeCode + '\'' +
42   ", tokenValue='" + tokenValue + '\'' +
43   '}';
44   }
45 }
```

（2）实现 Token 的增删查

我们首先建立需要定义并实现 Token 增删查的接口，检查当前用户是否已经登录（checkLoginCount），如果用户没有登录，我们给将登录的用户创建 Token 并绑定用户，将 Token 存入 Redis 数据库（createToken）中，当登录后的用户再次请求其他接口时，需要先从字符串解析出 Token（getToken），然后检测该用户的 Token 是否存在且有效（checkToken），在用户退出登录或是长时间不请求时，我们需要销毁用户 Token（deleteToken），以上所述的功能需求具体方法定义如下。

1）定义接口

TokenManager 接口存放路径如下：

```
core_auth\src\main\java\com\huatec\hIoT_cloud\core\authorization\
manager\TokenManager.java
```

其代码如下：

【代码 4-5】 Token 的增删查接口

```
1   public interface TokenManager {
2   /**
3   * 检查用户登录数量
4   * @param UUId 指定用户的 id，typeCode 指定 Token 类型
5   * @return
6   */
7   public Result checkLoginCount(String typeCode,String UUId);
8   /**
9   * 创建一个 token 关联指定用户（设备）
10  * @param UUId 指定用户（设备）的 id
11  * @return 生成的 token
12  */
13  public TokenModel createToken(String typeCode,String UUId);
14  /**
15  * 检查 token 是否有效
16  * @param token
17  * @return 是否有效
18  */
19  public boolean checkToken(TokenModel token);
20  /**
21  * 从字符串中解析 token
22  * @param authentication 加密后的字符串
23  * @return
```

```
24   */
25   public TokenModel getToken(String authentication);
26   /**
27    * 清除token
28    * @param UUId 登录用户（设备）的id
29    */
30   public void deleteToken(String UUId);
     }
```

2）实现接口

RedisTokenManager 存放路径如下：

core_auth\src\main\java\com\huatec\hIoT_cloud\core\authorization\model\impl\RedisTokenManager.java

其具体代码如下：

【代码 4-6】 Token 接口的实现

```
1    public class RedisTokenManager implements TokenManager {
2    private StringRedisTemplate redis;
3    @Autowired
4    public void setRedis(StringRedisTemplate redis) {
5    this.redis = redis;
6    //泛型设置成Long,String后必须更改对应的序列化方案
7    redis.setKeySerializer(new StringRedisSerializer());
8    }
9    public Result checkLoginCount(String typeCode,String UUId){
10   if(typeCode.equalsIgnoreCase(Constants.AUTHORIZATION_USER)) {
//用户类型
11   BoundHashOperations<String, Integer, String> boundHashOperations = redis.boundHashOps(UUId);
12   if(boundHashOperations ==null){
13   return Result.ok();
14   }
15   if(boundHashOperations.size()<3){
16   return Result.ok();
17   }
18   if(boundHashOperations.size()==3){
19   return Result.error(ResultStatus.LOGIN_NUM_OVER);
20   }
21   }
22   return Result.ok();
23   }
24   public TokenModel createToken(String typeCode,String UUId) {
25   // 使用uuid作为源token,拼接UUId+typeCode；格式："UUId_tokenValue_typecode";
26   //typeCode指token类型，"use"表示用户token；"dev"表示设备token，它使用md5加密
27   // 如果Token是用户类型则UUId为userId,如果Token是设备类型，则UUId为deviceId。
28   //String type = MD5Util.getMD5Str(typeCode);
```

```
29    String type = typeCode;
30    String tokenValue = UUId + "_" + UUID.randomUUID().toString().
replace("-", "")+"_"+type;
31    TokenModel model = new TokenModel(UUId,type,tokenValue);
32    // 存储到 redis 并设置过期时间
33    if(typeCode.equalsIgnoreCase(Constants.AUTHORIZATION_USER)){ //
用户类型
34      redis.boundValueOps(UUId).set(tokenValue, Constants.TOKEN_
EXPIRES_HOUR, TimeUnit.HOURS);
35    }else if(typeCode.equalsIgnoreCase(Constants.AUTHORIZATION_
DEVICE)) { // 设备类型
36      redis.boundValueOps(UUId).set(tokenValue, Constants.TOKEN_
EXPIRES_DAY, TimeUnit.DAYS);
37    }
38    return model;
39    }
40    public TokenModel getToken(String authentication) {
41    if (authentication == null || authentication.length() == 0) {
42    return null;
43    }
44    String[] param = authentication.split("_");
45    if (param.length != 3) {
46    return null;
47    }
48    // 使用 UUId 和源 token 和 token 类型码简单拼接成的 token，可以额外增加加
密措施
49    String UUId = param[0];
50    String typeCode = param[2];
51    //String tokenValue = param[1];
52    return new TokenModel(UUId,typeCode, authentication);
53    }
54    public boolean checkToken(TokenModel model) {
55    if (model == null) {
56    return false;
57    }
58    String tokenValue = redis.boundValueOps(model.getUUId()).get();
59    if (tokenValue == null || !tokenValue.equals(model.getTokenValue()))
{
60    return false;
61    }
62    // 如果验证成功，说明此用户（设备）进行了一次有效操作，延长 token 的过期时间
63     if(model.getTypeCode().equalsIgnoreCase(Constants.
AUTHORIZATION_USER)){
64      redis.boundValueOps(model.getUUId()).expire(Constants.TOKEN_
EXPIRES_HOUR, TimeUnit.HOURS);
65    }else if(model.getTypeCode().equalsIgnoreCase(Constants.
AUTHORIZATION_DEVICE)){
66      redis.boundValueOps(model.getUUId()).expire(Constants.TOKEN_
EXPIRES_DAY, TimeUnit.DAYS);
```

```
67     }
68     return true;
69   }
70   public Result checkToken2(TokenModel model) {
71     //Result result = null;
72     if (model == null) {
73       return Result.error(ResultStatus.USER_AUTH_ERROR);
74     }
75     String tokenValue = redis.boundValueOps(model.getUUId()).get();
76     if (tokenValue == null) {
77       return Result.error(ResultStatus.USER_NOT_LOGIN);
78     }else if(!tokenValue.equals(model.getTokenValue())){
79       return Result.error(ResultStatus.TOKEN_INVALID);
80     }
81     // 如果验证成功,说明此用户(设备)进行了一次有效操作,延长token的过期时间
82     if(model.getTypeCode().equalsIgnoreCase(Constants.AUTHORIZATION_USER)){
83       redis.boundValueOps(model.getUUId()).expire(Constants.TOKEN_EXPIRES_HOUR, TimeUnit.HOURS);
84     }else if(model.getTypeCode().equalsIgnoreCase(Constants.AUTHORIZATION_DEVICE)){
85       redis.boundValueOps(model.getUUId()).expire(Constants.TOKEN_EXPIRES_DAY, TimeUnit.DAYS);
86     }
87     return Result.ok(ResultStatus.SUCCESS);
88   }
89   public void deleteToken(String UUId) {
90     redis.delete(UUId);
91   }
92 }
```

（3）定义拦截器

根据Token的实现原理,当用户登录成功后,在下次访问时需要使用拦截器拦截请求头中的Token,我们需要定义拦截器,并将拦截器定义成注解进行拦截Token,AuthorizationInterceptor存放路径如下：

core_auth\src\main\java\com\huatec\hIoT_cloud\core\authorization\interceptor\AuthorizationInterceptor.java

其代码如下：

【代码4-7】 实现Token拦截器

```
1  @Component
2  public class AuthorizationInterceptor extends HandlerInterceptorAdapter {
3    @Autowired
4    private TokenManager manager;
5    //@Autowired
6    //private PermissionInterceptor permissionInterceptor;
7    @Autowired
8    private UserDao userDao;
```

```
9    public boolean preHandle(HttpServletRequest request,
10   HttpServletResponse response, Object handler) throws Exception {
11       // 如果不是映射到方法则直接通过
12       if (!(handler instanceof HandlerMethod)) {
13           return true;
14       }
15       HandlerMethod handlerMethod = (HandlerMethod) handler;
16       Method method = handlerMethod.getMethod();
17       // 从 header 中得到 token
18       String authorization = request.getHeader(Constants.AUTHORIZATION);
19       // 用户 token 验证
20       TokenModel model = manager.getToken(authorization);
21       // 设备 token 验证
22       Result result = manager.checkToken2(model);
23       // 如果 token 验证成功,将用户 token 对应的用户 id 存在 request 中,便于之后注入
24       //request.setAttribute(Constants.CURRENT_USER_ID, model.getUUId());
25       /** 设备身份 */
26       }else if(model.getTypeCode().equalsIgnoreCase(Constants.AUTHORIZATION_DEVICE)){
27           if(annotation != null && annotation.role().contains(Role.DEVICE)){
28           // 如果 token 验证成功,将设备 token 对应的设备 id 存在 request 中,便于之后注入
29           request.setAttribute(Constants.CURRENT_DEVICE_ID, model.getUUId());
30           return true;
31       }
32       }
33       // 用户的身份认证通过,但用户角色权限不符
34       result = Result.error(ResultStatus.OPERATION_NOT_POWER);
35       //return false;
36       }
37       /** 有权限:end */
38       //DeviceTokenModel deviceTokenModel = deviceManager.getToken(authorization);
39       // 如果验证 token 失败,并且方法注明了 Authorization,返回 401 错误
40       if (method.getAnnotation(Authorization.class) != null) {
41           response.setCharacterEncoding("UTF-8");
42           /** 决定返回的是什么格式 */
43           response.setHeader("Content-Type", "application/json;charset=UTF-8");// 这句话是解决乱码的
44           /* Result 格式的错误信息 */
45           PrintWriter out = null;
46           try {
47               out = response.getWriter();
48               out.write(JSONObject.fromObject(result).toString()); //.append(new ObjectMapper().writeValueAsString(result));
```

```
49    //out.close();
50    }catch (IOException ie) {
51    ie.printStackTrace(); out.write(JSONObject.fromObject(Result.
error(ResultStatus.SERVER_ERROR)).toString());
52    } finally {
53    if (out != null) {
54    out.close();
55    }
56    }
57    // 立即返回
58    return false;
59    }
60    return true;
61    }
62    }
```

（4）定义拦截器注解

在 Controller 的方法上使用定义拦截器注解，该方法在映射时会检查用户是否登录，并返回错误信息；不加此注解时，拦截器也会自动拦截，但是不返回错误信息，只返回 HTTP code:400 Bad Request——请求无效，需要附加细节解释。

Authorization 存放路径如下：

```
core_auth\src\main\java\com\huatec\hIoT_cloud\core\authorization\
annoation\Authorization.java
```

具体代码如下：

【代码 4-8】 Token 拦截器注解

```
1    @Target(ElementType.METHOD)
2    @Retention(RetentionPolicy.RUNTIME)
3    public @interface Authorization {
4    }
```

4.1.2 权限管理

权限管理即不同的用户具有不同的权限。本项目采用注解拦截器进行权限管理。用户的权限有开发者用户、普通用户、超级管理员等。项目实现权限的过程是当用户发送请求时，系统通过用户注解会知道当前用户的信息，用户信息在通过权限注解的拦截后，可以与用户的角色对比这种设置，并检查访问的用户与角色是否一致，当一致时允许访问，当不一致时，返回无权限访问，具体实现步骤如下。

1. 角色实体

Role 角色存放路径如下：

```
core_auth\src\main\java\com\huatec\hIoT_cloud\core\
authorization\model\Role.java
```

其代码如下：

【代码 4-9】 角色实体

```
1    public class Role implements Serializable{
```

```
2   public static final String ADMIN ="admin";  // 超级管理员权限, 无权
访问开发者和使用者功能
3   public static final String DEVELOPER ="developer";// 开发者权限,
无权访问使用者功能
4   public static final String STAFF ="staff";// 使用者权限
5   public static final String DEVICE ="device";// 智能硬件
6   }
```

2. 判断请求用户与角色是否相同

PermissionManager 存放路径如下：

core_auth\src\main\java\com\huatec\hIoT_cloud\core\authorization\manager\PermissionManager.java

其代码如下：

【代码 4-10】 角色实现过程

```
1   public class PermissionManager {
2   // 是否管理员角色
3   public  static boolean roleStaff(User user) {
4   int sta = user.getIs_staff()==null ? 0 : user.getIs_staff();
5   if (sta==1 //||sup==1||deve==1
6   ) {
7   return true;
8   }
9   return false;
10  }
11  // 是否开发者角色
12  public  static boolean roleDeveloper(User user) {
13  int deve = user.getIs_developer()==null ? 0 : user.getIs_developer();
14  if (deve == 1 //||sup==1
15  ) {
16  return true;
17  }
18  return false;
19  }
20  // 是否开发者角色
21  public  static boolean roleAdmin(User user) {
22   int superuser = user.getIs_superuser()==null ? 0 : user.getIs_superuser();
23  if (superuser == 1) {
24  return true;
25  }
26  return false;
27  }
```

3. 定义方法角色注解

Permissions 注解存放路径如下：

core_auth\src\main\java\com\huatec\hIoT_cloud\core\authorization\annotation\Permissions.java

在 Controller 的方法参数中使用定义方法角色注解，该方法在映射时可以判断当前用

户的操作权限，具体在 AuthorizationInterceptor 内判断，该注解实现代码如下：

【代码 4-11】 定义角色注解

```
1   @Target(ElementType.METHOD)
2   @Retention(RetentionPolicy.RUNTIME)
3   public @interface Permissions {
4   /** 具体角色参见
5   ** com.huatec.hIoT_cloud.core.authorization.model.Role
6   **/
7   String role() default "";
8   }
```

4. 比对 AuthorizationInterceptor 中的角色

AuthorizationInterceptor 验证用户与角色是否一致，当 Token 正确时，判断该用户是否具有权限，具体实现只需要把权限判断代码加入 AuthorizationInterceptor 中即可。具体代码如下：

【代码 4-12】 角色对应的权限

```
1   // 权限角色注解
2   Permissions annotation = method.getAnnotation(Permissions.class);
3   //token 验证成功，验证用户角色权限
4   if (result.getStatus()==1 ) {
5   /** 角色及其功能参见
6   ** com.huatec.hIoT_cloud.core.authorization.model.Role
7   * */
8   /**用户身份 */
9     if(model.getTypeCode().equalsIgnoreCase(Constants.AUTHORIZATION_USER)){
10  /** 判断用户角色权限
11   * 有 Permissions 注解并且注解的 role 值为相应值，则说明该用户有权限进入此方法
12   * 权限规则：
13   * **** 权限规则 1：超级管理员有开发者和 App 使用者权限，开发者有 App 使用者权限。
14   * **** 权限规则 2：超级管理员、开发者和 App 使用者权限相互独立。
15   * **** 结论：两者都采用，并分配到 Role 值中，具体 Role 值及其功能参见：
16   * **** com.huatec.hIoT_cloud.core.authorization.model.Role
17  **/
18  User user = userDao.findById(model.getUUId());
19  /** 权限规则 :start*/
20  /** 没有加 Permissions 注解。默认不需要权限 */
21  if(annotation == null){
22  // 如果 token 验证成功，将用户 token 对应的用户 id 存在 request 中，便于之后注入
23    request.setAttribute(Constants.CURRENT_USER_ID, model.getUUId());
24  return true;
25  }
26  /** 1、admin: 超级管理员权限：无权访问开发者和使用者功能 */
27  if(PermissionManager.roleAdmin(user)
```

```
28      && annotation != null
29      && annotation.role().contains(Role.ADMIN)
30      ){
31      // 如果token验证成功,将用户token对应的用户id存在request中,便于之
后注入
32      request.setAttribute(Constants.CURRENT_USER_ID, model.getUUId());
33      return true;
34      }
35      /** 2、developer:开发者权限,无权访问使用者功能 */
36      if(PermissionManager.roleDeveloper(user)
37      && annotation != null
38      && annotation.role().contains(Role.DEVELOPER)
39      ){
40      // 如果token验证成功,将用户token对应的用户id存在request中,便于之
后注入
41      request.setAttribute(Constants.CURRENT_USER_ID, model.getUUId());
42      return true;
43      }
44      /** 3、staff:使用者权限 */
45      if(PermissionManager.roleStaff(user)
46      && annotation != null
47      && annotation.role().contains(Role.STAFF)
48      ){
49      // 如果token验证成功,将用户token对应的用户id存在request中,便于之
后注入
50      request.setAttribute(Constants.CURRENT_USER_ID, model.getUUId());
51      return true;
52      }
```

4.1.3 任务回顾

知识点总结

1. Token是身份认证的令牌,服务端验证Token的真实性,并在验证正确后设置权限。
2. Token的特性:无状态、可扩展、安全性和多平台跨越。
3. Token的实现原理图、Token的具体实现过程、拦截器的使用、自定义注解的使用。
4. 本项目的权限有超级管理者、开发者和普通用户。
5. 权限管理实现的思路,定义不同的Controller的访问权限,通过拦截器判断当前用户是否有访问权限。
6. 权限管理的具体实现过程。

学习足迹

任务一的学习足迹如图4-5所示。

项目4 物联网云平台基础模块开发实战

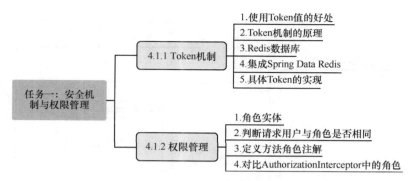

图4-5 任务一的学习足迹

思考与练习

1. 用户角色有_____、_____、_____。
2. 以下哪些不属于 Token 的优点（　　）。
   A. 无状态、可扩展　　B. 安全性　　C. 多平台跨域　　D. 操作简单
3. 用户权限是通过什么实现的？
4. Redis 数据库是_____、_____、_____、_____、_____。
5. 简述 Token 的实现流程。

4.2 任务二：用户模块开发

【任务描述】

用户模块的开发主要实现用户注册登录等一系列的功能。项目 3 的任务三中已搭建了 SSM 开发环境，在任务中我们已经完善了项目持久层，接下来我们从业务逻辑层、表现层逐一完成功能需求。用户模块的功能实现后，我们使用 Swagger 框架将 Controller 整理成 RESTFUl API 并进行调用与测试。

4.2.1 实现用户模块Service层

通过项目 2 的学习，我们知道用户模块包括：用户注册、用户登录、忘记密码、修改头像、修改密码、修改邮箱、退出登录等功能。

本项目使用数据传输对象（Data Transfer Object，DTO）。DTO 是一个普通的 Java 类，它封装了需要批量传送的数据，避免了多次请求数据库。在传统的编程中，一般是前台将数据请求，并发送到 WebService 中，然后 WebService 向数据库发出请求，获取数据，最后再逐层返回。请求流程如图 4-6 所示。

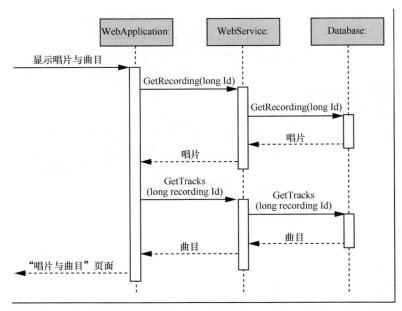

图4-6 请求流程

由图 4-6 可以看出,因为唱片与曲目是存储于两张表中的,所以用户请求唱片与曲目时需要请求两次数据库。假设我们需要实现某一功能,但是需要查询多张关联表,那样岂不是需要多次访问数据库,有没有什么方法既可以获取大量的相关数据,又可以只访问一次数据库就解决问题的呢?DTO 可以解决这些问题,DTO 传输数据流程如图 4-7 所示。

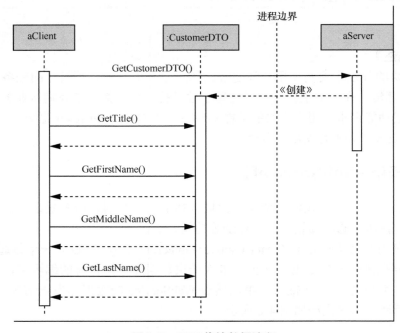

图4-7 DTO传输数据流程

怎么实现 DTO 的功能呢？DTO 是 Java 的一个实体类，比如，当用户注册 DTO 时，需要填写用户名、用户密码、邮箱、用户类型，具体代码如下。

UserForm 类存放路径如下：

```
core_user\src\main\java\com\huatec\hIoT_cloud\core\controller\formbean\UserForm.java
```

【代码 4-13】 用户的 DTO

```
1  public class UserForm implements Serializable{
2  private String username;
3  private String email;
4  private String password;
5  private String userType;
6  public String getUsername() {return username;}
7  public void setUsername(String username) {
8  this.username = username;
9  }
10  public String getEmail() {
11  return email;
12  }
13  public void setEmail(String email) {
14  this.email = email;
15  }
16  public String getPassword() {
17  return password;
18  }
19  public void setPassword(String password) {
20  this.password = password;
21  }
22  public String getUserType() {return userType;}
23  public void setUserType(String userType) {this.userType = userType;}
24  @Override
25  public String toString() {
26  return "UserForm{" +
27  "username='" + username + '\'' +
28  ", email='" + email + '\'' +
29  ", password='" + password + '\'' +
30  ", userType='" + userType + '\'' +
31  '}';
32  }
33  }
```

DTO 实体类编写完成后，Controller 层请求数据时，处理器通过反射技术将 HttpServletRequest 中的前端属性数据赋值到对应的实体类中，使用或修改本类时，需要熟悉 Java 反射技术，在 Controller 包下创建类 DTOBulider，具体代码如下：

【代码 4-14】 实现 DTO 的反射机制

```
1  public class DTOBulider {
2  /**
```

```
3   *  方法入口，得到 Dto
4   *@param request
5   *@param dtoClass 传入的实体类
6   *@return
7   */
8   public static Object getDTO(HttpServletRequest request, Class dtoClass) {
9       Object dtoObj = null;
10      if ((dtoClass == null) || (request == null))
11          return dtoObj;
12      try {
13          // 实例化对象
14          dtoObj = dtoClass.newInstance();
15          setDTOValue(request, dtoObj);
16      } catch (Exception ex) {
17          ex.printStackTrace();
18      }
19      return dtoObj;
20  }
21  /**
22   *  保存数据
23   *@param request
24   *@param dto
25   *@throws Exception
26   */
27   public static void setDTOValue(HttpServletRequest request, Object dto) throws Exception {
28      if ((dto == null) || (request == null))
29          return;
30      // 得到类中所有的方法 基本上都是 set 和 get 方法
31      Method[] methods = dto.getClass().getMethods();
32      for (int i = 0; i < methods.length; i++) {
33          try {
34              // 方法名
35              String methodName = methods[i].getName();
36              // 方法参数的类型
37              Class[] type = methods[i].getParameterTypes();
38              // 当使用 set 方法时，判断依据：setXxxx 类型
39              if ((methodName.length() > 3) && (methodName.startsWith("set")) && (type.length == 1)) {
40                  // 将 set 后面的大写字母转成小写并截取出来
41                  String name = methodName.substring(3, 4).toLowerCase() + methodName.substring(4);
42                  Object objValue = getBindValue(request, name, type[0]);
43                  if (objValue != null) {
44                      Object[] value = { objValue };
45                      invokeMothod(dto, methodName, type, value);
46                  }
47              }
```

```
48    } catch (Exception ex) {
49    throw ex;
50    }
51    }
52    }
53    /**
54    * 通过request得到相应的值
55    *@param request HttpServletRequest
56    *@param bindName 属性名
57    *@param bindType 属性的类型
58    *@return
59    */
60    public static Object getBindValue(HttpServletRequest request, String bindName, Class bindType) {
61    // 得到request中的值
62    String value = request.getParameter(bindName);
63    if (value != null) {
64    value = value.trim();
65    }
66    return getBindValue(value, bindType);
67    }
68    /**
69    * 通过调用方法名（setXxxx）将值设置到属性中
70    *@param classObject 实体类对象
71    *@param strMethodName 方法名（一般都是setXxxx)
72    *@param argsType 属性类型数组
73    *@param args 属性值数组
74    *@return
75    *@throws NoSuchMethodException
76    *@throws SecurityException
77    *@throws IllegalAccessException
78    *@throws IllegalArgumentException
79    *@throws InvocationTargetException
80    *
81    */
82    public static Object invokeMothod(Object classObject, String strMethodName, Class[] argsType, Object[] args)
83    throws NoSuchMethodException, SecurityException, IllegalAccessException, IllegalArgumentException,
84    InvocationTargetException {
85    // 得到classObject这个类的方法
86    Method concatMethod = classObject.getClass().getMethod(strMethodName, argsType);
87    // 调用方法将classObject赋值到相应的属性中
88    return concatMethod.invoke(classObject, args);
89    }
90    /**
91    * 根据bindType不同的类型转成相应的类型值
92    *@param value String类型的值，要根据bindType的不同类型转成每个类型
```

相应的类型值
```
93  *@param bindType 属性的类型
94  *@return
95  */
96  public static Object getBindValue(String value, Class bindType) {
97      if ((value == null) || (value.trim().length() == 0))
98          return null;
99      String typeName = bindType.getName();
100     // 依次判断各种类型并转换相应的值
101     if (typeName.equals("java.lang.String"))
102         return value;
103     if (typeName.equals("Integer"))
104         return new Integer(value);
105     if (typeName.equals("long"))
106         return new Long(value);
107     if (typeName.equals("boolean"))
108         return new Boolean(value);
109     if (typeName.equals("float"))
110         return new Float(value);
111     if (typeName.equals("double"))
112         return new Double(value);
113     if (typeName.equals("java.util.Date"))
114         // 参考 DateUtil.parseDateDayFormat 方法，value 如果是时间类型，必须是 yyyy-MM-dd 格式才能被识别
115         return DateUtil.parseDateDayFormat(value);
116     if (typeName.equals("java.lang.Integer"))
117         return new Integer(value);
118     if (typeName.equals("java.lang.Long")) {
119         return new Long(value);
120     }
121     if (typeName.equals("java.lang.Boolean")) {
122         return new Boolean(value);
123     }
124     return value;
125 }
126 }
```

在编写 Service 层时，我们会调用 DAO 层的方法来实现业务逻辑。我们需要创建一个 Result 类放在 config 包下，存放返回信息，其代码如下：

【代码 4-15】 返回状态码实体

```
1  public class Result {
2  // 状态：成功为 1, 失败为 0
3  private int status;
4  // 消息
5  private String msg;
6  // 数据
7  private Object data;
8  // get、set 方法略
9  }
```

Result 返回数据状态的字节码，很容量重复，并且编写的状态字节码不统一，因此，我们需要创建一个自定义的请求状态码 ResultStatus 并放在 config 包下，具体代码如下：

【代码 4-16】 返回状态信息

```
1   public enum ResultStatus {
2   /**
3    * 0：失败
4    * 1：成功
5    */
6   /** 成功信息 */
7   SINGUP_SUCCESS(1,"注册成功"),
8   /** 失败信息 */
9   PASSWORD_FORMAT_ERROR(0,"密码格式错误"),
10   SINGUP_ERROR(0,"注册失败"),
11  }
```

1. 实现用户注册 Service 层

当用户注册时，需要按照要求设置密码，比如物联网云平台规定密码必须是字母开头，是由字母、数字、下划线组成的 6~18 位的字符串。当注册的用户信息传送到后台 Service 层时，我们需要通过正则表达式，验证它是否符合标准，在 Service 包下的 impl 包下创建 Service 的实现类 UserServiceImpl.java，具体代码如下：

【代码 4-17】 验证密码格式的方法

```
1   // 判断密码格式是否正确
2   @Override
3   public boolean isPassword(String password) {
4   //String str = "^[0-9a-zA-Z]{6,18}+$";// 必须同时包含字母、数字、下划线，并且是 6-18 位
5   String str = "^[a-zA-Z]\\w{5,17}$";// 密码字幕数字下划线组成 6~18 位
6   // 正则表达式的模式
7   Pattern p = Pattern.compile(str);
8   // 正则表达式的匹配器
9   Matcher m = p.matcher(password);
10   // 进行正则匹配
11   return m.matches();
12  }
```

用户注册的密码在存储过程中，需要加密存储，加密的过程需要单独写一个方法，这样可以多次使用，并减少耦合性。密码加密方法的具体实现如下：

【代码 4-18】 加密密码方法

```
1   public static String getMD5Str(String str) {
2   MessageDigest messageDigest = null;
3   try {
4   messageDigest = MessageDigest.getInstance("MD5");
5   messageDigest.reset();
6   messageDigest.update(str.getBytes("UTF-8"));
7   } catch (NoSuchAlgorithmException e) {
8   System.out.println("NoSuchAlgorithmException caught!");
9   System.exit(-1);
```

```
10        } catch (UnsupportedEncodingException e) {
11            e.printStackTrace();
12        }
13        byte[] byteArray = messageDigest.digest();
14        StringBuffer md5StrBuff = new StringBuffer();
15        for (int i = 0; i < byteArray.length; i++) {
16            if (Integer.toHexString(0xFF & byteArray[i]).length() == 1)
17                md5StrBuff.append("0").append(Integer.toHexString(0xFF & byteArray[i]));
18            else
19                md5StrBuff.append(Integer.toHexString(0xFF & byteArray[i]));
20        }
21        return md5StrBuff.toString();
22    }
23 }
```

用户密码的验证格式、用户密码的加密等方法都已实现后，接下来我们需要完成用户注册的 Service 层。首先我们会接收 UserDTO，UserDTO 包含用户名、用户密码、用户邮箱、用户类别。然后我们验证密码格式，通过验证后，将密码加密存储到实体类相对应字段，用户代码如下：

【代码 4-19】 用户注册的 Service 层

```
1   public Result register(UserForm userForm) {
2       Result result = null;
3       User user = new User();
4       user.setUsername(userForm.getUsername());
5       // 密码加密
6       if (isPassword(userForm.getPassword())) {
7           user.setPassword(MD5Util.getMD5Str(userForm.getPassword()));
8       } else {
9           return Result.error(ResultStatus.PASSWORD_FORMAT_ERROR);
10      }
11      user.setEmail(userForm.getEmail());
12      user.setDate_joined(new Date());
13      user.setId(UUIDUtil.getUUID());
14      user.setIs_active(1);
15      // 用户类型只能选一个，0 代表不是，1 代表是
16      String ut = userForm.getUserType();
17      if (null != ut && !"".equals(ut)) {
18      //web 前端注册。有用户类型选项
19      /** ut 等于 0 代表开发者，等于 1 代表普通用户
20      ** 默认为普通用户
21      * */
22      if (ut.equals("0")) {
23          user.setIs_developer(1);
24          user.setIs_staff(0);
25      } else if (ut.equals("1")) {
26          user.setIs_developer(0);
27          user.setIs_staff(1);
```

```
28    } else {
29    user.setIs_developer(0);
30    user.setIs_staff(1);
31    }
32    } else {
33    //app 注册。无需选择用户类型。默认为普通用户
34    user.setIs_developer(0);
35    user.setIs_staff(1);
36    }
37    result = Result.ok(ResultStatus.SINGUP_SUCCESS, user);
38    return result;
39    }
```

2. 实现用户登录 Service 层

根据 2.1.1 节可知，由用户名查询密码业务逻辑，具体见表 4-1。

表4-1 由用户名查询密码业务逻辑

前台传参	username、password
业务逻辑	①根据用户名判断用户是否存在（需增加findForLogin的SQL）
	②判断密码是否正确
	③更改用户登录时间（需增加updateLastlogin的SQL）
返回数据	状态码、提示消息

①定义 findForLogin 和 updateLastLogin 方法在 resources 下的 SQLMapper 中的 UserMapper.xml，具体代码如下：

【代码 4-20】 findForLogin 和 updateLastLogin 的 SQL

```
1   <!-- 登录用户信息查询 -->
2   <select id="findForLogin" resultType="User" >
3   select * from users where username=#{username} OR email=#{username}
4   </select>
5   <!-- 登录用户更新 lastlogin 时间 -->
6   <update id="updateLastlogin" parameterType="map">
7   update users
8   set lastlogin=#{lastlogin}
9   where id=#{id}
10  </update>
```

②在 dao 包下的 UserDao 中添加该接口的定义

具体代码如下：

【代码 4-21】 findForLogin 和 updateLastLogin 方法定义

```
1   /* 查询出登录用户所有信息 */
2   public User findForLogin(String username);
3   /* 更新用户登录 lastlogin 时间 */
4   public int updateLastlogin(Map<String,Object> map);
```

③在 Service 包下的 impl 包下编写 Service 接口和实现类

定义 login 接口代码如下：

【代码 4-22】 定义 login 接口

```
1    // 登录
2    public String login(String username,String password);
```

④ 在 UserService 下定义 login 接口

login 接口的实现代码如下：

【代码 4-23】 login 接口的实现

```
1    @Override
2    public Result login(String username, String password) {
3    User user = userDao.findForLogin(username.trim());
4    if (user == null) {
5    return Result.error(ResultStatus.USER_NOT_FOUND);
6    }
7     if (!user.getPassword().equals(MD5Util.getMD5Str(password.trim()))) 
{    // 密码错误
8    // 提示用户名或密码错误
9    return Result.error(ResultStatus.USER_PASSWORD_ERROR);
10    } else {
11    // 更新登录时间
12    Map<String, Object> map = new HashMap<String, Object>();
13    map.put("lastlogin", new Date());
14    map.put("id", user.getId());
15    userDao.updateLastlogin(map);
16    return Result.ok(ResultStatus.LOGIN_SUCCESS);
17    }
18    }
```

3. 实现忘记密码 Service 层

根据 2.1.1 节可知，本节在忘记密码时，采用的方法是通过邮箱找回密码，此业务逻辑具体见表 4-2。

表4-2　找回密码业务逻辑

前台传参	username、password
业务逻辑	① 根据用户名判断用户是否存在 ② 用户邮箱与数据库中的邮箱是否一致 ③ 构建动态新密码 ④ 加密新密码（用户注册此功能已实现） ⑤ 将新密码存入数据库（需要添加updatePassword的SQL） ⑥ 将新密码发到用户邮箱（需要添加sendEmail的方法）
返回数据	状态码、提示消息

（1）定义 sendEmail 方法

sendEmail 方法通过定义邮箱的相关属性，在 Resources 文件夹下创建 mail.properties 实现，具体代码如下：

项目4　物联网云平台基础模块开发实战

【代码 4-24】 mail.properties

```
1   # 邮箱 SMTP 服务器接口
2   host=smtp.163.com
3   # 端口号
4   port=25
5   # 账户名称
6   username=hIoT_cloud
7   # 账户密码
8   password=hIoTcloud123
9   # 邮箱账户
10  from=hIoT_cloud@163.com
```

配置信息完成后，接下来实现 sendEmail 的方法，具体代码如下：

【代码 4-25】 sendEmail 的实现

```
1   public static void sendEmail(String password, String email) throws IOException {
2       // 获取 mail.properties 中的内容
3       Properties prop = new Properties();
4       InputStream is = MSUtil.class.getClassLoader().getResourceAsStream("mail.properties");
5       prop.load(is);
6       String host = prop.getProperty("host");
7       String port = prop.getProperty("port");
8       String username = prop.getProperty("username");
9       String password1 = prop.getProperty("password");
10      String fromAddress = prop.getProperty("from");
11      // 实例化 " 发送邮件所需各种信息 "
12      MailSenderInfo mailInfo = new MailSenderInfo();
13      mailInfo.setMailServerHost(host);
14      mailInfo.setMailServerPort(port);
15      mailInfo.setValidate(true);
16      mailInfo.setUserName(username);
17      mailInfo.setPassword(password1);
18      mailInfo.setFromAddress(fromAddress);
19      mailInfo.setToAddress(email);
20      mailInfo.setSubject(" 华晟物联网云平台【动态密码】");
21      StringBuffer buffer = new StringBuffer();
22      buffer.append(" 您的动态密码为： " + password + ",请使用此密码登录系统，更改此密码请到个人中心 ");
23      mailInfo.setContent(buffer.toString());
24      // 发送邮件
25      MailSender sms = new MailSender();
26      sms.sendTextMail(mailInfo);
27      System.out.println(" 邮件发送完毕 ");
28  }
```

（2）在 resources 文件夹中的 SQLMapper 下的 UserMapper.xml 下定义 updatePassword，具体代码如下：

【代码 4-26】 updatePassword 的 SQL

```
1  <!-- 修改密码 -->
2  <update id="updatePassword" parameterType="String">
3  update users
4  set password=#{password}
5  where id=#{id}
6  </update>
```

(3) 在 dao 包下的 UserDao 中添加该接口的定义

具体代码如下：

【代码 4-27】 fupdatePassword 方法定义

```
public int updatePassword(@Param("id")String id,@Param("password") String password);
```

(4) 在 Service 包下的 impl 包下编写 Service 接口的实现类

具体代码如下：

【代码 4-28】 定义 resetPassword 接口

```
1  // 邮箱找回密码
2  public Result resetPassword(String email,String username)throws IOException;
```

resetPassword 接口的实现，具体代码如下：

【代码 4-29】 resetPassword 接口的实现

```
1   @Override
2   public Result resetPassword(String email, String username) throws IOException{
3   User user = findForLogin(username);
4   if (user == null || !user.getEmail().equals(email)) {
5   return Result.error(ResultStatus.USERNAME_OR_EMAIL_ERROR);
6   }
7   // 构建动态密码
8   //int newPassword = new Random().nextInt(999999);
9   String Password = getStringRandom(8);
10  String newPassword = "A" + Password;
11  System.out.print("newPassword" + newPassword);
12  String md5_password = MD5Util.getMD5Str(newPassword);
13  // 更新密码
14  userDao.updatePassword(user.getId(), md5_password);
15  // 向邮箱发送动态密码
16  try {
17  MSUtil.sendEmail(newPassword, email);
18  } catch (IOException ie) {
19  ie.printStackTrace();
20  throw ie;
21  //return Result.error(ResultStatus.EMAIL_SEND_ERROR);
22  }
23  return Result.ok(ResultStatus.EMAIL_SEND_SUCCESS);
24  }
```

> 【做一做】
>
> 实现修改头像 Service 层。

4. 实现修改密码 Service 层

根据 2.1.1 节可知，本节在修改密码时，采用的是确认原密码的正确性，通过确认后添加新密码，再更改密码，具体见表 4-3。

表4-3 修改密码业务逻辑

前台传参	oldPassword、newPassword、confirmPassword
业务逻辑	① 判断新密码和确认密码是否一致 ② 判断新密码的格式是否正确（isPassword用户注册已实现） ③ 将新旧密码加密（getMD5Str用户注册已实现） ④ 将加密后的新旧密码进行对比，是否一致 ⑤ 一致后，更改密码（updatePassword找回密码已实现）
返回数据	状态码、提示消息

在 Service 包下的 impl 包下编写 Service 接口的实现类

定义 updatePassword 接口代码如下：

【代码 4-30】 定义 updatePassword 接口

```
public Result updatePassword(User user,String newpassword,String oldpassword,String confirmpassword);
```

updatePassword 接口的实现代码如下：

【代码 4-31】 updatePassword 接口的实现

```
1  @Override
2  public Result updatePassword(User user, String newpassword, String oldpassword, String confirmpassword) {
3      // 判断确认密码
4      if (newpassword.equals(confirmpassword) && isPassword(newpassword)) {
5          String newpassword1 = MD5Util.getMD5Str(newpassword);
6          String olspassword1 = MD5Util.getMD5Str(oldpassword);
7          // 验证旧密码是否正确
8          if (user.getPassword().equals(olspassword1)) {
9              userDao.updatePassword(user.getId(), newpassword1);
10             return Result.ok(ResultStatus.UPDATE_SUCCESS, newpassword);
11         } else {
12             return Result.error(ResultStatus.PASSWORD_ERROR);
13         }
14     } else {
15         return Result.error(ResultStatus.CONFIRMPASSWORD_ERROR);
16     }
17 }        User user = findForLogin(username);
18 }}
```

> 【想一想】
>
> 实现修改邮箱 Service 层。

4.2.2 实现用户模块Controller层

1. 实现用户注册 Controller 层

用户注册 Cotroller 层的业务逻辑主要为前端页面传过来参数对象为 UserDTO（包括用户名称、用户密码、用户邮箱、用户类型）。用户注册 Cotroller 层业务逻辑需要注意以下几点。

① 判断用户名、用户密码、邮箱不为空且不为 null。
② 判断用户名未被注册过：需要根据用户名查询注册用户名是否存在的方法（findUserName）；
③ 检查邮箱格式是否正确：需要根据邮箱正则判断邮箱格式的方法（checkEmail）；
④ 判断邮箱是否已经注册过：根据邮箱查询用户注册邮箱是否存在的方法（findEmail）；
⑤ 调用 UserService 进行进一步的业务处理并存入数据库。

步骤 1：定义 findUserName 和 findEmail 方法。

在 com.huatec.hIoT_cloud.core.dao.UserDao 中，添加 findUserName 和 findEmail 接口，具体代码如下：

【代码 4-32】 findUserName 和 findEmail 的 DAO 方法

```
1   /* 登录验证，查询用户名是否存在 */
2   public String findUsername(String username);
3   /* 登录验证，查询邮箱是否存在 */
4   public String findEmail(String email);
```

在 hIoT.core.src.main.resources.sqlmapper.UserMapper.xml 中添加 SQL，具体代码如下：

【代码 4-33】 findUserName 和 findEmail 的 SQL

```
1   <!-- 登录验证，查询用户名是否存在 -->
2   <select id="findUserName" resultType="String">
3   select username from users where username=#{username}
4   </select>
5   <!-- 登录验证，查询邮箱是否存在 -->
6   <select id="findEmail" resultType="String">
7   select email from users where email=#{email}
8   </select>
```

步骤 2：在 Service 包下定义 UserServices 接口，并定义以上两个方法的 Service 层。

【代码 4-34】 findUserName 和 findEmail 的接口

```
1   /*登录验证，查询用户名是否存在 */
2   public String findUsername(String username);
3   /*登录验证，查询邮箱是否存在 */
4   public String findEmail(String email);
```

步骤 3：实现 UserServices 中定义以上两个方法在 Service 包下 impl 包下的 UserServiceImpl。

【代码 4-35】 findUserName 和 findEmail 的方法实现

```
1   @Override
2   public String findUsername(String username) {
3       return userDao.findUsername(username);
4   }
5   @Override
6   public String findEmail(String email) {
7       return userDao.findEmail(email);
8   }
```

步骤 4：定义 checkEmail 方法。

邮箱具有特定的格式，我们需要验证邮箱格式，具体实现代码如下：

【代码 4-36】 正则表达式校验邮箱

```
1   @Override
2   public boolean checkEmail(String email) {
3       String RULE_EMAIL = "^\\w+((-\\w+)|(\\.\\w+))*\\@[A-Za-z0-9]+((\\.|-)[A-Za-z0-9]+)*\\.[A-Za-z0-9]+$";
4       // 正则表达式的模式
5       Pattern p = Pattern.compile(RULE_EMAIL);
6       // 正则表达式的匹配器
7       Matcher m = p.matcher(emaile);
8       // 进行正则匹配
9       return m.matches();
10  }
```

用户注册 Controller 层所需要的方法都已经实现，接下来我们要编写用户注册 Controller 层，并设置该用户 API 地址为：/register，HTTP 的方法类型为：POST；Controller 层负责调用 Service 层并形成 API 以供前端页面调用。实现 Controller 层，我们需要在 com.huatec.hIoT_cloud.core 包下新建一个 controller 包，并创建一个 UserController 类，用户注册的具体代码如下：

【代码 4-37】 用户注册 register 代码

```
1   @RequestMapping(value = "/register", method = RequestMethod.POST)
2   @ResponseBody
3   public Result register(@ApiParam(value = "用户信息：用户名：username,邮箱：email,密码：password,用户类型：userType")@RequestBody(required = false) @ModelAttribute UserForm userForm)
4       // 注册校验
5       if (null != userForm.getUsername() && null != userForm.getPassword() && null != userForm.getEmail()) {
6           // 校验通过，查询用户名和邮箱是否已被注册。
7           if (null != userService.findUsername(userForm.getUsername()) && !"".equals(userService.findUsername(userForm.getUsername()))) {
8               return Result.error(ResultStatus.USER_EXIST);
9           } else {
10              Boolean ls = userService.checkEmaile(userForm.getEmail());
```

```
11    if (null != userService.findEmail(userForm.getEmail()) && !"".
equals(userService.findEmail(userForm.getEmail())))  {
12      return Result.error(ResultStatus.EMAIL_EXIST);
13    } else if (!ls) {
14      return Result.error(ResultStatus.EMAIL_FORMAT_ERROR);
15    } else {
16      try {
17        return userService.register(userForm);
18      } catch (Exception e) {
19        e.printStackTrace();
20        return Result.error(ResultStatus.SINGUP_ERROR);
21      }
22    }
23  }
24  }
25  return Result.error(ResultStatus.DATA_NOT_FOUND);
26 }
```

2. 实现用户登录 Controller 层

用户登录的 Cotroller 层需要接收的参数包含用户名、用户密码、登录端标识。登录端标识指的是 Web 或者是 App，如果不是这种类型，则不能登录，如果是两者其一，可以成功登录，并生成 Token，这样做的目的是为了防止其他恶意访问，并且需要在 Controller 层确认用户名和用户密码不为空。用户登录的具体代码如下：

【代码 4-38】 用户登录 Controller 层

```
1   @RequestMapping(value = "/login", method = RequestMethod.POST)
2   @ResponseBody
3   @ApiOperation(value = "登录")
4   public Result login(
5   @ApiParam("用户名") @RequestParam String username,
6   @ApiParam("密码") @RequestParam String password,
7   @ApiParam("登录端标识") @RequestParam String loginCode) {
8   /** 登录端标识必须存在且正确 */
9   if(StringUtil.isEmpty(loginCode) ||
10    (!loginCode.equals"app" && !loginCode.equals"web")){
11    return Result.error(ResultStatus.INPUT_PARAM_ERROR,"loginCode"),
HttpStatus.OK);
12  }
13  User user = userService.findForLogin(username);
14  /** 如果用户类型与登录端标识一致则允许登录，否则不允许登录 */
15  Integer isdev = user.getIs_developer();
16  Integer issta = user.getIs_staff();
17  // 通过
18  if((isdev==1 && loginCode.equalsIgnoreCase(Constants.LOGIN_CODE_
WEB)) ||
19    (issta==1 && loginCode.equalsIgnoreCase(Constants.LOGIN_CODE_APP))){
20    // 生成一个 token，保存用户登录状态
21    TokenModel model = tokenManager.createToken(Constants.
AUTHORIZATION_USER, userId);
```

```
22    Result result = userService.login(username,password);
23    return result;
24  }
```

3. 实现忘记密码 Controller 层

用户可以通过用户名和注册邮箱找回密码,具体根据 4.2.1 节中实现忘记密码 Service 层,具体代码如下:

【代码 4-39】 忘记密码 Controller 层

```
1   @RequestMapping(value = "reset_password/{email}/{username}", method = RequestMethod.PUT)
2   @ResponseBody
3   @ApiOperation(value = " 根据邮箱重置密码 ", notes = " 根据邮箱重置用户密码 ")
4   // 无权限
5   public Result forgetPassword(@PathVariable("email") String email,
6   @PathVariable("username") String username) {
7   try {
8   return userService.resetPassword(email, username);
9   }catch (IOException ie){
10  ie.printStackTrace();
11  return Result.error(ResultStatus.EMAIL_SEND_ERROR);
12  }catch (Exception e) {
13  e.printStackTrace();
14  return Result.error(ResultStatus.UPDATE_ERROR);
15  }
16  }
```

4. 实现修改密码 Controller 层

实现修改密码的 Controller,只需要定义 URL 和提交方式并直接调用修改密码的 Service 层方法即可,具体代码实现如下:

【代码 4-40】 修改密码 Controller 层

```
1   @RequestMapping(value = "password", method = RequestMethod.PUT)
2   @ResponseBody
3   @ApiOperation(value = " 修改密码 ", notes = " 修改密码 ")
4   @Authorization
5   @ApiImplicitParams({
6   @ApiImplicitParam(name = "Authorization", value = "Authorization", required = true, dataType = "string", paramType = "header"),
7   })
8   // 无权限
9   public Result updatePassword(@CurrentUser @ApiIgnore User user,
10  @RequestParam(required = true) @ApiParam(" 旧密码 ") String oldpassword,
11  @RequestParam(required = true) @ApiParam(" 新密码 ") String newpassword,
12  @RequestParam(required = true) @ApiParam(" 确认密码 ") String confirmpassword) {
13  try {
```

```
14    return userService.updatePassword(user, newpassword,
oldpassword, confirmpassword);
15   } catch (Exception e) {
16   e.printStackTrace();
17   return Result.error(ResultStatus.UPDATE_ERROR);
18   }
19   }
```

5. 实现退出登录 Controller 层

当登录成功时,平台会生成一个 Token 值伴随该用户所有的请求,当用户需要退出登录时,只需要删除该用户的 Token 值即可,删除 Token 值的方法在 4.1.1 节 Token 机制中已经实现了,只需要调用 deleteToken 方法即可,具体代码如下:

【代码 4-41】 退出登录 Controller 层

```
1    @RequestMapping(value = "/logout", method = RequestMethod.POST)
2    @ResponseBody
3    @Authorization
4    @ApiOperation(value = "退出登录", notes = "用户退出登录")
5    @ApiImplicitParams({
6    @ApiImplicitParam(name = "Authorization", value = "Authorization",
required = true, dataType = "string", paramType = "header"),
7    })
8    // 无权限
9    public ResponseEntity<Result> logout(@ApiParam("用户") @
CurrentUser @ApiIgnore User user) {
10    if (user == null || user.getId() == null) {
11    return new ResponseEntity<>(Result.error(ResultStatus.USER_
NOT_LOGIN), HttpStatus.OK);
12   }
13   try{
14   tokenManager.deleteToken(user.getId());
15   }catch (Exception e){
16   e.printStackTrace();
17    return new ResponseEntity<>(Result.ok(ResultStatus.ERROR),
HttpStatus.OK);
18   }
19    return new ResponseEntity<>(Result.ok(ResultStatus.LOGOUT_
SUCCESS), HttpStatus.OK);
20   }
```

4.2.3 集成Restful API

1. Restful API 的含义

Restful 风格是一种软件架构风格,而不是标准,它只是提供了一种设计原则和约束条件。

这种 API 是在 HTTP 中使用的,其主要适用于客户端和服务器端交互的软件。API 的目的是为了提高系统的可伸缩性,降低应用之间的耦合度,方便框架分布式处理程序。

在 Restful 风格中，用户请求的 URL 使用同一种 URL 的请求方式，如 get、post、delete、put 等方式。这样可以在前后台分离的开发中让前端开发人员不会对请求的资源地址产生混淆，形成一个统一的接口。

在 HTTP 中，4 个表示操作方式的动词：Get、Post、Put、Delete，它们分别对应以下 4 种基本操作。

Get 是获取资源；Post 是建立资源，也可以更新资源；Put 是更新资源；Delete 是删除资源。

Get 对应 select 操作：查询服务器中数据，可以在服务器中通过请求的参数区分查询的方式。

Post 对应 create 操作：新建服务器中的资源，并调用 insert 操作。

Put 对应 update 操作：更新服务器中的资源，调用 update 操作。

patch 对应 update 操作，更新服务器中的资源，客户端提供改变的属性。

delete 对应 delete 操作，删除服务器中的资源，调用 delete 语句。

2. Swagger 框架

Swagger 能成为最受欢迎的 REST 文档生成工具之一，有以下几个原因。

① Swagger 可以生成一个具有互动性的 API 控制台，开发者可以快速学习和尝试 API；

② Swagger 可以生成客户端 SDK 代码并用于各种不同的平台上；

③ Swagger 文件可以在不同的平台上从代码注释中自动生成；

④ Swagger 有一个强大的社区，里面有许多优秀的贡献者。

Swagger 文档提供了一个方法，使我们可以用指定的 JSON 或者 YAML 摘要来描述 API，其中包括 names、order 等 API 信息。

我们可以通过一个文本编辑器来编辑 Swagger 文件，也可以从代码注释中自动生成。各种工具都可以使用 Swagger 文件来生成互动的 API 文档。

3. Spring MVC 集成 Swagger

（1）首先在 build.gradle 文件中添加 Swagger 的 jar 包

（2）创建自定义 Swagger 初始化配置文件，并将其存放在 core.config.SwaggerConfig.java 中，具体代码如下：

【代码 4-42】 SwaggerConfig.java

```
1   package com.huatec.hIoT_cloud.core.config;
2   import com.mangofactory.swagger.models.dto.ApiDescription;
3   import com.mangofactory.swagger.paths.SwaggerPathProvider;
4   import org.springframework.beans.factory.annotation.Autowired;
5   import org.springframework.context.annotation.Bean;
6   import org.springframework.context.annotation.ComponentScan;
7   import org.springframework.context.annotation.Configuration;
8   import org.springframework.web.servlet.config.annotation.DefaultServletHandlerConfigurer;
9   import org.springframework.web.servlet.config.annotation.EnableWebMvc;
```

```
10    import com.mangofactory.swagger.configuration.SpringSwaggerConfig;
11    import com.mangofactory.swagger.models.dto.ApiInfo;
12    import com.mangofactory.swagger.plugin.EnableSwagger;
13    import com.mangofactory.swagger.plugin.SwaggerSpringMvcPlugin;
14    import org.springframework.web.servlet.config.annotation.WebMvcConfigurerAdapter;
15    /*
16     * SwaggerUI 配置
17     */
18    // 用 @Configuration 注解该类，等价于 XML 中配置 beans
19    // 如果需要使用 junit 进行测试，需注释掉 @Configuration
20    @Configuration
21    //@EnableSwagger：使 swagger 生效
22    @EnableSwagger
23    //@EnableWebMvc 启动 Spring MVC 支持
24    //@EnableWebMvc
25    //@ComponentScan 配置包扫描
26    //@ComponentScan(basePackages ={"com.huatec.hIoT_cloud.core"})
27    public class SwaggerConfig extends WebMvcConfigurerAdapter {
28      private SpringSwaggerConfig springSwaggerConfig;
29      // 需要自动注入 SpringSwaggerConfig
30      @Autowired
31      public void setSpringSwaggerConfig(SpringSwaggerConfig springSwaggerConfig){
32        this.springSwaggerConfig = springSwaggerConfig;
33      }
34      //@Bean 标注方法等价于 XML 中配置 bean
35      @Bean
36      public SwaggerSpringMvcPlugin customImplementation(){
37        return new SwaggerSpringMvcPlugin(this.springSwaggerConfig)
38          .apiInfo(apiInfo())
39          .includePatterns(".*?")// 路径扫描
40          .swaggerGroup("hIoT");
41      }
42      private ApiInfo apiInfo(){
43        ApiInfo apiInfo = new ApiInfo(
44          "华晟物联云 API",
45          "云平台 Open API",      //My Apps API Description",
46          "http://www.huatec.com",//My Apps API terms of service
47          "li.wenqiang@huatec.com",//My Apps API Contact Email
48          "华晟经世",  //"My Apps API Licence Type"
49          "http://www.huatec.com");//My Apps API License URL
50        return apiInfo;
51      }
52      @Override
53      public void configureDefaultServletHandling(
54        DefaultServletHandlerConfigurer configurer) {
55        configurer.enable();
56      }
```

```
57  class GtPaths extends SwaggerPathProvider {
58  @Override
59  protected String applicationPath() {
60  return "/restapi";
61  }
62  @Override
63  protected String getDocumentationPath() {
64  return "/restapi";
65  }
66  }
67  }
```

（3）配置相关的 Controller API

在该项目中，我们根据用户登录的 Controller 配置 Swagger 的相关内容，具体代码如下：

【代码 4-43】 用户登录 Controller

```
1  @RequestMapping(value = "/login", method = RequestMethod.POST)
2  @ResponseBody
3  @ApiOperation(value = " 登录 ")
4  public ResponseEntity<Result> login(
5  @ApiParam(" 用户名 ") @RequestParam String username,
6  @ApiParam(" 密码 ") @RequestParam String password,
7  @ApiParam(" 登录端标识 ") @RequestParam String loginCode) { 略 }
```

（4）集成 Swagger UI

我们在 GitHub 上下载 Swagger UI，解压后将 dist 文件夹中所有的文件拷贝到 webapp/swagger 中，这里的 swagger 是自定义的目录。图 4-8 为 Swagger UI 存放地址。

图 4-8　Swagger UI 存放地址

我们将 index.html 中的 URL 修改为自己的项目路径 "+api-docs"，例如：URL = "/hIoT/api-docs";hIoT 为项目名称。192.168.14.208 为本机 IP 地址。如图 4-9 所示，为 Swagger API 界面。

物联网云平台设计与开发

图4-9　Swagger API界面

4.2.4　测试实现功能

我们在前文中讲述了用户注册、登录、忘记密码、修改密码的功能，接下来我们测试已经实现的 Restful API，首先测试用户注册功能，输入参数用户名、密码、邮箱、用户类型，单击"Try it out!"，具体实现如图 4-10 所示。

图4-10　测试用户注册功能

项目4 物联网云平台基础模块开发实战

其次是测试用户登录，我们输入用户名、用户密码、登录端标识，如果是普通用户，登录端标识是 App，如果是开发者用户，登录端标识是 Web，参数输入完成后，单击"Try it out!"，具体实现如图 4-11 所示。

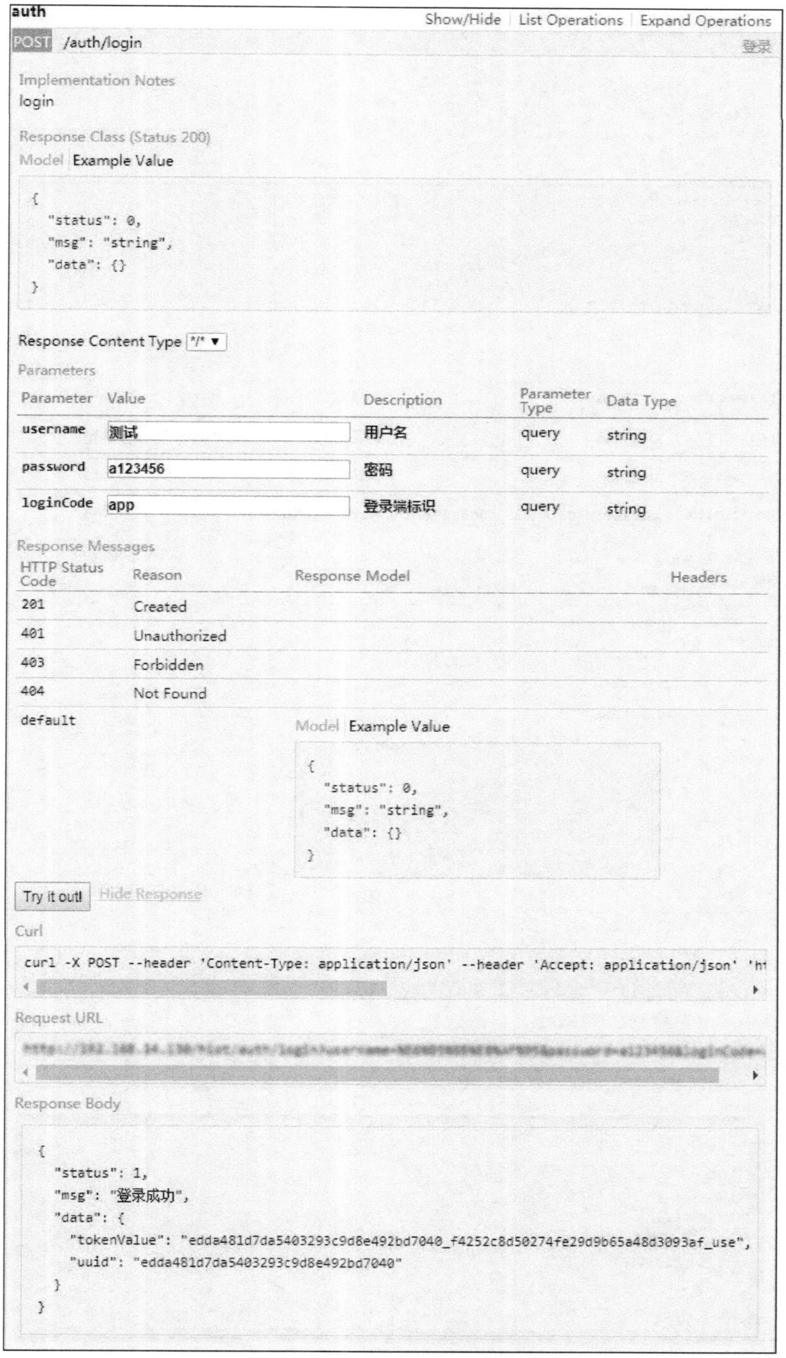

图 4-11 测试用户登录

由图 4-11 可发现，用户登录成功后，返回 Token 值、用户 Id 和登录后的其他请求均需要 Token 值，接下来测试修改密码，如图 4-12 所示。

图4-12　测试修改密码

4.2.5 任务回顾

 知识点总结

1. 数据传输对象 DTO 是一种设计模式之间传输数据的软件应用系统，数据传输目标往往是数据访问对象从数据库中检索数据。

2. DTO 的实现：通过反射机制获取 DTO 中的数据，DTO 的数据是展示给用户看的，而实体类是与数据库的表相对应的。

3. 用户注册的业务逻辑实现：需要规定密码格式，加密密码可以实现用户注册。

4. 用户登录与修改密码的业务逻辑实现，具体过程见 4.2.1~4.2.3 节。

5. 忘记密码的业务逻辑实现过程：忘记密码需要通过发送邮件来获取新密码，首先要通过后台生成新密码，然后通过验证并存入对应的用户表中，再通过邮件将密码发送到用户的邮箱里。

6. 通过邮箱找回密码后，需要先修改密码，在修改密码的过程中，主要描述密码加密以及修改密码的实现过程。

7. 用户模块的 Controller 层主要讲述 Token 注解的实现、用户权限注解的实现以及 Controller 层的实现。

8. RestFUL API 是运用 Swagger 框架集成 Restful API，需要在 Spring 配置文件中添加相对应的 jar 包，对 Controller 层进行注解标示，通过运行项目，形成 RestFUL API。

9. 在 RestFUL API 中输入参数，进行测试，测试用户模块的方法是否成功。

 学习足迹

任务二的学习足迹如图 4-13 所示。

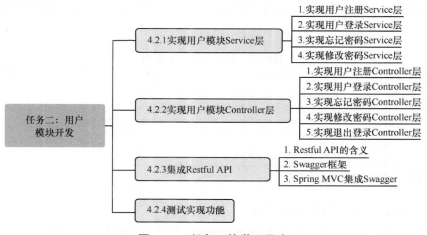

图 4-13　任务二的学习足迹

思考与练习

1. 简述 DTO 的实现过程。
2. 找回密码的实现过程没有哪一项（　　）。
   A. 发送邮件　　　B. 生成新密码　　　C. 更改旧密码　　　D. 重置密码
3. 形成 Restful API 需要添加哪些 jar 包？

4.3 任务三：设备模块开发

【任务描述】

设备模块主要讲述设备的基本信息、设备的向下通道以及向下通道的增删改查等 RestFUL API，学习了前面 3 个项目后，相信大家对设备以及设备通道不再陌生了，通过本任务的学习，我们可以实现对设备模块的开发。

4.3.1 实现设备模块Service层

本节主要实现设备模块 Service 层，包括设备模块中的创建设备、编辑设备、删除设备、查询所有设备的不同通道、查询用户创建的所有设备。我们会根据详细的业务逻辑实现。

1. 创建设备

创建设备，设备的信息包括设备基本信息、设备元数据、设备的向上通道、设备的向下通道等。通过项目 2 的学习，我们知道设备信息包含了设备表、设备元数据表、向上通道表、向下通道表，具体实现方法如下。

创建设备，我们需要判断新增设备的名称是否重复，具体创建设备信息的业务逻辑见表 4-4。

表4-4 创建设备业务逻辑

前台传参	device、userId
业务逻辑	① 对比设备名称是否已经创建（定义查询用户下的设备集合findByUserId） ② 查询该用户信息，并添加到设备中（set方法） ③ 创建设备ID，并添加该设备（需增加add的SQL）
返回数据	状态码、提示消息

（1）定义查询用户下设备集合方法

以下代码被应用于 resources 下 SQLMapper 中的 DeviceMapper.xml，目的在于通过用户 ID 查找当前设备的所有信息。

代码如下：

【代码 4-44】 findByUserId

```xml
1  <!-- 查询当前用户所有设备 -->
2  <select id="findByUserId" parameterType="String" resultType="com.huatec.hIoT_cloud.core.entity.Device">
3    select * from device where user_id=#{userId} ORDER BY ifnull(updated,created) desc,created desc,dev_type,title
4  </select>
```

（2）在 dao 包下的 DeviceDao 接口中添加查找设备信息的方法

代码如下：

【代码 4-45】 findByUserId 的 dao 接口

```java
1  /* 查询当前用户所有设备 */
2  public List<Device> findByUserId(String userId);
```

（3）在 resources 下 SQLMapper 中的 DeviceMapper.xml 添加设备的 SQL

代码如下：

【代码 4-46】 新建设备 SQL

```xml
1  <!-- 新建设备 -->
2  <insert id="add" parameterType="com.huatec.hIoT_cloud.core.entity.Device" >
3    insert into device(id,title,dev_type,user_id,created,updated,img,is_private,description,version)
4    values(#{id},#{title},#{dev_type},#{user.id},#{created},#{updated},#{img},#{is_private},#{description},#{version})
5  </insert>
```

（4）在 dao 包下的 DeviceDao 接口中添加增加设备的方法

代码如下：

【代码 4-47】 新建设备 dao 方法

```java
1  /* 新建设备。*/
2  public int add(Device device);
```

（5）实现创建设备 Service 层

在 Service 包的 impl 包下的 DeviceServiceImpl 中，实现了 DeviceService 接口，重写该方法，代码如下：

【代码 4-48】 创建设备 Service 层

```java
1   @Override
2   public Result add(Device device, String userId) {
3     /** 判断此用户下模板名称是否重复 */
4     List<Device > devices= device Dao.findByUserId(userId);
5     if (!CollectionUtil.ListIsEmpty(devices)) {
6       for (Device device : devices) {
7         if (device .getTitle().equals(device.getTitle())) {
8           return Result.error(ResultStatus.DEVICE_IS_EXIST);
9         }
10      }
```

```
11    }
12    if (null != userId) {
13    User user = userDao.findById(userId);
14    device.setUser(user);
15    }
16    device.setId(UUIDUtil.getUUID());
17    deviceDao.add(temp);
18    return Result.ok(ResultStatus.SAVE_SUCCESS, temp);
19    }
```

【做一做】

练习如何创建元数据。

（6）创建向上通道

创建向上通道需要标明某个设备的向上通道，因此在创建向上通道的参数中，需要传递设备的信息，具体业务逻辑见表4-5。

表4-5 创建向上通道业务逻辑

前台传参	deviceId、updateStream（向上通道实体）
业务逻辑	①判断设备ID是否为空
	②创建设备，并赋予设备ID
	③将设备添加到通道实体内
	④创建向上通道ID，并添加该向上通道（需增加add的SQL）
返回数据	状态码、提示消息

（7）添加向上通道的 SQL

以下代码应用于 resources 下 SQLMapper 中的 DeviceMapper.xml，目的在于添加向上通道。

【代码4-49】 新增向上通道 SQL

```
1    <!-- 新建向上通道 -->
2    <insert id="save" parameterType="com.huatec.hIoT_cloud.core.entity.Updatastream" >
3    insert into updatastream(id,title,data_type,device_id)
4    values(#{id},#{title},#{data_type},#{device.id})
5    </insert>
```

（8）在 DAO 包下的 DeviceDAO 接口中添加向上通道方法

代码如下：

【代码4-50】 新增向上通道 DAO 方法

```
public int save(Updatastream updatastream);// 增加向上通道
```

（9）向上通道的接口与实现

在 Service 包的 impl 包下的 DeviceServiceImpl 中，实现了 DeviceService 接口，重写

该方法，代码如下：

【代码 4-51】 新增向上通道的 Service 与 Controller 层

```
1   添加向上通道的接口
2   public Result save(String deviceId,Updatastream updatastream);
3   添加向上通道的实现
4   @Override
5   public Result save(String deviceId, Updatastream updatastream) {
6   if (deviceId.isEmpty()) {
7   return Result.error(ResultStatus.GET_ID_ERROR);
8   }
9   Device device = new Device();
10  device.setId(deviceId);
11  updatastream.setDevice(device);
12  updatastream.setId(UUIDUtil.getUUID());
13  updatastreamDao.save(updatastream);
14  return Result.ok(ResultStatus.SAVE_SUCCESS, updatastream);
15  }
```

【做一做】

练习如何创建向下通道。

2. 编辑设备

编辑设备需要判断设备不为空或者不为 null，具体编辑设备的业务逻辑见表 4-6。

表4-6 创建设备业务逻辑

前台传参	device
业务逻辑	① 判断设备的ID是否为空
	② 更新设备的更改时间
	③ 更改设备信息（需增加update的SQL）
返回数据	状态码、提示消息

（1）定义更改设备的 SQL 方法

以下代码应用于 resources 下 SQLMapper 中的 DeviceMapper.xml，目的在于通过 ID 修改当前设备的信息，代码如下：

【代码 4-52】 更改设备的 SQL

```
1   <!-- 更新向上通道，根据 ID -->
2   <update id="updateDev" parameterType="Device">
3   update device
4   <set>
5   <if test="title!=null">
6   title=#{title},
```

```
7     </if>
8     <if test="dev_type!=null">
9     dev_type=#{dev_type},
10    </if>
11    <if test="mac!=null">
12    mac=#{mac},
13    </if>
14    <if test="status!=null">
15    status=#{status},
16    </if>
17    <if test="created!=null">
18    created=#{created},
19    </if>
20    <if test="updated!=null">
21    updated=#{updated},
22    </if>
23    <if test="deviceimg!=null">
24    deviceimg=#{deviceimg},
25    </if>
26    <if test="description!=null">
27    description=#{description}
28    </if>
29    </set>
30    where id=#{id}
31    </update>
```

(2) 在 dao 包下的 DeviceDao 接口中添加通过 ID 修改设备信息的方法代码如下：

【代码 4-53】 更改设备 DAO 层方法

```
1   /* 更改设备 */
2   public int updateDev(Device device); // 修改
```

(3) 实现编辑设备 Service 层

在 Service 包下的 impl 包下的 DeviceServiceImpl 中，实现了 DeviceService 接口，重写该方法，代码如下：

【代码 4-54】 更改设备 Service 层

```
1   @Override
2   public Result updateDev(Device device) {
3   if (device.getId() == null || "".equals(device.getId())) {
4   return Result.error(ResultStatus.DEVICE_NOT_FOUND);
5   }
6   device.setUpdated(new Date());
7   deviceDao.updateDev(device);
8   return Result.ok(ResultStatus.UPDATE_SUCCESS, device);
9   }
```

3. 删除设备

删除设备需要把关联的向上通道、向下通道删除，具体编辑设备的业务逻辑见表 4-7。

项目4 物联网云平台基础模块开发实战

表4-7 创建设备业务逻辑

前台传参	deviceId
业务逻辑	① 判断设备的ID是否为空、是否存在
	② 根据设备ID查询关联的向上通道
	③ 将查到的向上通道删除（向下通道同理）
	④ 删除通道后，删除设备（需要添加删除设备的SQL）
返回数据	状态码、提示消息

（1）定义删除设备的 SQL 方法

以下代码应用于 resources 下 sqlmapper 中的 DeviceMapper.xml，目的在于通过 ID 删除当前设备的所有信息，代码如下：

【代码 4-55】 删除设备 SQL

```xml
1  <!-- 删除设备，根据ID -->
2      <delete id="delete" parameterType="String">
3          delete from device where id=#{id}
4      </delete>
```

（2）在 dao 包下的 DeviceDao 接口中添加删除设备信息方法

代码如下：

【代码 4-56】 删除设备 dao 层方法

```java
public int delete(String id); // 删除
```

（3）实现删除设备 Service 层

以下代码存在于 Service 包下的 impl 包下 DeviceServiceImpl 中，以实现 DeviceService 接口，重写该方法，代码如下：

【代码 4-57】 删除设备 Service 层

```java
1  @Override
2  public Result deleteById(String id) {
3      Device device = deviceDao.findById(id);
4      if (device == null) {
5          return Result.error(ResultStatus.DEVICE_NOT_FOUND);
6      }
7      List<Updatastream> updatastreams = updatastreamDao.findByDevId(id);
8      for (Updatastream up : updatastreams) {
9          updatastreamService.delete(up.getId());
10     }
11     List<Downdatastream> downdatastreams = downdatastreamDao.findByDeviceId(id);
12     for (Downdatastream down : downdatastreams
13         ) {
14         downdatastreamService.delete(down.getId());
15     }
16     devicemetadataDao.deleteByDeviceId(id);
17     List<Holder> holders = holderDao.findByDevId(id);
```

```
18          if (!CollectionUtil.ListIsEmpty(holders)) {
19              for (Holder holder : holders) {
20                  holderService.delete(holder.getId());
21              }
22          }
23          devicelinkDao.deleteByDeviceId(id);
24          deviceDao.delete(id);
25          // 同时删除设备 ID 的订阅
26          try {
27              MQTTService.unsubMQTT(new String[]{id});
28          } catch (MQTTException e) {
29              e.printStackTrace();
30          }
31          return Result.ok(ResultStatus.DELETE_SUCCESS, null);
32      }
```

4. 查询所有设备通道

查询所有设备通道相当于查询该用户下所有向上通道和向下通道，也可以只查询向上通道或向下通道，具体查询设备通道的业务逻辑见表 4-8。

表4-8 创建设备业务逻辑

前台传参	deviceId、direct<1:设备向上通道 2:设备向下通道 0:设备所有通道>
业务逻辑	① 参数是否为空，是否规范
	② 创建存放上下通道的DatastreamDto（可以存放向上或向下通道）
	③ 判断direct的值，通过不同表查询（需要增加SQL） 1：查询向上通道2：查询向下通道0：所有通道
	④ 存放在DatastreamDto中，并返回
返回数据	通道集合、状态码、提示消息

（1）在 core.dto 下创建 DatastreamDto

代码如下：

【代码 4-58】 创建 DatastreamDto

```
1   /**
2    * Created by lwq on 2017/6/8.
3    * 用于设备上下通道数据的统一封装，并增加通道方向标识。
4    */
5   @ApiModel
6   public class DatastreamDto implements Serializable {
7       @ApiModelProperty
8       private String id;
9       @ApiModelProperty
10      private String title;
11      @ApiModelProperty
12      private Integer data_type;
13      @ApiModelProperty
14      // 设备通道方向标识
```

```
15    private Integer direction;
16    //一对多
17    @ApiModelProperty(hidden = true)
18    private Object measureunits;
19    //多对一
20    @ApiModelProperty(hidden = true)
21    private Device device;
22    get、set 略
23    }
```

（2）查询该设备下的向上通道

在向上通道的 Mapper 中添加查询向上通道的 SQL，具体代码如下：

【代码 4-59】 查询向上通道的 SQL

```
1   <select id="findByType" resultMap="updatastreamMap" useCache="false">
2   select *,1 direction from updatastream  where device_id=#{devId}
3   <if test="data_type != null and data_type != 0">
4   and data_type=#{data_type}
5   </if>
6   ORDER BY data_type,title
7   </select>
```

相对应的 dao 方法，代码如下：

【代码 4-60】 查询向上通道 dao 层方法

```
1   //根据通道类型查询设备上下通道
2   public List<Updatastream> findByType(@Param("devId")String devId, @Param("data_type") Integer data_type);
```

（3）查询该设备下的向下通道

（4）查询不同方向的数据通道的 Service 层

在 service.impl 下的上下通道的实现类中添加查询设备通道 Service 方法，具体代码如下：

【代码 4-61】 查询设备通道 Service 方法

```
1   @Override
2   public Result findDataStreamById(String deviceId, Integer direct) {
3   if (StringUtil.isEmpty(deviceId) && direct == null) {
4   return Result.error(ResultStatus.GET_ID_ERROR);
5   }
6   if (direct == 0) {
7   //重新封装数据（增加通道方向标识）
8   //设备的所有通道
9   List allupdataStreams = new ArrayList();
10  //设备的所有向上通道
11  List<Updatastream> updatastreams = updatastreamDao.findByType(deviceId,0);
12  for (Updatastream up : updatastreams) {
13  //向上通道封装类
14  List<Measureunit> measureunit = measureunitDao.findByUpdatastreamId(up.getId());
```

```
15    DatastreamDto datastreamDto = new DatastreamDto();
16    if(measureunit!=null&& !measureunit.isEmpty()) {
17    up.setMeasureunits(measureunit.get(0));
18    }else{
19    Measureunit measureunit1 = new Measureunit();
20    measureunit1.setUnit("一");
21    measureunit.add(measureunit1);
22    up.setMeasureunits(measureunit.get(0));
23    }
24    datastreamDto.setMeasureunits(up.getMeasureunits());
25    datastreamDto.setId(up.getId());
26    datastreamDto.setTitle(up.getTitle());
27    datastreamDto.setData_type(up.getData_type());
28    datastreamDto.setDirection(Constants.CHANNEL_DERICTION_UP);
29    datastreamDto.setDevice(up.getDevice());
30    // 上下通道统一放入 LIST
31    allupdataStreams.add(datastreamDto);
32    }
33    // 模板的所有向下通道
34    List<Downdatastream> downdatastreams = downdatastreamDao.findByType(deviceId,0);
35    for (Downdatastream down : downdatastreams) {
36    // 向下通道封装类
37    List<Configunit> configunit = configunitDao.findByDowndatastreamId(down.getId());
38    DatastreamDto datastreamDto = new DatastreamDto();
39    if(configunit!=null&&!configunit.isEmpty()) {
40    down.setConfigunits(configunit.get(0));
41    }else{
42    Configunit configunit1 = new Configunit();
43    configunit1.setUnit("一");
44    configunit.add(configunit1);
45    down.setConfigunits(configunit.get(0));
46    }
47    datastreamDto.setMeasureunits(down.getConfigunits());
48    datastreamDto.setId(down.getId());
49    datastreamDto.setTitle(down.getTitle());
50    datastreamDto.setData_type(down.getData_type());
51    datastreamDto.setDirection(Constants.CHANNEL_DERICTION_DOWN);
52    datastreamDto.setDevice(down.getDevice());
53    // 上下通道统一放入 LIST
54    allupdataStreams.add(datastreamDto);
55    }
56    return Result.ok(ResultStatus.SELECT_SUCCESS, allupdataStreams);
57    //Allchannels.addAll(upchannels);
58    //Allchannels.addAll(downchannels);
59    }
60    if (direct == Constants.CHANNEL_DERICTION_UP) {
61    // 模板的所有向上通道
```

```
62    List<Updatastream> updatastreams = updatastreamDao.findByType
(deviceId,0);
63    return Result.ok(ResultStatus.SELECT_SUCCESS, updatastreams);
64    }
65    if (direct == Constants.CHANNEL_DERICTION_DOWN) {
66    // 模板的所有向下通道
67    List<Downdatastream> downdatastreams = downdatastreamDao.
findByType (deviceId,0);
68    return Result.ok(ResultStatus.SELECT_SUCCESS, downdatastreams);
69    }
70    return Result.error(ResultStatus.INPUT_PARAM_ERROR,"direct");
71    }
```

5. 查询用户创建的所有设备

查询用户创建的所有设备，用户创建的设备很多，为此我们需要分页查询，具体的业务逻辑见表4-9。

表4-9　分页查询设备业务逻辑

前台传参	userId、pageNum、pageSize
业务逻辑	① 创建分页查询用户下设备（需要添加SQL） ② 查询完成后，返回数据
返回数据	通道集合、状态码、提示消息

（1）在 resources.sqlmapper.DeviceMapper.xml 中添加分页查询 SQL

代码如下：

【代码 4-62】 分页查询 SQL

```
1    <select id="findAllByUserIdWithPage" resultMap="WithTemp">
2         select d.* from device d where d.user_id=#{userId} ORDER BY ifnull(updated,created) desc,created desc,title
3    </select>
```

（2）在 dao.DeviceDao.java 添加分页查询 dao 方法

具体代码如下：

【代码 4-63】 分页查询 dao 方法

```
1    // 分页查询用户创建的所有设备
2    public List<Device> findAllByUserIdWithPage(@Param("userId") String userId,@Param("pageNum") int pageNum,@Param("pageSize") int pageSize);
```

（3）在 service.impl.DeviceService.java 接口实现类中重写分页查询 Sevice 方法

具体代码如下：

【代码 4-64】 分页查询 Service 方法

```
1    @Override
2    public Result findAllByUserIdWithPage(String userId, int pageNum, int pageSize) {
3         List<Device> devices = deviceDao.findAllByUserIdWithPage
```

```
(userId, pageNum, pageSize);
4           return Result.ok(ResultStatus.SELECT_SUCCESS, devices);
5       }
```

4.3.2 实现设备模块Controller层

1. 创建设备

用户创建设备需要将设备的属性添加到设备实体中,并进行传参,并将设备的图片存储,在 Controller 包下创建 DeviceController.java,具体代码如下:

【代码 4-65】 创建设备 Controller 层

```
1     @RequestMapping(method= RequestMethod.POST)
2     @ResponseBody
3     @ApiOperation(value=" 新建设备 ", //produces = "application/json; charset=utf-8",consumes=MediaType.MULTIPART_FORM_DATA_VALUE,
4         notes=" 名称:title;型号:dev_type;所有者:username;图片:img;是否公开:is_private;版本号:version;描述:description")
5     @Authorization
6     @ApiImplicitParams({
7         @ApiImplicitParam(name = "Authorization", value = "Authorization", required = true, dataType = "string", paramType = "header"),
8         //@ApiImplicitParam(name = "template", value = "template", required = false, dataType = "TemplateForm", paramType = "body"),
9     })
10    @Permissions(role = Role.DEVELOPER)
11    public Result addTemplate(@CurrentUser @ApiIgnore User user ,
12                     @ApiParam(value = " 设备名称 ") @RequestParam(value = "title") String title,
13                     @ApiParam(value = " 设备类型 ") @RequestParam(value = "dev_type") String dev_type,
14                     @ApiParam(value = " 设备私有 ") @RequestParam(value = "is_private") Integer is_private,
15                     @ApiParam(value = " 设备描述 ") @RequestParam(value = "description",required = false) String description,
16                     @ApiParam(value = " 设备版本 ") @RequestParam(value = "version",required = false) String version,
17                     //@RequestParam
18                     @RequestPart(required = false) MultipartFile fileData,
19                     HttpServletRequest request) {
20        Result result = new Result();
21        if(!StringUtil.isEmpty(title)){
22            // 封装到对象
23        Device device = new Device();
24            device .setTitle(title);
```

```
25                device .setDev_type(dev_type);
26                device .setIs_private(is_private);
27                device .setDescription(description);
28                device .setVersion(version);
29                // 上传图片并将存放在服务器的 url 保存到数据库
30                      device .setImg(FileUtil.uploadImg
(fileData,Constants.UPLOAD_PATH_DEVICE));
31                try {
32                    return deviceService.add(device,user.getId());
33                } catch (Exception e) {
34                    e.printStackTrace();
35                    return Result.error(ResultStatus.SAVE_ERROR);
36                }
37            }else {
38                return Result.error(ResultStatus.TITLE_CANNOT_EMPTY);
39            }
40        }
```

2. 编辑设备

编辑设备是将修改后的字段传入 Controller 层，然后调用 Service 层编辑设备的方法，具体代码如下：

【代码 4-66】 编辑设备 Controller 层

```
1    @RequestMapping( value = "{id}",method = RequestMethod.POST)
2    @ResponseBody
3    @ApiOperation(value = "编辑设备",notes="编辑修改设备信息")
4    /*请求权限校验*/
5    @Authorization
6    @ApiImplicitParams({
7            @ApiImplicitParam(name = "Authorization", value = "Authorization", required = true, dataType = "string", paramType = "header"),
8    })
9    @Permissions(role = Role.DEVELOPER)
10     public Result update(//@CurrentUser @ApiIgnore User user,
11                         @PathVariable("id") String id,
12                         @ApiParam(value = "设备名称") @RequestParam(value = "title") String title,
13                         @ApiParam(value = "设备类型") @RequestParam(value = "dev_type",required = false) String dev_type,
14                         @ApiParam(value = "设备物理地址") @RequestParam(value = "mac",required = false) String mac,
15                         @ApiParam(value = "设备状态") @RequestParam(value = "status",required = false) Integer status,
16                         @ApiParam(value = "设备描述") @RequestParam(value = "description",required = false) String description,
17                         //@RequestParam
18                         @RequestPart(required = false) MultipartFile fileData,
```

```
19                             HttpServletRequest request){
20         if(id == null){
21             return Result.error(ResultStatus.GET_ID_ERROR);
22         }
23         Device device = new Device();
24         // 上传图片并将存放在服务器的 url 保存到数据库
25         if (fileData != null && !fileData.isEmpty()) {
26             device.setDeviceimg(FileUtil.uploadImg(fileData,
Constants.UPLOAD_PATH_DEVICE));
27         }
28         device.setId(id);
29         device.setTitle(title);
30         device.setDev_type(dev_type);
31         device.setMac(mac);
32         device.setStatus(status);
33         device.setDescription(description);
34         try{
35             return deviceService.updateDev(device);
36         }catch (Exception e){
37             e.printStackTrace();
38             return Result.error(ResultStatus.UPDATE_ERROR);
39         }
40     }
```

3. 删除设备

删除设备的 Controller 层需要以注解 @Permissions 的形式，定义用户角色为开发者用户，通过拦截 Token 的注解 @Authorization，检验 Token，最后，调用设备 Service 层的 deleteById 进行删除。具体代码如下：

【代码 4-67】 删除设备 Controller 层

```
1   @RequestMapping(value="{id}", method = RequestMethod.DELETE)
2       @ResponseBody
3       @ApiOperation(value = "删除设备" ,notes="通过 ID 删除设备")
4       /* 请求权限校验 */
5       @Authorization
6       @ApiImplicitParams({
7               @ApiImplicitParam(name = "Authorization", value =
"Authorization", required = true, dataType = "string", paramType =
"header"),
8       })
9       @Permissions(role = Role.DEVELOPER)
10      public Result delete(@PathVariable("id") String id){
11          try{
12              return deviceService.deleteById(id);
13          }catch (Exception e){
14              e.printStackTrace();
15              return Result.error(ResultStatus.DELETE_ERROR);
16          }
```

4. 查询不同方向的通道

查询设备的不同方向、不同类型的通道，通过接收不同的参数，我们使用 Service 方法对其查询，具体实现代码如下：

【代码 4-68】 查询设备通道 Controller 层

```
1   @RequestMapping(value="{device_pk}/datastream/{direct}/{data_type}",method = RequestMethod.GET)
2   @ResponseBody
3   @ApiOperation(value=" 查询所有设备通道及根据不同条件查询设备通道 ", notes =
4                   "direct:<1 设备向上通道 2 设备向下通道 0 设备所有通道 >; " +
5                   "data_type:<0：默认全部 1：数值 2：开关 3 GPS 4:文本 >")
6   @Authorization
7   @ApiImplicitParams({
8           @ApiImplicitParam(name = "Authorization", value = "Authorization", required = true, dataType = "string", paramType = "header"),
9       })
10  @Permissions(role = Role.DEVELOPER)
11      public Result findDataStreamByType(@ApiParam(" 设备 ID")@PathVariable("device_pk")String device_pk,
12                                       @ApiParam(" 通道方向 ") @PathVariable("direct") Integer direct,
13                                       @ApiParam(" 数据类型 ") @PathVariable("data_type") Integer data_type){
14          try{
15              return deviceService.findDataStreamByType(device_pk,direct,data_type);
16          }catch (Exception e){
17              e.printStackTrace();
18              return Result.error(ResultStatus.SELECT_ERROR);
19          }
20      }
```

5. 分页查询

分页查询方法可以查询用户下的所有设备，并将查询出来的数据分页显示，具体 Controller 层实现代码如下：

【代码 4-69】 查询设备通道 Controller 层

```
1   @RequestMapping(value="page/{pageNum}",method = RequestMethod.GET)
2   @ResponseBody
3   @ApiOperation(value = " 查询用户创建的所有设备（分页）",notes=" 分页查找当前用户创建的所有设备 ")
4   /* 请求权限校验 */
5   @Authorization
6   @ApiImplicitParams({
```

```
7            @ApiImplicitParam(name = "Authorization", value =
 "Authorization", required = true, dataType = "string", paramType =
"header"),
8       })
9       @Permissions(role = Role.DEVELOPER)
10      public Result findAllWithPage(@CurrentUser @ApiIgnore User
user,@ApiParam("pageNum")@PathVariable int pageNum){
11          try{
12              return deviceService.findAllByUserIdWithPage(user.
getId(),pageNum, Constants.PAGE_SIZE);
13          }catch (Exception e){
14              e.printStackTrace();
15              return Result.error(ResultStatus.SELECT_ERROR);
16          }
17      }
```

4.3.3 任务回顾

知识点总结

1. 创建设备：创建设备、创建向上通道、创建向下通道和创建元数据。
2. 编辑设备：设备名称、设备类型、设备私有性、设备描述和设备版本。
3. 删除设备：根据设备 ID 删除设备。
4. 查询所有设备通道：根据输入方向、类型查询。
5. 查询用户创建的所有设备：可分页查询，输入每页显示条数、显示页数查询。

学习足迹

任务三的学习足迹如图 4-14 所示。

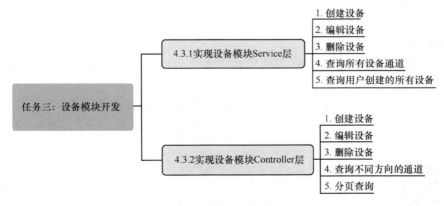

图 4-14　任务三的学习足迹

思考与练习

1. 简述创建设备的过程。
2. 用户可以选择几种上传的通道类型（　　）。
   A. 一种　　　　　　B. 两种　　　　　　C. 三种　　　　　　D. 四种
3. 设备模块实现的方法有_____、_____、_____、_____、_____。
4. 测试本节实现的接口。

4.4　项目总结

通过本项目的学习，我们了解物联网云平台后台的开发流程，还可以掌握该平台的用户模块和设备模块的开发技术，以及整体的 Token 实现和用户权限的设置，从而提高项目优化能力和开发项目的能力。

项目 4 的技能图谱如图 4-15 所示。

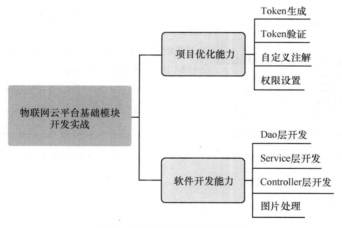

图 4-15　项目 4 的技能图谱

4.5　拓展训练

自主开发：在用户模块里修改邮箱的 Service 层和 Controller 层。
◆ 调研要求
对于选题，用户模块的主要 API 总结见表 4-10。

表4-10 会员模块主要API

用户模块	功能	前端传参	HTTP方法类型
用户表	修改邮箱	Email	PUT

用户模块的其他功能已经完成,请实现修改邮箱API。

开发内容需包含以下3点:

① 至少实现API的开发;

② 需要形成Restful API;

③ 测试API。

- ◆ 格式要求:统一使用IntelliJ IDEA编程。
- ◆ 考核方式:采取代码提交和课内发言两种形式,时间要求为15~20分钟。
- ◆ 评估标准:见表4-11。

表4-11 拓展训练评估表

项目名称: 修改邮箱功能开发		项目承接人: 姓名:	日期:
项目要求		扣分标准	得分情况
总体要求(10分) ① Service层开发需包含接口和实现类; ② Controller层开发; ③ Controller层开发需实现RESTFUL API; ④ API开发完毕需测试		① 包括总体要求的4项内容(每缺少一个内容扣2分); ② 逻辑混乱,语言表达不清楚(扣1分); ③ 代码书写不规范(扣1分)	
评价人		评价说明	备注
个人			
老师			

项目 5
物联网云平台数据管理开发实战

项目引入

我们成功开发了用户模块和设备模块。接下来,我们要探索设备上传数据的存储方法。由于物联网云平台需要连接很多设备,一个用户连接一套设备,如灯、空调、冰箱、窗帘、热水器等,随着设备数量增多,设备上传数据量增大,数据库能承受这么大的压力吗?大家对于这个问题都有着不同的见解。

> Philip:"大家学习开发也有一段时间了,想必对物联网云平台的开发也熟悉了很多,那么对于物联网云平台的数据处理,大家都有什么意见和建议呢?随着物联网云平台的用户量增多,数据量的增大,我们应该怎样处理数据呢?"
>
> Serge:"嗯,对。我开发的设备上传的数据,有的是定时的,有的是实时上传的,比如温湿度传感器,设备会实时上传温湿度数据,数据量肯定会很大。"
>
> Jack:"数据量过大,就不适合存储在 MySQL 了,而且实时获取数据也会不方便。"
>
> Philip:"嗯,对,Jack,那么 MongoDB 如何呢? MongoDB 是介于关系型数据库与非关系型数据库之间的,并且可以存储 json 格式的数据,正好我们定义设备上传数据的格式也是 json 格式。"
>
> Jack:"MongoDB 弱一致性,更能保证用户的访问速度,MongoDB 的存储方式是文档结构的形式,便于获取数据。"
>
> Philip:"行,这一部分你带着 Jane 一起完成,从 MongoDB 里获取设备数据,然后完成数据展示的一系列的接口开发。"

知识图谱

项目 5 的知识图谱如图 5-1 所示。

物联网云平台设计与开发

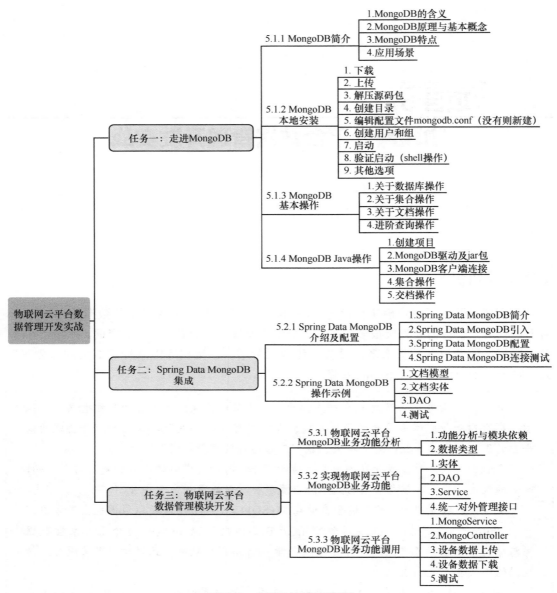

图5-1　项目5的知识图谱

5.1　任务一：走进 MongoDB

【任务描述】

MongoDB 是物联网云平台中一个非常重要的数据库，它可以有序存储设备上传的大量数据，这为从海量数据中快速获取数据起到了决定性作用，它还能在物联网云平台上快速展现设备的上传数据，使物联网云平台的使用更加简单、高效。

此次任务将从 MongoDB 简介、项目集成 Spring MongoDB、开发 MongoDB 相关业务这 3 部分介绍。

5.1.1 MongoDB简介

1. MongoDB 的含义

MongoDB 是非关系型数据库，非关系数据库主要是使用键/值对的形式进行存储的，它的优势在于简单、易部署。MongoDB 是一个免费的、开源的、跨平台的、面向文档的数据库。MongDB 支持的查询语言也非常广泛，其语法有些类似于面向对象的查询语言。

它几乎可以实现类似关系型数据库单表查询的绝大部分功能，而且还支持对数据建立索引。

MongoDB 最初被开发为 PaaS(平台即服务)产品的一个组成部分。MongoDB 是在 GNU Affero General Public License 和 Apache License 下发布的。

目前，MongoDB 最新版本为 2018 年 7 月发布的 4.0。

为了更好地理解 MongoDB，我们需要了解什么是 NoSQL。

NoSQL(Not Only SQL)，即"不仅仅是 SQL"，泛指非关系型数据库，是对不同于传统的关系型数据库管理系统（RDBMS）的统称。RDBMS 和 NoSQL 的对比见表 5-1。

表5-1 RDBMS和NoSQL的对比

RDBMS	NoSQL
① 高度组织结构化数据； ② 结构化查询语言（SQL）； ③ 数据和关系都存储在单独的表中； ④ 数据操纵语言，数据定义语言； ⑤ 严格的一致性； ⑥ 基础事务要遵循ACID规则：A (Atomicity) 为原子性、C (Consistency)为一致性、I (Isolation)为独立性、D (Durability) 为持久性	① 没有预定义的模式（schema-less）； ② 非结构化和不可预知的数据； ③ 没有声明性查询语言； ④ 键/值对存储、列存储、文档存储、图形数据库； ⑤ 最终一致性，而非ACID属性（BASE原则）； ⑥ CAP定理（一个分布式系统不可能同时很好地满足一致性，可用性和分区容错性这三个需求，最多只能同时较好地满足两个）； ⑦ 高性能、高可用性和可伸缩性

NoSQL 数据库产生的作用是存储海量数据和增删改查多种数据，因此 NoSQL 用于多重超大规模数据的存储。

NoSQL 数据库在以下情况比较适用：

① 数据模型比较简单；
② 需要灵活性更强的 IT 系统；
③ 对数据库性能要求较高；
④ 不需要高度的数据一致性；
⑤ 对于给定 Key，比较容易映射复杂值的环境。

常见的关系型数据库如 Oracle、MySQL、DB2、SQL Server、PostgreSQL、Sybase 等。

目前，市面上主要的 NoSQL 数据库如下。

基于键值对存储的：Redis、Tokyo Cabinet/Tyrant、LevelDB、Berkeley DB。

基于列存储的：HBase、Cassandra、Hypertable。

基于文档存储的：MongoDB、CouchDB。

基于图形结构存储的：Neo4J、InfoGrid、FlockDB。

基于 XML 存储的：BaseX。

基于对象存储的：db4o、Versant。

2. MongoDB 原理与基本概念

MongoDB 是工作在集合和文档上的。

（1）数据库（DB）

MongoDB 服务器可以创建多个数据库，不同的数据库有不同的权限，有不同的设定文件，MongoDB 服务器会根据设定文件连接多个数据库，MongDB 是一个集合的容器。

（2）集合（Collection）

集合是以键值对的形式存放不同字段的数据。集合也属于 MongoDB 文档，和 RDBMS 表一样的。集合不强制执行模式，集合中的文档可以有不同的字段。通常情况下，一个集合中的所有文档都是类似或相关目的的。

（3）文档（Document）

文档是 MongoDB 中数据的基本单位，类似于关系型数据库表中的一行（但是比行复杂）记录。非数据型数据库中的数据结构大多数由键值对组成，多个键及其关联的值有序地放在一起就构成了文档，如图 5-2 所示。

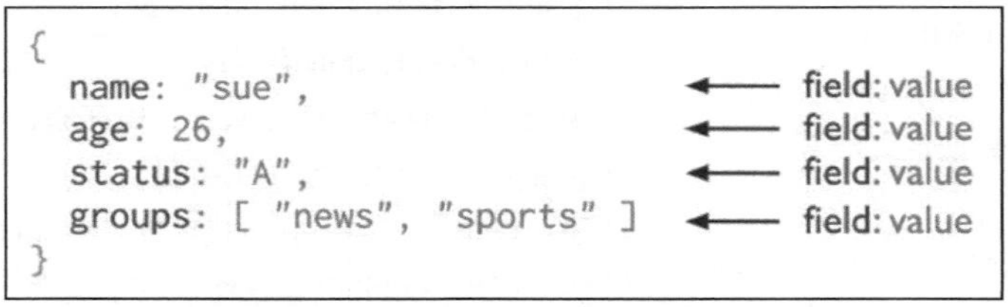

```
{
    name: "sue",              ← field: value
    age: 26,                  ← field: value
    status: "A",              ← field: value
    groups: [ "news", "sports" ]  ← field: value
}
```

图 5-2 文档结构示例

MongoDB 将数据记录存储为 BSON 文档，这种存储形式称为 BSON（Binary JSON）。我们可以将 BSON 理解为 JSON 的二进制表示，但它包含了比 JSON 更多的数据类型，如 Date、Binary data。

文档字段的值可以是任何 BSON 数据类型，包括其他文档、数组和文档数组。例如，以下文档包含不同类型的值，代码如下：

【代码 5-1】 文档中不同类型数据示例

```
1  {
2      _id: ObjectId("5099803df3f4948bd2f98391"),
3      name: { first: "Alan", last: "Turing" },
4      birth: new Date('Jun 23, 1912'),
```

```
5        death: new Date('Jun 07, 1954'),
6        contribs: [ "Turing machine", "Turing test", "Turingery" ],
7        views : NumberLong(1250000)
8    }
```

以上字段具有以下数据类型。

_id：ObjectId 类型。

name：包含字段 first 和 last 及内容的嵌入式文档。

birth、death：Date 类型的值。

contribs：字符串数组。

views：NumberLong 类型的值。

文档具有动态模式。动态模式是指在同一集合里的同一字段可以保存不同类型的数据，同一个集合里也可以存储不同的文档字段。

表 5-2 为 MongoDB 概念及与 SQL 概念对比，包含了诸如数据字段、索引等概念。

表5-2 MongoDB概念及与SQL概念对比

SQL术语/概念	MongoDB术语/概念	解释/说明
database	database	数据库
table	collection	数据库表/集合
row	document	数据记录行/文档
column	field	数据字段/域
index	index	索引
table joins		表连接，MongoDB不支持
primary key	primary key	主键，MongoDB自动将_id字段设置为主键
aggregation (e.g. group by)	aggregation pipeline	聚合

3. MongoDB 特点

MongoDB 的特点是高性能、易部署、易使用、方便存储数据，主要功能特性如图 5-3 所示。

① 面向集合存储，易存储对象类型的数据。

② 文件存储格式为 BSON（一种 JSON 的扩展），使用高效的二进制数据存储，包括大型对象（如视频等）。

③ 模式自由，无需知道它的结构定义，可以把不同结构的文档存储在同一个集合里。

④ 支持的查询语言非常丰富；提供数据聚合、文本搜索和地理空间查询等。

⑤ 支持完全索引，包含来自嵌入式文档和数组的键。

⑥ 提供副本集，支持复制和故障恢复；支持主从复制机制。

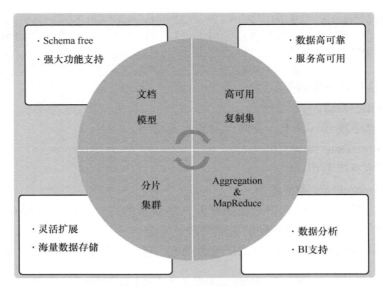

图5-3 MongoDB特点

⑦ 自动处理分片，以支持云计算层次的扩展。

⑧ MongoDB 除了提供丰富的查询功能外，还提供强大的聚合工具，如 count、group 等，支持使用 MapReduce 完成复杂的聚合任务。

⑨ 支持多种存储引擎，另外提供可插拔的存储引擎 API，允许第三方为 MongoDB 开发存储引擎。

⑩ 可以通过本地或者网络创建数据镜像，这使得 MongoDB 有更强的扩展性。

⑪ 支持 PYTHON、Java、C、C++、PHP、C#、RUBY、Perl、JavaScript 等多种语言。

到目前为止，MongoDB 已经是一个普遍使用的非关系型数据库。MongoDB 的速度是传统数据库的 100 倍。不可否认的是，在性能和可扩展性方面，MongoDB 有着明显的优势。

关系型数据库具有典型的架构设计，可以显示表的数量以及这些表之间的关系，而在 MongoDB 中则没有关系的概念。MongoDB 有以下优点。

① MongoDB 的架构较少，它是一个文档数据库，它的一个集合持有不同的文档。

② 从一个文档到另一个文档的数量，内容和大小可能有差异。

③ MongoDB 中单个对象的结构很清晰。

④ MongoDB 中没有复杂的连接。

⑤ MongoDB 提供深度查询的功能，因为它支持对文档的强大的动态查询功能。

⑥ MongoDB 很容易扩展。

⑦ 它使用内部存储器来存储工作集，这是其能快速访问的原因。

4. 应用场景

MongoDB 适合在以下场景使用。

① 网站实时数据处理。它非常适合在大数据背景下更新、查询与增加数据。并且有

大量的空间用于保存数据。

② 缓存。性能很高，它适合作为信息基础设施的缓存层。在系统重启之后，由它搭建的持久化缓存层可以避免下层的数据源过载。

③ 高伸缩性的场景。数据库占内存的大小从数十台到数百台服务器不等，它的路线图中已经包含对 MapReduce 引擎的内置支持。

不适用的场景如下：
① 要求高度事务性的系统；
② 传统的商业智能应用；
③ 复杂的跨文档（表）级联查询。

5.1.2 MongoDB本地安装

2016 年 6 月，MongoDB 公司推出了 MongoDB Altas 服务。

MongoDB Atlas 将 MongoDB 作为一种完全自动化的云服务，为用户提供了内置的操作和安全的最佳实践，可以在云平台上轻松部署、操作和扩展 MongoDB。也就是说，MongoDB Atlas 是一个用于配置、运行、监视和维护 MongoDB 部署的云托管服务。这是使用 MongoDB 的一个快速、简单、免费的方式。

MongoDB 支持 Windows、Linux、OSX 系统。值得注意的是，在 MongoDB 2.2 版本后，MongoDB 不再支持 Windows XP 系统；从版本 3.4 开始，MongoDB 不再支持 32 位 x86 系统。下面我们以 64 位 centos7 下的安装过程为例，学习 MongoDB 的本地安装与使用。

1. 下载

从 MongoDB 官网下载适合的版本源码包。

2. 上传

使用上传工具（如 WinSCP）将 mongodb-linux-x86_64-rhel70-3.4.9.tgz 上传到 /usr/local。

3. 解压源码包

```
# tar -zxvf mongodb-linux-x86_64-rhel70-3.4.9.tgz
```

重命名：

```
# mv mongodb-linux-x86_64-rhel70-3.4.9 mongodb
```

4. 创建目录

MongoDB 在自动安装过程中不会创建数据存储的目录，我们定义数据存储在 data 目录的 db 目录下，我们需要手动创建 data 目录，并在 data 目录中创建 db 目录。在以下实例中，我们将 data 目录创建于上步源码解压并重命名后的目录下 (/usr/local/mongodb)。

注意：/data/dbMongoDB 默认启动的数据库路径是 (--dbpath=/usr/local/mongodb)。

```
# cd /usr/local/mongodb
```

创建 /data/db 目录：

```
# mkdir -p /data/db
```

创建日志存放目录：

```
# cd ../
# mkdir logs
```

5. 编辑配置文件 mongodb.conf（没有则新建）

```
# cd bin
# vi mongodb.conf
```

添加以下内容：

```
dbpath=/usr/local/mongodb/data/db              # 指定数据库目录
logpath=/usr/local/mongodb/logs/mongodb.log    # 指定日志目录
bind_ip=0.0.0.0                                # 绑定 IP
port=27017                                     # 端口
fork=true                                      # 以守护进程的方式运行
```

以上这些其实都是启动参数的配置。

6. 创建用户和组

```
# groupadd mongodb
# useradd mongodb -g mongodb
# chown -R mongodb:mongodb /usr/local/mongodb/
```

7. 启动

```
# /usr/local/mongodb/bin/mongod -f /usr/local/mongodb/bin/mongodb.conf
```

其中：-f 即 --config 指定配置文件。

8. 验证启动（shell 操作）

打开 mongodb 的 shell 模式：

```
# /usr/local/mongodb/bin/mongo
```

结果如图 5-4 所示。

```
MongoDB shell version v3.4.9
connecting to： mongodb://127.0.0.1:27017
MongoDB server version:3.4.9
>
```

图5-4　Mongo shell模式

查看数据库：

```
> show dbs;
admin  0.000GB
local  0.000GB
```

查看数据库版本：

```
> db.version();
3.4.9
```

常用命令帮助：

【代码 5-2】 db.help() 命令帮助

```
1 > db.help();
2 DB methods:
```

3 db.adminCommand(nameOrDocument) - switches to 'admin' db, and runs command [just calls db.runCommand(...)]
   4 db.auth(username, password)
   5 db.cloneDatabase(fromhost)
   6 db.commandHelp(name) returns the help for the command
   7 db.copyDatabase(fromdb, todb, fromhost)
   8 db.createCollection(name, { size : ..., capped : ..., max : ... })
   9 db.createView(name, viewOn, [{ $operator: {...}}, ...], { viewOptions })
  10 db.createUser(userDocument)
  11 db.currentOp() displays currently executing operations in the db
  12 db.dropDatabase()
  13 db.eval() - deprecated
  14 db.fsyncLock() flush data to disk and lock server for backups
  15 db.fsyncUnlock() unlocks server following a db.fsyncLock()
  16 db.getCollection(cname) same as db['cname'] or db.cname
  17 db.getCollectionInfos([filter]) - returns a list that contains the names and options of the db's collections
  18 db.getCollectionNames()
  19 db.getLastError() - just returns the err msg string
  20 db.getLastErrorObj() - return full status object
  21 db.getLogComponents()
  22 db.getMongo() get the server connection object
  23 db.getMongo().setSlaveOk() allow queries on a replication slave server
  24 db.getName()
  25 db.getPrevError()
  26 db.getProfilingLevel() - deprecated
  27 db.getProfilingStatus() - returns if profiling is on and slow threshold
  28 db.getReplicationInfo()
  29 db.getSiblingDB(name) get the db at the same server as this one
  30 db.getWriteConcern() - returns the write concern used for any operations on this db, inherited from server object if set
  31 db.hostInfo() get details about the server's host
  32 db.isMaster() check replica primary status
  33 db.killOp(opid) kills the current operation in the db
  34 db.listCommands() lists all the db commands
  35 db.loadServerScripts() loads all the scripts in db.system.js
  36 db.logout()
  37 db.printCollectionStats()
  38 db.printReplicationInfo()
  39 db.printShardingStatus()
  40 db.printSlaveReplicationInfo()
  41 db.dropUser(username)
  42 db.repairDatabase()
  43 db.resetError()
  44 db.runCommand(cmdObj) run a database command. if cmdObj is a string, turns it into { cmdObj : 1 }
  45 db.serverStatus()
  46 db.setLogLevel(level,<component>)

```
47 db.setProfilingLevel(level,<slowms>) 0=off 1=slow 2=all
48 db.setWriteConcern( <write concern doc> ) - sets the write
concern for writes to the db
49 db.unsetWriteConcern( <write concern doc> ) - unsets the write
concern for writes to the db
50 db.setVerboseShell(flag) display extra information in shell output
51 db.shutdownServer()
52 db.stats()
53 db.version() current version of the server
```

由于它是一个 JavaScript shell,我们可以运行一些简单的算术运算。

```
> 2+2
4
> 2*4
8
```

9. 其他选项

用户在需要的时候可以配置以下选项的操作。

(1) 加入系统服务并开机启动

1) 编写自定义服务 mongodb.service 文件

```
# vi /usr/lib/systemd/system/mongodb.service
```

加入如下内容(自行参考利用 systemctl 添加自定义系统服务):

【代码 5-3】 mongodb.service 内容

```
1 [Unit]
2 Description=mongodb
3 After=network.target remote-fs.target nss-lookup.target
4 [Service]
5 Type=forking
6 ExecStart=/usr/local/mongodb/bin/mongod --config /usr/local/
mongodb/bin/mongodb.conf
7 ExecReload=/bin/kill -s HUP $MAINPID
8 ExecStop=/usr/local/mongodb/bin/mongod --shutdown --config /
usr/local/mongodb/bin/mongodb.conf
9 PrivateTmp=true
10 [Install]
11 WantedBy=multi-user.target
```

2) 加入开机启动

```
# systemctl enable mongodb.service
```

3) 服务操作

启动 mongodb 服务。

```
# systemctl start mongodb.service
```

停止 mongodb 服务。

```
# systemctl stop mongodb.service
```

重启 mongodb 服务。

```
# systemctl restart mongodb.service
```

查看 mongodb 服务状态。
```
# systemctl status mongodb.service
```
（2）端口开放

如果需要远程访问数据库，且启动本机防火墙服务，则需要开放 MongoDB 指定的端口。
```
# firewall-cmd --zone=public --add-port=27017/tcp -permanent
# firewall-cmd --reload
```
（3）使用 MongoDB Web 用户界面

MongoDB 提供了简单的 HTTP 状态监控界面。用户如果想启用该功能，需要在启动的时候指定参数 rest，或在 mongodb.conf 配置 rest=true。

如果你的 MongoDB 运行端口使用默认的 27017，你可以在端口号为 28017 的端口访问 Web 用户界面；也可以使用 curl 在 shell 访问 Web 用户界面。
```
# curl http://localhost:28017
```
除了以上的访问方式，用户还可以通过远程浏览器访问，这时需要将 localhost 替换为实际 MongoDB 所在主机 IP，访问结果如图 5-5 所示。

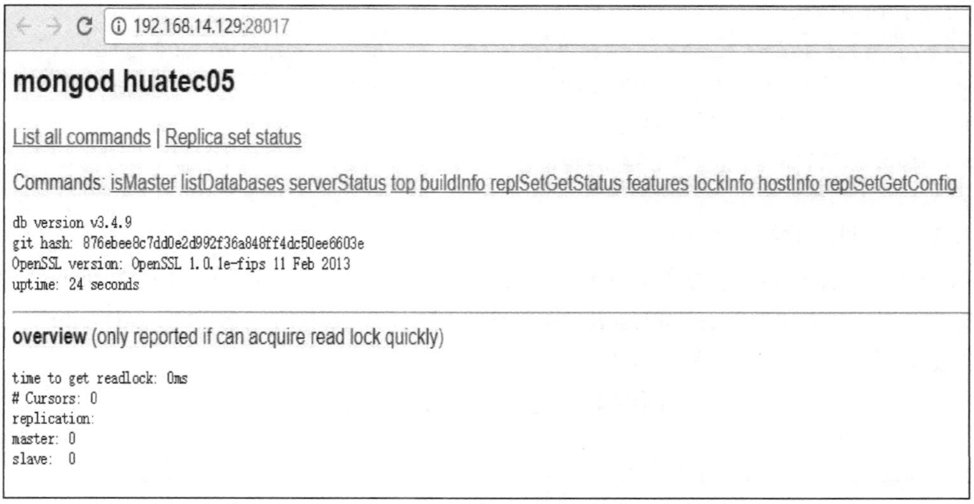

图5-5　MongoDB Web用户界面

注：3.0 版本中的 SCRAM-SHA-1 是基于挑战/应答方式的身份认证机制，但是此 HTTP 状态接口不支持这种机制；如果加入用户认证则无法使用此功能，一般也不推荐使用这种方式进行数据库监控。可用其他替代方式监控数据库，如 MongoDB Atlas、MongoDB Cloud Manager、Ops Manager、数据库命令、日志、第三方工具等。

（4）用户认证

MongoDB 的用户认证方式与往常的不同，用户不需要使用密码登录访问，MongoDB 默认通过配置用户认证提高 MongoDB 的访问安全性。

1）启动用户认证

授权认证的启动通过启动命令加 auth 参数实现，也可以通过在 mongodb.conf 加入 auth=true 实现。

```
……
auth=true
```

2）创建用户

用户管理员是第一个要创建的用户。在没有创建任何用户之前，用户可以随意创建用户；但数据库中一旦有了用户，那么未登录的客户端就没有权限实现任何操作了，除非用户使用 db.auth(username, password) 方法登录。

步骤1：创建用户管理员

用户管理员的角色名为 userAdminAnyDatabase，这个角色只能在 admin 数据库中被创建。

启动 mongo shell，使用 admin 数据库。

```
> use admin;
switched to db admin
>
```

创建 root 用户。

```
>db.createUser({user:"root",pwd:"123456",customData:{name:"root"}
,roles:[{role:"userAdminAnyDatabase",db:"admin"}]})
```

创建完了这个用户之后，我们应该马上以该用户的身份登录。

```
>   db.auth("root","123456")
1
```

步骤2：创建数据库用户

接下来，我们为指定的数据库创建访问所需的账号。具体步骤为：用 use 命令切换到目标数据库，同样用 db.createUser() 命令来创建用户，其中角色名为 "readWrite"。此时，我们的数据库为 hIoT，具体代码如下：

【代码 5-4】 创建数据库用户

```
1 > use hIoT
2 switched to db hIoT
3 >db.createUser({user:"admin",pwd:" admin",roles:["readWrite"]})
4 Successfully added user: { "user" : " admin", "roles" : [ "readWrite" ] }
5 > db.auth("admin"," admin")
6 1
```

没有登录的客户端将无法对数据库执行操作，这样 MongoDB 的数据安全性就得到了一定的保障。

5.1.3 MongoDB基本操作

mongo shell 是 MongoDB 的一个交互式 JavaScript 接口。我们可以使用 mongo shell 来查询和更新数据以及执行管理操作。

mongo shell 是 MongoDB 的一个组件，它的作用之一，就是在 MongoDB 正常运行条件下，通过 mongo shell 组件连接至正在运行的 MongoDB 实例。

下面我们介绍关于 MongoDB 的一些基本操作示例，CRUD 及其他方法都使用 mongo shell。

打开 mongo shell，代码如下：

【代码 5-5】 mongo 命令

```
1  # ./mongo
2  MongoDB shell version v3.4.9
3  connecting to: mongodb://127.0.0.1:27017
4  MongoDB server version: 3.4.9
5  >
```

1. 关于数据库操作

前面我们已经知道一个 MongoDB 中可以建立多个数据库，我们可以通过"show dbs"命令查看所有数据库列表，代码如下：

【代码 5-6】 show dbs 命令

```
1  > show dbs;
2  admin   0.000GB
3  local   0.000GB
4  test    0.000GB
5  >
```

执行 "db" 命令可以显示当前数据库。

```
> db
test
>
```

注：默认的数据库为 test。如果您还没有创建过任何数据库，则集合将存储在 test 数据库中。

执行"use"命令，用户可以连接至一个指定的数据库或执行创建数据库操作。

```
> use admin
switched to db admin
>
```

如果数据库不存在，则创建数据库；否则切换到指定数据库。数据库名可以是满足以下条件的任意 UTF-8 字符串：

① 不能是空字符串（""）；

② 不得含有 ' '（空格）、.、$、/、\ 和 \0（空字符）；

③ 应全部小写；

④ 最多 64Byte。

有一些数据库名是保留的，用户可以直接访问这些有特殊作用的数据库。

（1）Admin

它主要存储 MongoDB 中具有所有管理权的用户。该用户具有操作所有数据库的权限，也就是说只要将用户添加到该数据库，其就会被分配超级管理者的权限；并且这个数据库内具有特定的服务器端命令，比如在此数据库下可以新增用户。

(2) local

它主要存储副本集的元数据。从名字可以看出，它只会在本地存储数据，即 local 数据库里的内容不会同步到副本集里的其他节点。它可以用于存储限于本地单台服务器的任意集合。

删除当前数据库的代码如下：

【代码 5-7】 删除当前数据库

```
1 > db
2 Test
3 > db.dropDatabase()
4 { "dropped" : "test", "ok" : 1 }
5 > show dbs;
6 admin   0.000GB
7 local   0.000GB
8 >
```

通过 show dbs 我们可以看到，test 已经不在数据库列表里。

2. 关于集合操作

用户如果以集合的形式在数据库中存储数据，因为集合内部没有固定的结构，则用户可以为集合插入不同格式和类型的数据，但通常情况下我们插入集合的数据都会有一定的关联性。

创建集合的语法如下。

```
db.createCollection(name, options)
```

在命令中，name 是要创建的集合的名称；options 是一个文档，用于指定集合的配置。具体参数见表 5-3。

表5–3 创建集合参数

参数	类型	描述
name	String	要创建的集合的名称
options	Document	（可选）指定有关内存大小和索引的选项

集合名有以下要求：

① 集合名不能是空字符串 " "；

② 集合名不能含有 \0 字符（空字符），这个字符表示集合名的结尾；

③ 集合名不能以 "system." 开头，这是为系统集合保留的前缀。

创建集合的时候，某些涉及保留字符的字段是不能作为键的，如果默认驱动程序支持集合名里包含这些保留字符，其就可以作为集合中的键，这是因为某些系统生成的集合中包含该字符；除非你要访问这种系统创建的集合，否则千万不要在名字里加入 $。

options 参数是可选的，用户只需要指定集合的名称。options 可选参数见表 5-4。

表5-4 options可选参数

字段	类型	描述
capped	Boolean	(可选)如果为true，则启用封闭的集合。上限集合是固定大小的集合，它在达到最大值时自动覆盖最旧的条目。如果指定true，则还需要指定size参数
autoIndexId	Boolean	(可选)如果为true，则在_id字段上自动创建索引。默认值为false
size	数字	(可选)指定上限集合的最大值(以字节为单位)。如果capped为true，那么还需要指定此字段的值
max	数字	(可选)指定上限集合中允许的最大文档数

在插入文档时，MongoDB 首先检查上限集合 capped 字段的大小，然后检查 max 字段。不使用 options 参数创建集合的示例如下：

【代码 5-8】 创建集合

```
1  > use test
2  switched to db test
3  > db.createCollection("mycollection")
4  { "ok" : 1 }
```

查看集合列表的语法如下。

```
> show collections
mycollection
```

另外，用户也可以不为 MongoDB 创建集合，当插入文档时，MongoDB 会自动创建集合，具体代码如下：

【代码 5-9】 插入文档自动创建集合

```
1  > db.newcollection.insert({"name":"hIoTlwq"})
2  WriteResult({ "nInserted" : 1 })
3  > show collections
4  mycollection
5  newcollection
```

删除集合语法：db.COLLECTION_NAME.drop()。

删除名为 newcollection 的集合，代码如下：

【代码 5-10】 删除集合

```
1  > db.newcollection.drop()
2  true
3  > show collections
4  mycollection
```

3. 关于文档操作

文档是一组键值(key-value)对(BSON)。MongoDB 与关系型数据库最大的区别在于，MongoDB 文档的字段以及相同字段的数据类型不需要确定，这是 MongoDB 非常突出的特点。但我们需要注意以下几点：

① 文档中的键/值对是有顺序的；

② 文档中的值不仅可以是在双引号里面的字符串，还可以是其他几种数据类型（甚至可以是整个嵌入的文档）；

③ MongoDB 区分类型和大小写；

④ MongoDB 的文档不能有重复的键；

⑤ 文档的键是字符串。除了少数例外情况，键可以使用任意 UTF-8 字符。

文档键命名有以下规范：

① 键不能含有 \0（空字符），这个字符用来表示键的结尾；

② . 和 $ 有特别的意义，只有在特定环境下才能使用；

③ 以下划线 "_" 开头的键是保留的 (不是严格要求的)。

（1）插入文档

文档插入基本语法：db.COLLECTION_NAME.insert(document)。示例如下：

【代码 5-11】 插入文档

```
1 > db.mycol.insert(
2 {_id: 100,
3 title: 'MongoDB 基本操作 ',
4  description: 'MongoDB is no sql database',
5 by: 'hIoT lwq',
6 url: 'http://localhost/hIoT',
7 tags: ['mongodb', 'database', 'NoSQL'],
8 likes: 100 })
9 WriteResult({ "nInserted" : 1 })
```

查看已插入文档代码如下：

【代码 5-12】 查看文档

```
1 > db.mycol.find()
2 { "_id" : 100, "title" : "MongoDB 基本操作 ", "description" : "MongoDB is no sql database", "by" : "hIoT lwq", "url" : "http://localhost/hIoT", "tags" : [ "mongodb", "database", "NoSQL" ], "likes" : 100 }
3 >
```

此处，mycol 是集合的名称，如果数据库中不存在此集合，则 MongoDB 将自动创建此集合，然后将文档插入该集合中。

在插入的文档中，如果不指定 _id 参数，MongoDB 会为此文档分配一个唯一的 ObjectId。_id 为集合中的每个文档唯一的 12Byte 的十六进制数。12Byte 划分如下：_id: ObjectId(4Byte timestamp、3Byte machine id、2Byte process id、3Byte incrementer)。用户要在一个命令中插入多个文档，可以在 insert() 命令中传递文档数组，代码如下：

【代码 5-13】 批量插入文档

```
1 > db.mycol.insert(
2 [{_id: 101,title: 'MongoDB 文档 1', description: ' 多文档插入，第一个文档 ',by: 'hIoT lwq',url: 'http://localhost/hIoT',tags: ['mongodb', 'document', 'insert'],likes: 101},
```

```
 3 {_id: 102,title: 'MongoDB 文档2', description: '多文档插入,第二个文档',
by: 'hIoT lwq',url: 'http://localhost/hIoT',tags: ['mongodb',
'document', 'insert'],likes: 102 ,comment:{user:'lwq',birth:new
Date('Jun 23,1990')}
 4 }])
 5 BulkWriteResult({
 6   "writeErrors" : [ ],
 7   "writeConcernErrors" : [ ],
 8   "nInserted" : 2,
 9   "nUpserted" : 0,
10   "nMatched" : 0,
11   "nModified" : 0,
12   "nRemoved" : 0,
13   "upserted" : [ ]
14 })
```

查询刚插入的文档的代码如下:

【代码 5-14】 查看文档（格式化显示）

```
 1 > db.mycol.find().pretty()
 2 {
 3 "_id" : 100,
 4 "title" : "MongoDB 基本操作",
 5 "description" : "MongoDB is no sql database",
 6 "by" : "hIoT lwq",
 7 "url" : "http://localhost/hIoT",
 8 "tags" : [
 9 "mongodb",
10 "database",
11 "NoSQL"
12 ],
13 "likes" : 100
14 }
15 {
16 "_id" : 101,
17 "title" : "MongoDB 文档 1",
18 "description" : "多文档插入，第一个文档",
19 "by" : "hIoT lwq",
20 "url" : "http://localhost/hIoT",
21 "tags" : [
22 "mongodb",
23 "document",
24 "insert"
25 ],
26 "likes" : 101
27 }
28 {
29 "_id" : 102,
30 "title" : "MongoDB 文档 2",
31 "description" : "多文档插入，第二个文档",
```

```
32 "by" : "hIoT lwq",
33 "url" : "http://localhost/hIoT",
34 "tags" : [
35 "mongodb",
36 "document",
37 "insert"
38 ],
39 "likes" : 102,
40 "comment" : {
41 "user" : "lwq",
42 "birth" : ISODate("1990-06-22T15:00:00Z")
43 }
44 }
>
```

我们也可以将数据定义为一个变量。

```
1 > document=(
2 {title:'Mongo 定义文档',
3  description: 'MongoDB 通过文档变量插入文档',
4 by: 'hIoT lwq',
5 url: 'http://localhost/hIoT',n
6 tags: ['mongodb', 'document', 'insert'],
7 likes: 104 })
```

执行后显示结果代码如下：

【代码 5-15】 定义变量结果

```
1 {
2 "title" : "Mongo 定义文档",
3 "description" : "MongoDB 通过文档变量插入文档",
4 "by" : "hIoT lwq",
5 "url" : "http://localhost/hIoT",
6 "tags" : [
7 "mongodb",
8 "document",
9 "insert"
10 ],
11 "likes" : 104
12 }
```

执行"insert"操作。

```
> db.mycol.insert(document)
WriteResult({ "nInserted" : 1 })
```

我们也可以使用 db.mycol.save(document) 命令插入文档。如果指定 _id 字段，则该 _id 的数据会更新。

（2）查询文档

MongoDB 查询文档使用 find() 方法，语法格式如下。

```
db.collection.find(query, projection)
```

其中参数解释如下。

① query：可选，使用查询操作符指定查询条件。

② projection：可选，使用投影操作符指定返回的键，查询时返回文档中所有键值，只需省略该参数即可（默认省略）。

find() 方法以非结构化的方式来显示所有文档。用户如果需要以格式化的方式来显示所有文档，可以使用 pretty() 方法，代码如下：

【代码 5-16】 find() 和 pretty() 方法

```
1  > db.mycollection.find().pretty()
2  {
3  "_id" : 100,
4  "title" : "MongoDB 基本操作 ",
5  "description" : "MongoDB is no sql database",
6  "by" : "hIoT lwq",
7  "url" : "http://localhost/hIoT",
8  "tags" : [
9  "mongodb",
10 "database",
11 "NoSQL"
12 ],
13 "likes" : 100
14 }
```

除了 find() 方法外，还有一种 findOne() 方法，它只返回一个文档。

要执行条件查询，我们可以使用 MongoDB 与 RDBMS 的 Where 子句等效的 query 参数，如果我们熟悉 SQL，则通过表 5-5 可以更好地理解 MongoDB 的条件查询语句。

表5-5 条件查询（算数比较）

操作	格式	范例	RDBMS中的类似语句
等于	{<key>:<value>}	db.col.find({"_id":102})	where _id = 102
小于	{<key>:{$lt:<value>}}	db.col.find({"likes":{$lt:102}})	where likes < 102
小于或等于	{<key>:{$lte:<value>}}	db.col.find({"likes":{$lte:102}})	where likes ≤ 102
大于	{<key>:{$gt:<value>}}	db.col.find({"likes":{$gt:102}})	where likes > 102
大于或等于	{<key>:{$gte:<value>}}	db.col.find({"likes":{$gte:102}})	where likes ≥ 102
不等于	{<key>:{$ne:<value>}}	db.col.find({"likes":{$ne:102}})	where likes != 102

以上算数比较符可以通过以下方式记忆，见表 5-6。

表5-6 算数比较符

等于	$eq ———————— equal =
小于	$lt ———————— less than <
小于或等于	$lte ———————— lt equal ≤
大于	$gt ———————— greater than >
大于或等于	$gte ———————— gt equal ≥
不等于	$ne ———————— not equal !=

MongoDB 的 find() 方法可以传入多个键（key），每个键（key）以逗号隔开，即常规 SQL 的 AND 条件，语法格式如下。

```
db.col.find({key1:value1, key2:value2})
```

MongoDB OR 条件语句使用了关键字 $or，代码如下：

【代码 5-17】 使用 $or 关键字查找文档

```
1 db.col.find(
2    {
3       $or: [
4          {key1: value1}, {key2:value2}
5       ]
6    }
7 )
```

以下实例演示了 AND 和 OR 的联合使用方法，类似常规的 SQL：'where likes>101 AND (_id = 101 OR _id = 102)'，代码如下：

【代码 5-18】 使用 $or 关键字 (结合其他条件) 查找文档

```
1  > db.mycol.find({"likes":{$gt:101},$or:[{_id:101},{_id:102}]}).pretty()
2  {
3  "_id" : 102,
4  "title" : "MongoDB 文档 2",
5  "description" : " 多文档插入，第二个文档 ",
6  "by" : "hIoT lwq",
7  "url" : "http://localhost/hIoT",
8  "tags" : [
9  "mongodb",
10 "document",
11 "insert"
12 ],
13 "likes" : 102,
14 "comment" : {
15 "user" : "lwq",
16 "birth" : ISODate("1990-06-22T15:00:00Z")
17 }
18 }
```

我们补充介绍一下 projection 参数的使用方法：当执行 find() 方法时，它默认显示文档的所有字段，为了限制显示的字段，用户需要将字段列表对应的值设置为 1 或 0，1 用于显示字段，0 用于隐藏字段。

```
 > db.mycol.find({"likes":{$gt:101},$or:[{_id:101},{_id:102}]},
{title:1}).pretty()
 { "_id" : 102, "title" : "MongoDB 文档 2" }
```

_id 键默认返回，用户需要主动指定 _id:0，其才会隐藏。

（3）更新文档

MongoDB 的 update() 和 save() 方法用于更新集合中的文档。update() 方法用于更新现有文档中的值，而 save() 方法传递的文档数据用于替换现有文档。

update() 方法用于更新已存在的文档，语法格式如下：

【代码 5-19】 updat() 语法格式

```
1 db.collection.update(
2    <query>,
3    <update>,
4    {
5      upsert: <boolean>,
6      multi: <boolean>,
7      writeConcern: <document>
8    }
9 )
```

具体参数说明如下。

① query：update 的查询条件，类似 sql update 查询内含有 where 条件语句。

② update：update 的对象和一些更新的操作符（如 $、$inc…）等。

③ upsert：可选，这个参数的意思是，如果不存在 update 的记录，那么是否插入 objNew？ true 为插入，默认是 false（不插入）。

④ multi：可选，MongoDB 默认是 false,只更新找到的第一条记录，如果这个参数为 true,就把按条件查出来的多条记录全部更新。

⑤ writeConcern：可选，抛出异常的级别。

我们先查出 mycol 中关于 _id=100 的文档，代码如下：

【代码 5-20】 查询 _id=100 的文档

```
1 > db.mycol.find({"_id":100}).pretty()
2 {
3 "_id" : 100,
4 "title" : "Mongo 定义文档",
5 "description" : "MongoDB 通过文档变量插入文档",
6 "by" : "hIoT lwq",
7 "url" : "http://localhost/hIoT",
8 "tags" : [
9 "mongodb",
10 "document",
11 "insert"
12 ],
13 "likes" : 104
14 }
```

接着通过 update() 更新 title，代码如下：

【代码 5-21】 update() 更新方法

```
1 > db.mycol.update({_id:100},{$set:{"title":"MongoDB 更新文档"}})
2 WriteResult({ "nMatched" : 1, "nUpserted" : 0, "nModified" : 1 }
3 > db.mycol.find({_id:100}).pretty()
4 {
5 "_id" : 100,
6 "title" : "MongoDB 更新文档",
7 "description" : "MongoDB 通过文档变量插入文档",
```

```
8  "by" : "hIoT lwq",
9  "url" : "http://localhost/hIoT",
10 "tags" : [
11 "mongodb",
12 "document",
13 "insert"
14 ],
15 "likes" : 104
16 }
```

可以看到，title 由原来的" Mongo 定义文档"更新为" MongoDB 更新文档"。

save() 方法通过传入的文档来替换已有文档，语法格式如下：

【代码 5-22】 save() 语法

```
1  db.collection.save(
2     <document>,
3     {
4        writeConcern: <document>
5     }
6  )
```

具体参数说明如下。

① document：文档数据。

② writeConcern：可选，抛出异常的级别。

以下示例将 _id 为 100 的文档用新的文档替换，替换前代码如下：

【代码 5-23】 查询 _id=100 文档

```
1  > db.mycol.find({"_id":100}).pretty()
2  {
3  "_id" : 100,
4  "title" : "MongoDB 更新文档",
5  "description" : "MongoDB 通过文档变量插入文档",
6  "by" : "hIoT lwq",
7  "url" : "http://localhost/hIoT",
8  "tags" : [
9  "mongodb",
10 "document",
11 "insert"
12 ],
13 "likes" : 104
14 }
```

替换后代码如下：

【代码 5-24】 save() 保存方法

```
1  > db.mycol.save({"_id":100,title:"save() 方法示例",time:new Date()})
2  WriteResult({ "nMatched" : 1, "nUpserted" : 0, "nModified" : 1 })
3  > db.mycol.find({"_id":100}).pretty()
4  {
5  "_id" : 100,
6  "title" : "save() 方法示例",
```

```
7 "time" : ISODate("2017-12-14T05:53:58.400Z")
8 }
```

从 3.2 版本开始，MongoDB 提供以下更新集合文档的方法：db.collection.updateOne() 向指定集合更新单个文档；db.collection.updateMany() 向指定集合更新多个文档。具体示例（略）。

（4）删除文档

MongoDB remove() 函数用来移除集合中的数据。在执行 remove() 函数前我们需要先执行 find() 命令来判断执行的条件是否正确。

remove() 方法的基本语法格式如下：

【代码 5-25】 remove() 语法

```
1 db.collection.remove(
2    <query>,
3    {
4      justOne: <boolean>,
5      writeConcern: <document>
6    }
7 )
```

参数说明如下。

① query：（可选）删除的文档的条件。
② justOne：（可选）如果设为 true 或 1，则只删除一个文档。
③ writeConcern：（可选）抛出异常的级别。

查找 _id=100 的文档的代码如下：

【代码 5-26】 查找 _id=100 的文档

```
1 > db.mycol.find({"_id":100}).pretty()
2 {
3 "_id" : 100,
4 "title" : "save() 方法示例 ",
5 "time" : ISODate("2017-12-14T05:53:58.400Z")
6 }
```

对存在 _id 为 100 的文档执行删除操作的代码如下：

【代码 5-27】 使用 remove() 删除指定条件文档

```
1 > db.mycol.remove({"_id":100})
2 WriteResult({ "nRemoved" : 1 })
3 > db.mycol.find({"_id":100}).pretty()
4 >
```

通过上述代码我们可以看到，数据已被删除。想删除所有数据的代码如下：

【代码 5-28】 使用 remove() 删除集合下所有文档

```
1 > db.mycollection.remove({})
2 WriteResult({ "nRemoved" : 2 })
3 > db.mycollection.find()
4 >
```

remove() 方法目前已经过时了，现在官方推荐使用 deleteOne() 和 deleteMany() 方法。
删除集合下全部文档。

```
db.mycol.deleteMany({})
```

删除 name 等于 aaa 的全部文档。

```
db.mycol.deleteMany({name:"aaa"})
```

删除 name 等于 sss 的一个文档。

```
db.mycol.deleteOne ({name:"sss"})
```

4. 进阶查询操作

（1）查询指定类型

$type 操作符基于 BSON 类型来检索集合中匹配的数据类型，并返回结果。

之前我们已介绍过文档存储格式是 BSON，所以文档支持的数据类型即 MongoDB 支持的数据类型，即 BSON 的数据类型，具体见表 5-7。

表5-7 MongoDB数据类型

类型	数字	标识	备注
Double	1	double	双精度浮点值，用于存储浮点值
String	2	string	字符串。存储数据常用的数据类型。在 MongoDB 中，UTF-8 编码的字符串才是合法的
Object	3	object	用于内嵌文档
Array	4	array	用于将数组、列表或多个值存储为一个键
Binary data	5	binData	二进制数据，用于存储二进制数据
Undefined	6	undefined	已废弃
ObjectId	7	objectId	对象 ID，用于创建文档的 ID
Boolean	8	bool	布尔值，用于存储布尔值（真/假）
Date	9	date	日期时间。用 UNIX 时间格式来存储当前日期或时间。用户可以指定自己的日期时间，通过创建 Date 对象，录入年月日信息的步骤来实现
Null	10	null	用于创建空值
Regular Expression	11	regex	正则表达式类型，用于存储正则表达式
DBPointer	12	dbPointer	已废弃
JavaScript	13	javascript	代码类型，用于在文档中存储 JavaScript 代码
Symbol	14	symbol	已废弃
JavaScript (with scope)	15	javascriptWithScope	MongoDBjs 脚本
32-bit integer	16	int	32位整型数值，用于存储int型数值
Timestamp	17	timestamp	时间戳。记录文档修改或添加的具体时间

（续表）

类型	数字	标识	备注
64-bit integer	18	long	64位整型数值，用于存储long型数值
Decimal128	19	decimal	3.4版本新增的特性
Min key	-1	minKey	将一个值与BSON元素的最低值相对比
Max key	127	maxKey	将一个值与BSON元素的最高值相对比

如果想获取"mycol"集合中 _id 为 ObjectId 的数据，可以使用以下代码格式的命令：

【代码 5-29】 $type 使用

```
1 > db.mycol.find({"_id":{$type:7}},{"title":1})
2 { "_id" : ObjectId("5a31e472007eb283c76beb3a"), "title" : "Mongo 定义文档" }
3 { "_id" : ObjectId("5a31e4e8007eb283c76beb3b"), "title" : "Mongo 定义文档" }
4 { "_id" : ObjectId("5a3210d1007eb283c76beb3d") }
```

（2）限制记录数查询

如果用户需要在 MongoDB 中读取指定数量的数据记录，则可以使用 MongoDB 的 limit() 方法，limit() 方法接收一个数字参数，该参数指定从 MongoDB 中读取的记录条数，代码如下：

【代码 5-30】 limit() 使用

```
1 > db.mycol.find({},{"title":1}).limit(2)
2 { "_id" : 101, "title" : "MongoDB 文档1" }
3 { "_id" : 102, "title" : "MongoDB 文档2" }
```

注：如果没有指定 limit() 方法中的参数，则显示集合中的所有数据。

除了可以使用 limit() 方法来读取指定数量的数据外，用户还可以使用 skip() 方法来跳过指定数量的数据，skip方法同样接收一个数字参数作为跳过的记录条数。

以下示例为跳过第一条文档查询出一条文档记录的代码：

【代码 5-31】 skip() 使用

```
1 > db.mycol.find({},{"title":1}).limit(1).skip(1)
2 { "_id" : 102, "title" : "MongoDB 文档2" }
3 >
```

注：skip() 方法默认参数为 0，即不跳过。

用户想要读取第 10 条记录后的 100 条记录，相当于 SQL 中 limit (10,100)，所以 skip 和 limit 结合就能实现分页。

（3）排序

在 MongoDB 中使用 sort() 方法对数据进行排序，sort() 方法可以通过参数指定排序的字段，并使用 1 和 -1 来指定排序的方式，其中 1 为升序，-1 是降序。

sort() 方法基本语法：db.COLLECTION_NAME.find().sort({KEY:1})。

实现按 _id 降序排列的代码如下：

【代码 5-32】 sort() 使用

```
1 > db.mycol.find({},{"title":1}).sort({"_id":-1})
2 { "_id" : ObjectId("5a3210d1007eb283c76beb3d") }
3 { "_id" : ObjectId("5a31e4e8007eb283c76beb3b"), "title" : "Mongo
定义文档" }
4 { "_id" : ObjectId("5a31e472007eb283c76beb3a"), "title" : "Mongo
定义文档" }
5 { "_id" : 102, "title" : "MongoDB 文档 2" }
6 { "_id" : 101, "title" : "MongoDB 文档 1" }
```

说明：skip()、limit()、sort() 三个一起执行的时候，执行的顺序是 sort()、skip()、limit()。

（4）索引

MongoDB 之所以强大，是因为在海量数据中，其根据索引获取数据的速度非常快。如果没有索引，MongoDB 在读取数据时必须扫描集合中的每个文档并选取那些符合查询条件的记录，这种扫描全集合的查询方式效率很低。

索引是特殊的数据结构，以易于以遍历的形式存储数据集的一小部分。索引存储特定字段或一组字段的值，并按照指定的字段值对其进行排序。

要创建索引，我们需要使用 MongoDB 的 createIndex() 方法，基本语法格式如下。

```
db.COLLECTION_NAME.createIndex ({KEY:1})
```

注：3.0.0 版以后不推荐使用，db.collection.ensureIndex ()。

语法中 Key 值为要创建的索引字段，1 为指定按升序创建索引，如果想要按降序来创建索引，指定为 –1 即可，代码如下：

【代码 5-33】 createIndex() 创建单一索引

```
1 > db.mycol.createIndex({"title":1})
2 {
3 "createdCollectionAutomatically" : false,
4 "numIndexesBefore" : 1,
5 "numIndexesAfter" : 2,
6 "ok" : 1
7 }
```

用户也可以通过在 createIndex() 方法中设置使用多个字段来创建索引（关系型数据库中其被称作复合索引），代码如下：

【代码 5-34】 createIndex() 创建复合索引

```
1 > db.mycol.createIndex({"title":1,"likes":-1})
2 {
3 "createdCollectionAutomatically" : false,
4 "numIndexesBefore" : 2,
5 "numIndexesAfter" : 3,
6 "ok" : 1
7 }
```

createIndex() 接收可选参数，可选参数列表见表 5-8。

表5-8　createIndex()可选参数

参数	类型	备注
background	Boolean	建立索引过程会阻塞其他数据库操作，"background"可指定以后台方式创建索引，即增加"background"可选参数。"background"默认值为false
unique	Boolean	建立的索引是否唯一。指定true创建唯一索引，默认值为false
name	string	索引的名称。如果未指定，MongoDB会通过连接索引的字段名和排序生成一个索引名称
dropDups	Boolean	在建立唯一索引时是否删除重复记录，指定true创建唯一索引，默认值为false
sparse	Boolean	对文档中不存在的字段数据不启用索引。这个参数需要特别注意，如果设置为true的话，在索引字段中不会查询出不包含对应字段的文档，默认值为false
expireAfterSeconds	integer	指定一个以秒为单位的数值，完成TTL设定，设定集合的生存时间
v	index version	索引的版本号。默认的索引版本取决于MongoDB创建索引时运行的版本
weights	document	索引权重值，数值在1到99999之间，表示该索引相对于其他索引字段的得分权重
default_language	string	对于文本索引，该参数决定了停用词及词干和词器的规则的列表，默认为英语
language_override	string	对于文本索引，该参数指定了包含在文档中的字段名，语言覆盖默认的language，默认值为language

查看集合中的索引的代码如下：

【代码5-35】 查询集合索引

```
1  > db.mycol.getIndexes()
2  [
3  {
4  "v" : 2,
5  "key" : {
6  "title" : 1
7  },
8  "name" : "title_1",
9  "ns" : "test.mycol"
10 },
11 {
12 "v" : 2,
13 "key" : {
14 "title" : 1,
15 "likes" : -1
16 },
17 "name" : "title_1_likes_-1",
```

```
18 "ns" : "test.mycol"
19 }
20 ]
```

删除指定的索引。

```
> db.mycol.dropIndex("title_1")
{ "nIndexesWas" : 3, "ok" : 1 }
```

(5) 聚合

MongoDB 中聚合（aggregate）主要用于处理数据（诸如统计平均值、求和等），并返回计算后的数据结果。这类似于 SQL 中的 count(*) 与 group by 组合的作用。

对于 MongoDB 中的聚合，我们应该使用 aggregate() 方法，基本语法如下。

db.COLLECTION_NAME.aggregate(AGGREGATE_OPERATION)。

集合数据代码如下：

【代码 5-36】 使用 aggregate() 前集合数据

```
1  {
2  "_id" : 101,
3  "title" : "MongoDB 更新文档 ",
4  "description" : " 更新文档 update() 方法 ",
5  "by" : "lx",
6  "url" : "http://localhost/hIoT",
7  "tags" : [
8  "mongodb",
9  "document",
10 "update"
11 ],
12 "likes" : 101
13 }
14 {
15 "_id" : 102,
16 "title" : "MongoDB 插入文档 ",
17 "description" : " 插入文档 insert() 方法 ",
18 "by" : "lwq",
19 "url" : "http://localhost/hIoT",
20 "tags" : [
21 "mongodb",
22 "document",
23 "insert"
24 ],
25 "likes" : 102
26 }
27 {
28 "_id" : 103,
29 "title" : "MongoDB 更新文档 ",
30 "description" : " 更新文档 save() 方法 ",
31 "by" : "lwq",
32 "url" : "http://localhost/hIoT",
33 "tags" : [
```

```
34 "mongodb",
35 "document",
36 "save"
37 ],
38 "likes" : 103
39 }
```

现在,我们通过以上集合计算每个用户("by")所写的文章数,使用 aggregate() 计算结果代码如下:

【代码 5-37】 使用 aggregate() 进行分组查询

```
1 > db.aggregate.aggregate([{$group:{_id:"$by",num_tutorial:{$sum:1}}}])
2 { "_id" : "lwq", "num_tutorial" : 2 }
3 { "_id" : "lx", "num_tutorial" : 1 }
```

上面的 SQL 与下面的 SQL 实现的功能相同。

```
select by, count(*) from aggregate group by by.
```

表 5-9 展示了一些聚合的表达式。

表5–9 聚合表达式

表达式	描述	实例
$sum	计算总和	db. aggregate.aggregate([{$group : {_id : "$by", num_tutorial : {$sum : "$likes" }}}])
$avg	计算平均值	db. aggregate.aggregate([{$group : {_id : "$by", num_tutorial : {$avg : "$likes" }}}])
$min	获取集合中所有文档对应值的最小值	db. aggregate.aggregate([{$group : {_id : "$by", num_tutorial : {$min : "$likes" }}}])
$max	获取集合中所有文档对应值的最大值	db. aggregate.aggregate([{$group : {_id : "$by", num_tutorial : {$max : "$likes" }}}])
$push	在结果文档中的一个数组插入值	db. aggregate.aggregate([{$group : {_id : "$by", url : {$push: "$url" }}}])
$addToSet	在结果文档中的一个数组插入值,但不创建副本	db. aggregate.aggregate([{$group : {_id : "$by", url : {$addToSet : "$url" }}}])
$first	根据资源文档的排序获取第一个文档数据	db. aggregate.aggregate([{$group : {_id : "$by", first_url : {$first : "$url" }}}])
$last	根据资源文档的排序获取最后一个文档数据	db. aggregate.aggregate([{$group : {_id : "$by", last_url : {$last : "$url" }}}])

管道操作符请自行学习。

5.1.4 MongoDB Java操作

接下来我们学习如何通过 Java 程序连接 MongoDB 并执行简单的增、删、改、查操作。

1. 创建项目

我们依然在 IDEA 中建立项目并创建相关包结构（过程略），界面如图 5-6 所示。

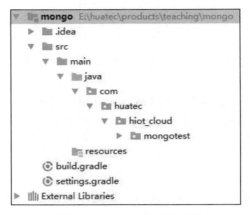

图5-6　mongo项目包结构

2. MongoDB 驱动及 jar 包

在 Java 程序中要使用 MongoDB，需要 MongoDB JDBC 驱动，我们可先找到合适的驱动版本，如图 5-7 所示。

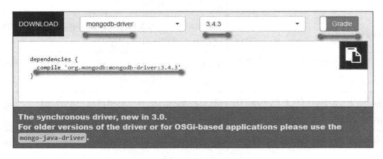

图5-7　MongDB 驱动选择

这里，我们选择 mongodb-driver-3.4.3，然后将从图 5-8 获取的 Gradle 依赖语句加入到项目下的 build.gradle 中。

```
compile 'org.mongodb:mongodb-driver:3.4.3'
```

然后，我们更新 Gradle 项目，待 jar 包下载完成后，我们就可以在 External Libraries 下看到此 jar 包了，如图 5-8 所示，系统会自动下载 mongodb-driver 所依赖的 bson 和 mongodb-driver-core。

图5-8　MongoDB jar包

3. MongoDB 客户端连接

我们在新建的 MongoCli 类中进行数据库的连接操作。连接数据库，需要指定数据库名称，如果指定的数据库不存在，Mongo 会自动创建数据库。

创建 com.huatec.hIoT_cloud.mongotest.MongoCli.java 类，连接数据库的 Java 代码如下：

【代码 5-38】 MongoCli 连接 MongoDB

```
1  public class MongoCli {
2  public static void main(String args[]){
3      // 连接到MongoDB 服务
4      // 两个参数分别为IP和端口,如果是远程连接请替换"localhost"为服务器 IP
5       MongoClient mongoClient = new MongoClient("localhost",27017);
6       //// 连接到test 数据库
7       MongoDatabase mongoDatabase = mongoClient.getDatabase("test");
8       System.out.println(mongoDatabase.getName());
9   }
10 }
```

直接执行此 main 方法，控制台打印出 test 说明数据库连接成功。

在本实例中，Mongo 数据库无需用户名和密码验证。如果需要验证用户名及密码，可以使用以下代码：

【代码 5-39】 验证用户名和密码连接 MongoDB

```
1  public static void main(String args[]){
2       // 服务地址,两个参数为IP和端口
3       ServerAddress serverAddress = new ServerAddress("localhost",27017);
4       // 用户认证
5       MongoCredential credential = MongoCredential.createCredential("username","test","pwd".toCharArray());
6       // 连接数据库
7       MongoClient mongoClient = new MongoClient(serverAddress, Arrays.asList(credential));
8       // 连接到test 数据库
9       MongoDatabase mongoDatabase = mongoClient.getDatabase("test");
10      System.out.println(mongoDatabase.getName());
11 }
```

MongoCredential.createCredential("username""test""pwd".toCharArray())中的"username""test""pwd"分别替换为实际用户名、数据库名、密码即可。

4. 集合操作

使用 com.mongodb.client.MongoDatabase 类中的 createCollection() 创建集合，具体代码如下：

【代码 5-40】 创建集合

```
1   // 创建集合
2   mongoDatabase.createCollection("java_col");
```

```
3  System.out.println(" 创建集合 java_col 成功 ");
```

执行结果，控制台输出创建集合 java_col 成功。

接下来我们可以通过 com.mongodb.client.MongoDatabase 中的 getCollection() 获取指定集合，这里我们获取上面创建的集合，因为集合已经创建，为了不重复创建集合，我们注释掉上面的创建代码，获取集合代码如下：

【代码 5-41】 获取集合

```
1  // 创建集合
2  //mongoDatabase.createCollection("java_col");
3  //System.out.println(" 创建集合 java_col 成功 ");
4  // 获取名为 "java_col" 的集合
5  MongoCollection<Document> mongoCollection =mongoDatabase.getCollection("java_col");
6  System.out.println(" 获取集合：java_col");
```

执行结果，控制台输出以下内容，获取集合：java_col。

5. 文档操作

我们可以使用 com.mongodb.client.MongoCollection 类的 insertOne() 方法来插入一个文档，代码如下：

【代码 5-42】 插入文档

```
1  /** 插入文档
2   * 1.使用 org.bson.Document 创建文档
3   * 2.将文档插入集合中
4   **/
5  Document document = new Document("title","MongoDB java 操作测试 ");
6  document.append("description"," 使用 Java 测试 MongoDB 的基本操作 ").
7          append("by","lwq");
8  mongoCollection.insertOne(document);
9  System.out.println(" 文档插入成功 ");
```

执行结果，控制台输出：文档插入成功。

我们可以使用 com.mongodb.client.MongoCollection 类中的 find() 方法来获取集合中的所有文档。此方法返回一个游标，所以你需要遍历这个游标。为单独测试该方法，我们注释掉上面插入文档的代码，代码如下：

【代码 5-43】 查询文档

```
1  /** 插入文档
2   * 1.使用 org.bson.Document 创建文档
3   * 2.将文档插入集合中
4   * */
5  /*  Document document = new Document("title","MongoDB java 操作测试 ");
6  document.append("description"," 使用 Java 测试 MongoDB 的基本操作 ").
7          append("by","lwq").
8          append("likes",200);
9  mongoCollection.insertOne(document);
10 System.out.println(" 文档插入成功 ");*/
```

```
11 // 查询文档
12 /**
13  * 1. 获取迭代器 FindIterable<Document>
14  * 2. 获取游标 MongoCursor<Document>
15  * 3. 通过游标遍历检索出的文档集合
16  */
17 FindIterable<Document> findIterable = mongoCollection.find();
18 MongoCursor<Document> mongoCursor = findIterable.iterator();
19 while (mongoCursor.hasNext()){
20     System.out.println(mongoCursor.next());
21 }
```

执行结果，控制台输出以下内容。

```
Document{{_id=5a3383a36c6eb02e48d5951c, title=MongoDB java 操作测试, description= 使用 Java 测试 MongoDB 的基本操作, by=lwq, likes=200}}
```

使用 com.mongodb.client.MongoCollection 类中的 updateMany() 方法来更新集合中的文档，代码如下：

【代码 5-44】 更新文档

```
1 // 更新文档：通过 _id 为 new ObjectId("5a3383a36c6eb02e48d5951c") 找到要更新的文档，将其 likes 字段值更改为 201
2 mongoCollection.updateMany(Filters.eq("_id",new
3 ObjectId("5a3383a36c6eb02e48d5951c")),new Document("$set",new Document("likes",201)));
```

通过以下代码查询此文档是否已更新成功：

【代码 5-45】 查看文档是否更新成功

```
1 // 通过 _id 查询文档
2 FindIterable<Document> findOne = mongoCollection.find(new Document("_id",new ObjectId("5a3383a36c6eb02e48d5951c")));
3 Document document = findOne.first();
4 System.out.println(document);
```

执行结果，控制台输出以下内容。

```
Document{{_id=5a3383a36c6eb02e48d5951c, title=MongoDB java 操作测试, description= 使用 Java 测试 MongoDB 的基本操作, by=lwq, likes=201}}
```

likes 由 200 变为 201，说明更新成功。

接下来我们要删除集合中的文档，可以使用 com.mongodb.client.MongoCollection 类中的 findOneAndDelete() 方法，代码如下：

【代码 5-46】 删除文档

```
1 // 删除文档
2 mongoCollection.findOneAndDelete(Filters.eq("_id",new
3 ObjectId("5a3383a36c6eb02e48d5951c")));
```

通过查询可得，此条文档已经不存在了，证明删除成功。

MongoDB 的 CURD 还提供了很多方法，包括排序、分组、聚合、限制等，我们可以结合上节的 shell 操作去学习这些方法。

5.1.5 任务回顾

知识点总结

1. MongoDB 是一种基于文档的非关系型数据库（NoSQL）。

2. MongoDB 结构由外到内分别为数据库、集合、文档，我们可分别将其理解为关系型数据库的数据库、表、记录行。

3. MongoDB 的查询语言非常强大，类似于面向对象的查询语言，几乎可以实现类似关系型数据库单表查询的绝大部分功能，而且还支持索引。

4. mongo shell 基本操作命令（主要针对文档的 CURD）。

5. 在 Java 程序中连接 MongoDB 并实现基本操作（主要针对文档的 CURD）。

学习足迹

任务一的学习足迹如图 5-9 所示。

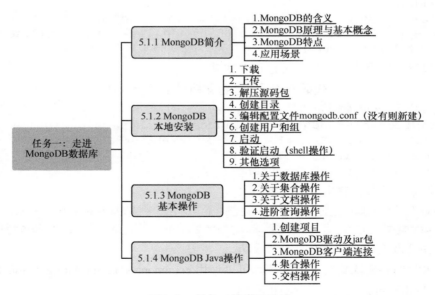

图5-9 任务一的学习足迹

思考与练习

1. 简述 MongoDB。
2. MongoDB 可以存储哪种数据类型（　　）。
   A. 集合　　　　　　　　　　　　B. 文档
3. 简述 MongoDB Java 的操作流程。

5.2 任务二：Spring Data MongoDB 集成

【任务描述】

在任务一中，Java 直接操作 MongoDB 的过程类似 JDBC 直接操作 MySQL 的过程，JDBC 的操作虽然更接近原生的数据库操作，但是在实际开发过程中，我们一般使用 ORM 框架（如 Hibernate、Mybatis、JPA 等）来代替它，以实现更高的开发效率、更优的程序架构和更优的系统性能。

针对 MongoDB 的操作，我们也可以使用第三方框架来代替原生驱动，例如：Morphia、Spring Data MongoDB、Jongo。

接下来，我们讲解 Spring Data MongoDB。

5.2.1 Spring Data MongoDB 介绍及配置

1. Spring Data MongoDB 简介

Spring Data MongoDB 是 Spring Data 项目的一部分，其为文档型和非关系型数据库以及类似的新的数据存储形式提供一种熟悉并且一致的基于 Spring 的编程模型，并将这种类型的存储形式的共性和功能保存下来。

Spring Data 是 Spring 专门用来处理数据的一个子项目，除了包括 Spring Data MongoDB 之外，Spring Data 还包括 Spring Data JPA、Spring Data Redis 等项目。Spring Data MongoDB 就是针对 MongoDB 的一个项目，通过它，我们可以对 MongoDB 进行操作。

Spring Data MongoDB 项目提供了与 MongoDB 的集成，其关键功能区域是一个 POJO 中心模型，用于与 MongoDB 集合进行交互，并可方便用户轻松编写仓库类型的数据访问层。

Spring Data MongoDB 有以下特点：

① Spring 配置支持使用基于 Java 的 @Configuration 类或 Mongo 驱动程序实例和副本集的 XML 命名空间；

② MongoTemplate 类，提高了常见 Mongo 操作的执行效率，包括文档和 POJO 之间的集成对象映射；

③ 异常转换成 Spring 的可移植数据访问异常层次结构；

④ 功能丰富的对象映射，通过与 Spring 的转换实现服务集成；

⑤ 基于注解的映射元数据，同时可扩展以支持其他元数据格式；

⑥ 持久化和映射生命周期事件；

⑦ 使用 MongoReader / MongoWriter 抽象的低级映射；

⑧ 基于 Java 的查询、标准更新 DSL；

⑨ 自动实现版本库接口，包括支持自定义查找方法；

⑩ QueryDSL 集成支持类型安全查询；
⑪ Cross-store 持久化；
⑫ Log4j 日志 appender；
⑬ 地理空间整合；
⑭ MapReduce 集成；
⑮ JMX 管理和监视；
⑯ CDI 支持存储库；
⑰ GridFS 支持。

2. Spring Data MongoDB 引入

接下来，我们来学习如何使用 Spring Data MongoDB。

首先，我们创建项目 mongo_spring（参考任务一创建项目），其结构如图 5-10 所示。

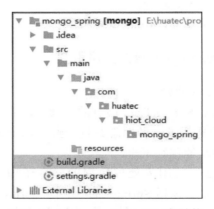

图5-10　mongo_spring项目包结构

然后，我们在 build.gradle 中加入 spring-data-mongodb 依赖，可以在官网或者 maven 仓库中心找到合适的版本及 maven 或 Gradle 的依赖代码，这里我们选用 1.10.7 版本的 gradle 依赖。

```
compile 'org.springframework.data:spring-data-mongodb:1.10.7.RELEASE'
```

我们执行以上代码后，系统会自动下载相关依赖包并将其引入到项目中，具体如图 5-11 所示。

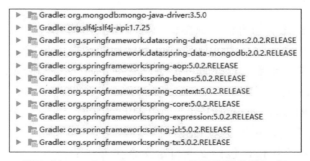

图5-11　spring-data-mongodb及相关依赖jar包

3. Spring Data MongoDB 配置

在使用 spring-data-mongodb 提供的 API 之前，我们需要配置 Spring 和数据库连接参数。resources 包下的 applicationContext-mongo.xml 基础配置代码如下：

【代码 5-47】 applicationContext-mongo.xml 基础配置

```xml
1  <?xml version="1.0" encoding="UTF-8"?>
2  <beans xmlns="http://www.springframework.org/schema/beans"
3         xmlns:xsi="http://www.w3.org/2001/XMLSchema-instance"
4         xmlns:context="http://www.springframework.org/schema/context"
5         xmlns:mongo="http://www.springframework.org/schema/data/mongo"
6         xsi:schemaLocation=
7                 "http://www.springframework.org/schema/context
8          http://www.springframework.org/schema/context/spring-context-3.0.xsd
9          http://www.springframework.org/schema/data/mongo http://www.springframework.org/schema/data/mongo/spring-mongo-1.10.xsd
10         http://www.springframework.org/schema/beans
11         http://www.springframework.org/schema/beans/spring-beans-3.0.xsd">
12     <!-- 组件扫描 -->
13     <context:component-scan base-package="com.huatec.hIoT_cloud.mongo_spring"/>
14 </beans>
```

我们将 MongoDB 的连接配置参数放在 resources 包下的 mongo.properties 资源文件中，然后在 applicationContext-mongo.xml 中将其引入（当然也可以直接在 applicationContext-mongo.xml 写入）。

mongo.properties 基本配置代码如下：

【代码 5-48】 mongo.properties 基本配置

```
1  # 单机配置
2  # 主机
3  mongo.host=localhost
4  # 端口
5  mongo.port=27017
6  # 数据库名称
7  mongo.dbname=test
8  # 密码
9  #mongo.password=test
10 # 用户名
11 #mongo.username=test
```

以上只是最基本的配置，还有很多其他配置，包括简单的集群配置，如果此处我们不进行配置，则系统默认使用缺省值。表 5-10 列出了其他的配置项，以便我们根据实际项目场景进行不同配置。

表5-10　MongoClient配置项

配置项	说明	默认值
description	获取MongoClient的描述，在日志和JMX等地方使用	null

（续表）

配置项	说明	默认值
connectionsPerHost	对于MongoClient实例来说，每个host允许连接的最大连接数。这些连接空闲时会被放入池中，如果连接被耗尽，任何请求连接的操作都将阻塞等待连接可用	100
minConnectionsPerHost	MongoClient实例的每个主机的最小连接数。空闲时，这些连接将被保存在一个池中，并且池要确保它至少具备这个最小值	0
threadsAllowedToBlockForConnectionMultiplier	此参数与connectionsPerHost的乘积为一个线程可用的最大阻塞数，超过此乘积数的所有线程获取一个服务器忙的异常信息。例如，connectionsPerHost=10并且threadsAllowedToBlockForConnectionMultiplier=5，则最多50个线程可以等待获取一个连接	5
serverSelectionTimeout	服务器选择超时时间，单位为毫秒，这就定义了在抛出异常之前，驱动程序等待服务器选择成功的时间。值为0意味着如果没有服务器可用，它将立即超时；负值意味着无限期等待	30000ms
maxWaitTime	一个线程等待连接可用的最大等待毫秒数。值为0表示不等待，负数表示无限期等待	120000ms
maxConnectionIdleTime	池连接的最大空闲时间。值为0表示空闲时间没有限制，已超过空闲时间的池连接将被关闭，并在必要时替换为新的连接	0
maxConnectionLifeTime	连接池的最大生命时间。值为0表示对生命时间没有限制，已超过其生命时间的池连接将被关闭，并在必要时替换为新的连接	0
connectTimeout	连接超时毫秒数。值为0表示没有超时，它仅在建立一个新的连接时使用	10000ms
socketTimeout	套接字超时毫秒数。它用于I/O读写操作，默认值为0，表示没有超时	0
heartbeatFrequency	心跳的频率。这是驱动程序尝试确定集群中每个服务器的当前状态的频率	10000 ms
minHeartbeatFrequency	获得最小的心跳频率。如果驱动程序必须频繁地重新检查服务器的可用性，那么它至少要等上一段时间才能避免资源浪费	500ms
heartbeatConnectTimeout	用于集群心跳的连接超时毫秒数	20000ms
heartbeatSocketTimeout	用于集群心跳的连接的套接字超时毫秒数	20000ms

接下来，我们在 applicationContext-mongo.xml 中引用 mongo.properties，并配置其中的参数。MongoDB 连接配置分单机配置和集群配置，这里我们只进行单机配置，代码如下：

【代码5-49】 配置 Mongo 连接参数

```
1 <!-- 获取配置资源 -->
2 <context:property-placeholder location="classpath:mongo.properties" />
3 <!-- 配置 MongoDB 实例,采用 mongo-client"-->
4 <!-- 如果需要验证,mongo-client 需要加这句： credentials="${mongo.user}:${mongo.pwd}@${mongo.defaultDbName}"-->
```

```
5 <mongo:mongo-client id="mongoClient" host="${mongo.host}" 
port="${mongo.port}" >   <!--credentials="${mongo.username}:${mongo.
password}@${mongo.dbname}"-->
6 </mongo:mongo-client>
```

然后，我们通过配置 MongoDB 工厂方式获取 spring-data-mongodb 的主要操作类 mongoTemplate，代码如下：

【代码 5-50】 配置 Mongo 操作实例

```
1 <!-- 配置 mongo 实例 -->
2 <!-- mongo 的工厂，通过它来取得 mongo 实例,dbname 为 mongodb 的数据库名，没有的话会自动创建 -->
3 <mongo:db-factory id="mongoDbFactory" dbname="${mongo.dbname}" 
mongo-ref="mongoClient" />
4 <!-- mongodb 的模板:spring-data-mongodb 的主要操作对象，所有对 mongodb 的增删改查的操作都是通过它完成的 -->
5 <bean id="mongoTemplate" class="org.springframework.data.
mongodb.core.ongo">
6 <constructor-arg name="mongoDbFactory" ref="mongoDbFactory"/>
7 </bean>
```

4. Spring Data MongoDB 连接测试

配置好之后，我们就可以测试是否可以成功连接 MongoDB 并使用 mongoTemplate。

MongoTemplate 位于包 org.springframework.data.mongodb.core 中，是 spring 的 MongoDB 支持的中心类，它提供了丰富的功能与数据库进行交互。该模板提供了创建、更新、删除和查询 MongoDB 文档的便利操作，并提供了 POJO 对象和 MongoDB 文档之间的映射。

接下来，我们利用 spring 与 junit 集成的 spring-test 进行测试。

首先，我们在 build.gradle 中加入 junit 依赖和 spring-test 依赖。

```
compile group: 'junit', name: 'junit', version: '4.12'
compile group: 'org.springframework', name: 'spring-test', 
version: '4.3.13.RELEASE'
```

然后，我们需要了解以下两个注解。

@org.junit.runner.RunWith：junit 提供的、用来说明此测试类的运行者，下面用了 SpringJUnit4ClassRunner，这个类是一个针对 junit 运行环境的自定义扩展，用来标准化在 spring 环境中的 junit4 的测试用例。

@org.springframework.test.context.ContextConfiguration：Spring test context 提供的，用来指定 Spring 配置信息的来源，支持指定 XML 文件位置或者 Spring 配置类名，下面我们指定 classpath 下的 applicationContext-mongo.xml 为配置文件的位置。

接下来，我们来看测试类怎么写。新建包 test，并新建测试类 MongoTest，其中测试代码如下：

【代码 5-51】 测试 Mongo 连接

```
1 //Spring + Junit4 集成测试
2 @RunWith(SpringJUnit4ClassRunner.class)
3 @ContextConfiguration(locations = "classpath:applicationContext-
mongo.xml")
```

```
4   public class MongoTest {
5       @Autowired
6       private MongoTemplate mongoTemplate;
7       @Test
8       public void testMongo(){
9           String dbName = mongoTemplate.getDb().getName();
10          System.out.println(dbName);
11      }
12  }
```

如果测试成功，则控制台会打印 mongo.properties 配置的数据库名 test。

5.2.2　Spring Data MongoDB操作示例

5.2.1 小节完成了对 spring-data-mongodb 的配置，5.2.2 小节我们就可以利用 mongoTemplate 实例进行 MongoDB 的相关操作了。

1. 文档模型

首先，我们需要建立一个文档模型。在此之前，我们先来了解一下针对 MongoDB 建模的一些思路。

MongoDB 采用不同的形式存储数据，原因是它对数据命名和数据类型没有硬性规定，不像关系型数据库，SQL 数据库在插入数据之前必须确定并声明一个表模式，而 MongoDB 的集合不会强制执行文档结构，这种灵活性有助于将文档映射到实体或对象。每个文档都可以匹配代表实体的数据字段。然而，实际上，集合中的文档具有相似的结构。

数据建模中的关键挑战是平衡应用程序的需求、数据库引擎的性能以及协调数据检索模式。在设计数据模型时，我们应始终考虑数据应用程序的使用情况（即查询、更新和数据处理）以及数据本身的固有结构。

在 MongoDB 中设计架构时应进行如下考虑：

① 根据用户要求设计架构；
② 将对象合并到一个文档中，否则将它们分开（确保其互相不需要连接）；
③ 复制数据（有限制），因为与计算时间相比，磁盘空间更便宜；
④ 在写入时加入文档模型，而不是在读取时加入文档模型；
⑤ 为最常用的用例优化架构；
⑥ 在模式中执行复杂聚合。

（1）文档结构

一般我们在设计 MongoDB 应用程序的数据模型时，需要考虑文档的结构以及表示数据之间关系的方法。引用和嵌入式文档可以让应用程序代表这些关系。

引用通过将一个文档引入另一个文档的链接中来存储数据之间的关系。应用程序可以解析这些引用来访问相关的数据。文档引用关系示例如图 5-12 所示，一般来说，这些是标准化的数据模型。

项目5　物联网云平台数据管理开发实战

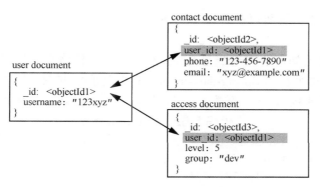

图5-12　文档引用关系示例

嵌入式文档通过在单个文档结构中存储相关数据来捕获数据之间的关系。MongoDB 文档可以将文档结构嵌入文档中的字段或数组中，文档嵌入关系示例如图 5-13 所示。这些非规范化数据模型允许应用程序在单个数据库操作中检索相关数据，并对其执行相应操作。

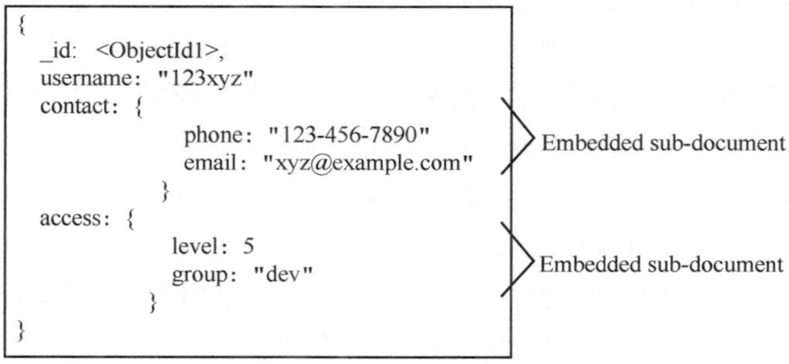

图5-13　文档嵌入关系示例

（2）写操作的原子性

在 MongoDB 中，写操作文档属于原子级，没有一个写操作可以原子地影响多个文档或多个集合。嵌入数据的非规格化数据模型将单个文档中所表示实体的所有相关数据组合在一起，这有利于原子写入操作，因为单个写入操作可以插入或更新实体的数据。规范化数据会将数据拆分成多个集合，并且需要多个不是原子集合的写入操作。

但是，促进原子写入的模式可能会限制应用程序使用数据的方式，也可能限制修改应用程序的方式。所以对于原子性的文档设计，我们要考虑灵活性和原子架构的问题。

（3）数据的使用和性能

设计数据模型时，我们应考虑应用程序如何使用数据库。例如，如果应用程序只使用最近插入的文档，那么我们可以考虑使用 capped 集合（capped Collections 是固定大小的集合，支持高吞吐量操作，可根据插入顺序插入和检索文档。capped 集合的工作方式与循环缓冲区类似：一旦集合填满了其分配的空间，则通过用新文档覆盖集合中最早的文档的方式腾出空间）。如果应用程序主要对集合的读取进行操作，则我们应添加索引以支持常见查询，提高性能。

有关文档模型的设计可以参考 MongoDB 官方文档。

2. 文档实体

这里我们不讨论如何建立一个完美的文档模型，我们将常见的用户信息实体作为一个文档实体来讲解如何使用 Spring-data-mongodb 实现通过 POJO 的 MongoDB 操作。

在根路径下新建包 entity，新建 User 实体类，并指定属性，代码如下：

【代码 5-52】 User 实体类

```
1  public class User implements Serializable{
2      private String id;
3      private String username;
4  private Integer age;
5
6  //…getters/setters 略
7  //…toString 略
8  }
```

如何让 MongoDB 知道 User 这个类是它的文档对应的集合呢？即 Java 实体类与 MongoDB 集合之间具有映射关系，spring-data-mongodb 为我们解决了这个问题。

要想充分利用 Spring Data / MongoDB 支持中的对象映射功能，则应该使用注解 @Document 来标注映射对象。尽管映射框架没有必要具有此注解（即使没有任何注解，您的 POJO 也将被正确映射），但它允许类路径扫描程序查找并预处理 domain 对象以提取必要的元数据，如果不使用这个注解，则应用程序在第一次存储一个 domain 对象的时候会遇到一些小问题，因为这个映射框架需要建立属于自己的内部元数据模型，其需要知道 domain 对象的属性以及如何对它们进行持久化操作。

org.springframework.data.mongodb.core.convert.MappingMongoConverter 可以使用元数据驱动对象到文档的映射。下面提供了注解的概述。

① @Id：在字段上使用，用于标记唯一文档。

② @Document：在类声明上使用，表明这个类要映射到数据库，我们可以指定要存储到数据库的集合的名称。

③ @DBRef：在字段上使用，用于表明它是使用 com.mongodb.DBRef 进行存储的。

④ @Indexed：在字段上使用，用于描述在该字段上如何使用索引。

⑤ @CompoundIndex：在类级别使用，用来声明复合索引。

⑥ @GeoSpatialIndexed：在字段上使用，用来描述如何在字段上使用地理索引。

⑦ @TextIndexed：在字段上使用，用于标记要包含在文本索引中的字段。

⑧ @Language：在字段上使用，用于设置文本索引的语言覆盖属性。

⑨ @Transient：在默认情况下，所有专用字段都映射到文档，此注解排除标注的字段将其存储到数据库中。

⑩ @PersistenceConstructor：标记一个给定的构造函数，即使是一个受保护的包，其在数据库实例化对象时使用。其还用于构造函数参数通过名称映射到检索的 DBObject 中的键值。

⑪ @Value：这个注解是 Spring 框架的一部分。在映射框架内，它可以应用于构造函数参数。这使得我们可以使用 Spring 表达式转换数据库中检索的键值，然后使用它

来构造 domain 对象。为了引用给定文档的属性，必须使用如下表达式：@Value("#root.myProperty")，其中 root 是指定文档的 root。

⑫ @Field：在字段级应用，用于描述字段的名称，因为它将在 MongoDB BSON 文档中显示，从而允许名称与类的字段名不同。

⑬ @Version：在字段级应用，用于乐观锁，并用于执行检查、修改、保存操作。初始值为 0，每次字段更新时自动检索。

明白了这些注解的含义，我们就可以使用它们标注我们的实体类及其字段了，代码如下：

【代码 5-53】 注解标注实体文档

```
1  //@Document —— 把一个java类声明为mongodb的文档,可以通过collection
参数指定这个类对应的文档
2  @Document(collection = "user")
3  public class User implements Serializable {
4      //@Id——文档的唯一标识,不指定默认为ObjectId
5      //@Indexed——声明该字段需要索引
6      @Id
7      @Indexed
8      private String id;
9      @Indexed
10     private String username;
11 private Integer age;
12
13 //…getters/setters 略
14 //…toString 略
15 }
```

然后在 resources.applicationContext-mongo.xml 中配置映射扫描，代码如下：

【代码 5-54】 扫描文档实体所在包

```
1 <!-- 映射转换器,扫描back-package目录下的文件,根据注解,把它们作为
mongodb的一个collection -->
2 <mongo:mapping-converter base-package="com.huatec.hIoT_cloud.
mongo_spring.entity"  />
```

3. DAO

完成了实体定义及映射，我们就可以定义数据访问接口了。

新建包 dao，并定义一个 DAO 基类 IBaseDao，同时定义常用的方法，代码如下：

【代码 5-55】 IBaseDao 定义

```
1  public interface IBaseDao<T> {
2      /* 创建对象文档 */
3      public void createCollection();
4      /* 对象文档中插入数据 */
5      public void insert(T entity);
6      /* 根据id查询一条数据 */
7      public T findById (String id);
8      /* 查询指定位置指定条数的数据 */
9      public List<T> findList(int skip, int limit);
10     /* 根据指定String字段查询 */
```

```
11       public List<T> findListByName(String name);
12       /* 更新对象文档 */
13       public void update(T entity);
14       /* 根据id删除 */
15       public void delete(String id);
16   }
```

在 dao 包下新建包 impl，并新建类 UserDao，同时实现 IBaseDao，具体实现代码如下：

【代码 5-56】 UserDao 定义及实现 IBaseDao

```
1   @Repository
2   public class UserDao implements IBaseDao<User>{
3       @Autowired
4       private MongoTemplate mongoTemplate;
5       @Override
6       public void createCollection() {
7           if (!mongoTemplate.collectionExists(User.class)) {
8               mongoTemplate.createCollection(User.class);
9           }
10      }

11      @Override
12      public void insert(User entity) {
13          mongoTemplate.insert(entity);
14      }

15      @Override
16      public User findById(String id) {
17          return mongoTemplate.findById(id,User.class);
18      }
19      @Override
20      public List<User> findList(int skip, int limit) {
21          Query query = new Query();
22          query.skip(skip).limit(limit);
23          return this.mongoTemplate.find(query, User.class);
24      }

25      @Override
26      public List<User> findListByStr(String username) {
27          Query query = new Query();
28          query.addCriteria(new Criteria("username").is(username));
29          return this.mongoTemplate.find(query, User.class);
30      }

31      @Override
32      public void update(User entity) {
33       Query query = new Query();
34       query.addCriteria(new Criteria("_id").is(entity.getId()));
35          Update update = new Update();
```

```
36              update.set("username", entity.getUsername());
37              update.set("age", entity.getAge());
38              this.mongoTemplate.updateFirst(query, update, User.class);
39          }
40
41          @Override
42          public void deleteById(String id) {
43              Query query = new Query();
44              query.addCriteria(new Criteria("_id").is(id));
45              this.mongoTemplate.remove(query,User.class);
46          }
    }
```

接下来，我们讲解 mongoTemplate 下的 CURD 方法。

（1）插入

① void save (Object objectToSave)：将对象保存到默认的集合。

② void save (Object objectToSave, String collectionName)：将对象保存到指定的集合。

③ void insert (Object objectToSave)：将对象插入默认集合。

④ void insert (Object objectToSave, String collectionName)：将对象插入指定的集合。

insert 和 save 操作的区别在于：如果对象不存在，则 save 操作将执行 insert 操作。

（2）更新

① updateFirst：使用提供的更新文档更新与查询文档条件相匹配的第一个文档。

② updateMulti：使用提供的更新文档更新与查询文档条件相匹配的所有对象。

这两种方法都要用到 org.springframework.data.mongodb.core.query.Update 类中的方法，将要更新的对象信息注入该类。以下是 Update 类中的方法列表。

① Update addToSet (String key, Object value)：使用 $addToSet 更新修饰符进行更新。

② Update currentDate (String key)：使用 $currentDate 更新修饰符进行更新。

③ Update currentTimestamp (String key)：使用 $currentDate 更新修饰符更新 timestamp 类型。

④ Update inc (String key, Number inc)：使用 $inc 更新修饰符进行更新。

⑤ Update max (String key, Object max)：使用 $max 更新修饰符进行更新。

⑥ Update min (String key, Object min)：使用 $min 更新修饰符进行更新。

⑦ Update multiply (String key, Number multiplier)：使用 $mul 更新修饰符进行更新。

⑧ Update pop (String key, Update.Position pos)：使用 $pop 更新修饰符进行更新。

⑨ Update pull (String key, Object value)：使用 $pull 更新修饰符进行更新。

⑩ Update pullAll (String key, Object[] values)：使用 $pullAll 更新修饰符进行更新。

⑪ Update push (String key, Object value)：使用 $push 更新修饰符进行更新。

⑫ Update pushAll (String key, Object[] values)：使用 $pushAll 更新修饰符进行更新。

⑬ Update rename (String oldName, String newName)：使用 $rename 更新修饰符进行更新。

⑭ Update set (String key, Object value)：使用 $set 更新修饰符进行更新。

⑮ Update setOnInsert (String key, Object value)：使用 $setOnInsert 更新修饰符进行更新。

⑯ Update unset (String key)：使用 $unset 更新修饰符进行更新。

每种类型更新操作符请参考官方文档。

（3）删除

remove 根据给定的条件删除文档。

（4）查询

我们可以使用 Query 和 Criteria 类来表达查询，这些类具有与 MongoDB 操作符名称类似的方法名称，比如 lt、lte、is 等。Query 和 Criteria 类遵循一种流畅的 API 风格，方便我们轻松地将多个方法标准和查询连接在一起。使用 Java 中的静态导入可以消除使用"new"关键字创建 Query 和 Criteria 实例的不足，从而提高代码的可读性；当然我们也可以使用 BasicQuery，用一个普通的 JSON 字符串创建 Query 实例。

所有查找方法都将一个 Query 对象作为参数，该对象定义了用于执行查询的标准和选项。标准是使用一个 Criteria 对象来指定的，这个 Criteria 对象有一个静态工厂方法——where，该方法用于实例化一个新的 Criteria 对象。建议使用静态导入来导入 org.springframework.data.mongodb.core.query.Criteria.where 和 Query.query，使查询更具可读性。

Criteria 类具有与 MongoDB 中的操作符相对应的方法，具体解释如下。

① Criteria all (Object o)：使用 $all 操作符创建一个 Criterion。

② Criteria and (String key)：为当前的 Criterion 添加一个被指定的键，并返回新创建的 Criterion。

③ Criteria andOperator (Criteria… criteria)：使用 $and 操作符为所有的 Criterion 创建一个 Criterion 和 Query（需要 MongoDB 2.0 或更高版本）。

④ Criteria elemMatch (Criteria c)：使用 $elemMatch 操作符创建一个 Criterion。

⑤ Criteria exists (boolean b)：使用 $exists 存在操作符创建一个 Criterion。

⑥ Criteria gt (Object o)：使用 $gt 操作符创建一个 Criterion。

⑦ Criteria gte (Object o)：使用 $gte 操作符创建一个 Criterion。

⑧ Criteria in (Object… o)：使用 $in 操作符为 varargs 参数创建一个 Criterion。

⑨ Criteria in (Collection<?> collection)：使用 $in 操作符为指定集合创建一个 Criterion。

⑩ Criteria is (Object o)：使用 $is 操作符创建一个 Criterion。

⑪ Criteria lt (Object o)：使用 $lt 操作符创建一个 Criterion。

⑫ Criteria lte (Object o)：使用 $lte 操作符创建一个 Criterion。

⑬ Criteria mod (Number value, Number remainder)：使用 $mod 操作符创建一个 Criterion。

⑭ Criteria ne (Object o)：使用 $ne 操作符创建一个 Criterion。

⑮ Criteria nin (Object… o)：使用 $nin 操作符创建一个 Criterion。

⑯ Criteria norOperator (Criteria… criteria)：使用 $nor 操作符为所有的 Criterion 创建一个 Criterion 或 Query。

⑰ Criteria not ()：使用 $not 元操作符创建一个 Criterion，该操作符直接影响该子句。

⑱ Criteria orOperator (Criteria… criteria)：使用 $or 操作符为所有的 Criterion 创建一个 Criterion 或 Query。

⑲ Criteria regex (String re)：使用 $regex 操作符创建一个 Criterion。
⑳ Criteria size (int s)：使用 $size 操作符创建一个 Criterion。
㉑ Criteria type (int t)：使用 $type 操作符创建一个 Criterion。

以上所列方法返回的都是 Criteria 对象。Criteria 类还有地理空间查询方法，此处不进行深入介绍。Query 类还有一些用于为查询提供选项的附加方法，具体解释如下。

① Query addCriteria (Criteria criteria)：用于向 Query 提供附加 Criteria 的查询。
② Field fields ()：用于定义查询结果中包含的字段。
③ Query limit (int limit)：用于将返回的结果集大小限制到所提供的数量（用于分页）。
④ Query skip (int skip)：用于在查询结果集中跳过所提供的文档数量（用于分页）。
⑤ Query with (Sort sort)：用于为结果集排序。

介绍完查询主要依赖的两个类之后，我们来介绍查询的方法。查询方法需要将被返回的目标类型指定为 T，并且应该对返回类型所指示的集合以外的集合进行操作查询，它们也被重载并具有显式集合名称。

① findAll：查询来自集合的 T 的对象列表。
② findOne：将特定查询的结果映射到指定类型对象的单一实例，即只查询一个对象。
③ findById：返回指定 ID 的目标类对象。
④ find：将集合上的特定查询的结果映射到指定类型的列表。
⑤ findAndRemove：将特定查询的结果映射到指定类型对象的单个实例。与查询匹配的第一个文档将被返回，并被从数据库的集合中删除。
⑥ findAndModify：特定查询后，更新为传入的信息并可选择返回更新前或更新后的结果。

以上即为 MongoTemplate 提供的大部分 CURD 方法，我们需要根据不同文档模型和业务场景合理使用这些方法。

4. 测试

接下来，我们就可以对 5.2.2 小节实现的功能进行测试了。

在 mongo_spring.test.MongoTest 类中增加 testUser 方法。注入 mongoTemplate 实例并分别调用 UserDao 中的方法。这里为了直观显示，我们将所有功能放在一起进行测试，实际过程可以逐条测试，以便调试，代码如下：

【代码 5-57】 Spring MongoDB 测试代码

```
1   ……
2   @Autowired
3   private UserDao userDao;
4   ……
5   @Test
6   public void testUser(){
7       // 创建文档
8       userDao.createCollection();
9       // 插入文档
10      User user = new User();
11      user.setId("100");
12      user.setUsername("lwq");
```

```java
13          user.setAge(26);
14          userDao.insert(user);

15          // 根据 ID 查询一条数据
16          User user1 = userDao.findById("100");
17          if(user1!=null){
18              System.out.println(" 插入成功 ");
19              System.out.println("---------------------------");
20              System.out.println(" 根据 ID<100> 查询成功 ");
21              System.out.println(user1);
22              System.out.println("---------------------------");
23          }

24          // 再插入一条文档
25          User user2 = new User();
26          user2.setId("101");
27          user2.setUsername("lily");
28          user2.setAge(20);
29          userDao.insert(user2);
30          // 查询指定位置指定条数的数据
31          List<User> userList = userDao.findList(0,3);
32          System.out.println(" 查询指定位置 <0> 指定条数 <3> 的数据成功 ");
33          for(User u:userList){
34              System.out.println(u);
35          }
36          System.out.println("---------------------------");

37          // 更新对象文档
38          user2.setUsername("tom");
39          userDao.update(user2);

40          // 根据 username 查询
41          List<User> userList1 = userDao.findListByStr("tom");
42          System.out.println(" 根据 username<tom> 查询成功 ");
43          for(User u:userList1){
44              System.out.println(u);
45              System.out.println("---------------------------");
46              if(u.getId().equals(user2.getId())){
47                  System.out.println(" 更新对象文档成功 ");
48              }
49          }
50          System.out.println("---------------------------");

51          // 根据 ID 删除
52          userDao.deleteById("100");
53          User user3 = userDao.findById("100");
54          if(user3 == null){
55              System.out.println(" 根据 ID<100> 删除成功 ");
56          }
```

```
57  }
```

如果测试成功，则控制台会打印如下信息：

【代码 5-58】 测试结果

```
1   插入成功
2   ----------------------------------------
3   根据 ID<100> 查询成功
4   User{id='100', username='lwq', age=26}
5   ----------------------------------------
6   查询指定位置 <0> 指定条数 <3> 的数据成功
7   User{id='100', username='lwq', age=26}
8   User{id='101', username='lily', age=20}
9   ----------------------------------------
10  根据 username<tom> 查询成功
11  User{id='101', username='tom', age=20}
12  ----------------------------------------
13  更新对象文档成功
14  ----------------------------------------
15  根据 ID<100> 删除成功
```

至此，我们便完成了利用 Spring Data MongoDB 操作 MongoDB 的集成调试。接下来，我们就可以整合实际业务场景实现特定的功能了。

5.2.3 任务回顾

 知识点总结

1. Spring Data MongoDB 是 Java 操作 MongoDB 的集成框架。
2. Spring Data MongoDB 提供 MongoDB 文档与 POJO 的映射。
3. Spring Data MongoDB 核心类 mongoTemplate 提供了操作 MongoDB 的大部分方法。
4. MongoDB 连接配置参数和建模原则。
5. Spring Data MongoDB 查询文档依赖的两大核心类：Criteria 和 Query。

学习足迹

任务二的学习足迹如图 5-14 所示。

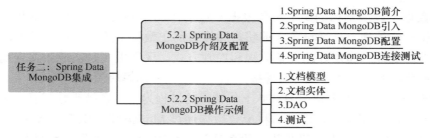

图 5-14　任务二的学习足迹

思考与练习

1. 简述一下 Spring Data MongoDB。
2. 项目引入 Spring Data MongoDB jar 包_____。

5.3 任务三：物联网云平台数据管理模块开发

【任务描述】

物联网云平台利用 MongoDB 支持海量存储且具有良好扩展性的特点，将设备采集上传的数据保存在 MongoDB；同时，MongoDB 的查询效率也明显高于 MySQL，所以我们从 MongoDB 调取出设备的数据用于设备数据展示（包括历史数据），甚至将其作为大数据处理的数据资源。

在 5.2 节的任务中，我们介绍了 Spring Data MongoDB 的使用，在 5.3 节中，我们将在 5.2 节任务的基础上整合物联网云平台的业务并实现主要的业务功能。

5.3.1 物联网云平台MongoDB业务功能分析

在之前的项目中，我们已经实现了核心模块的设备管理。设备的数据要上传并存储，设备开发者和使用者要获取设备的最新数据状态和历史数据记录，需要有一个中介将现实设备与用户（即平台）联系起来，这个中介就是我们现在要开发的模块——数据管理模块。此模块主要实现和 MongoDB 的交互，所以我们也称该模块为 Mongo 模块。

1. 功能分析与模块依赖

设备上传数据可以通过 HTTP 请求和 MQTT 协议发布，本次任务会讲到如何通过 HTTP 请求上传数据。鉴于 HTTP 具有通信资源消耗大、网络开销大的特点，不适用于物联网的应用场景，所以我们只是用 HTTP 方式实现对设备上传数据的模拟。HTTP 也不适用于实际生产环境，设备真正上传数据采用的是 MQTT 协议方式，这在项目 6——设备消息管理 MQTT 协议模块中会有详细介绍。我们需要定义好统一的对外接口，提供向 MongoDB 存入数据的方法，不管是 HTTP 方式还是 MQTT 协议方式都只需要调用这个接口中的相关方法即可。

设备数据下载展示指的是：设备根据一定条件从 MongoDB 中将设备数据取出甚至做聚合等相应的处理，显示设备当前状态和设备历史数据；还可以利用数据制作可视化的图表，提供更直观和友好的设备监视和控制方式，区别主要是实现数据查询的方法的不同。设备数据下载同样在统一对外接口中定义，供外部模块调用。

如图 5-15 所示，设备使用 HTTP 上传数据的过程为：设备携带数据发送 HTTP 请求到 core 模块，core 模块处理请求后将上传数据通过 Mongo 模块保存到 MongoDB。设备使用 MQTT 协议上传数据的过程为：设备通过 MQTT 协议主题发布数据到 MQTT 协议模块的 MQTT 协议客户端，同样，MQTT 协议模块将处理后的上传数据通过 Mongo 模块保存到 MongoDB。Web 或 App 获取设备数据的过程为：Web 或 App 通过 HTTP 请求告知 core 模块要获取哪个设备的哪种数据或者获取某个时间的多少数据，core 模块通过这些查询条件从 Mongo 模块获取数据，Mongo 模块将数据取出后返回给 core 模块，最后 core 模块将最终结果返回给 Web 或 App。

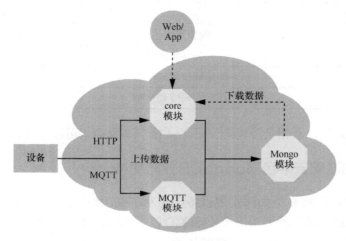

图5-15　hIoT数据管理架构

由上面的分析可知，core 模块会请求调用 Mongo 模块的设备上传数据（HTTP 方式）和下载数据的方法。MQTT 协议模块会调用 Mongo 模块的设备上传数据（MQTT 协议方式）的方法。所以 Mongo 模块与 core 模块和 MQTT 协议模块之间的依赖关系如图 5-16 所示。

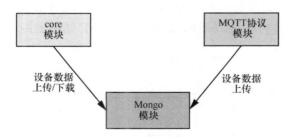

图5-16　Mongo模块依赖关系结构

2. 数据类型

不论是设备数据上传还是下载，我们都需要为其定义数据映射的实体。

我们知道，物联网云平台采用通道的方式上传设备数据并控制设备，而通道又分为向上通道和向下通道，向上通道用来上传设备数据，向下通道用来控制设备，向上通道和向下通道是一一对应的。本次任务要实现的设备数据上传和下载都是通过向上通道完成的，因为上传和下载的数据都是设备通过向上通道保存至 MongoDB 的，即这些数据被向上通道唯一标识了，因此，只有向上通道可识别这些数据。

我们之前也对设备的数据类型进行了精确划分，分别为数值型、开关型、地理位置型、文本型数据,即向上通道和向下通道处理的数据类型也是这4种。不过为了区分向上通道和向下通道,我们将向上通道的4种数据类型称为:数值测量值型、开关状态型、地理位置定位型、文本预警消息型数据。所以,我们在 Mongo 模块应该分别为这4种类型的数据定义映射实体。对应数据类型的实体见表5-11。

表5-11 向上通道数据类型及实体

类型码	类型	实体类
1	数值测量值型	Measurement
2	开关状态型	Status
3	地理位置定位型	Waypoint
4	文本预警消息型	Alert

功能分析清楚了,数据类型也定义好了,接下来我们就可以实现这些功能了。

5.3.2 实现物联网云平台MongoDB业务功能

5.3.2 小节中我们将介绍如何实现设备上传和下载的统一对外接口以及如何实现 core 模块的数据上传和下载功能调用。要实现 MQTT 协议模块的设备数据上传功能我们需要先实现基于 MQTT 协议的通信——也就是项目6的任务,所以此处先不介绍。但只要接口实现,调用和 core 模块调用的方法基本是一致的,只是调用时机的问题。

我们采用 javaee 三层架构方式开发 Mongo 模块,即,先定义实体(Entity),接着实现数据访问层(DAO),然后完成业务处理层(Service),最后提供统一对外出口的管理层(不需要直接面对 Web 层,而是转到 core 模块,所以 Web 层通过 core 模块体现)。

参考项目5任务二的项目结构以及 Spring Data MongoDB 的配置,我们在项目4的 core 模块项目基础上新建 Mongo 模块,过程略。新项目结构如图5-17所示。

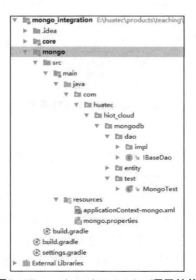

图5-17 spring_ integration项目结构

项目5 物联网云平台数据管理开发实战

1. 实体

根据 5.3.1 小节定义的 4 种数据类型的实体，我们分别在 entity 包下新建 Measurement、Status、Waypoint、Alert 4 个实体类。因为它们都是向上通道的数据类型，所以我们需要提供一个向上通道基类 UpdatastreamData，让这 4 种实体类都继承该类。

UpdatastreamData 类定义在 entity.base 下，并且不包括任何成员和方法。

```
public abstract class UpdatastreamData implements Serializable { }
```

接着我们新建 4 个实体类并参照任务二的实体映射配置 entity.Measurement，代码如下：

【代码 5-59】 Measurement 文档实体类

```
1   @Document(collection = "measurement")  //@Document - 把一个 java
类声明为 mongodb 的文档，可以通过 collection 参数指定这个类对应的文档
2   //@CompoundIndex - 复合索引的声明，建立复合索引可以有效地提高多字段的查询效率
3   @CompoundIndexes({
4           @CompoundIndex(name = "timing_idx", def =
"{'upDataStreamId': 1, 'timing': -1}")
5   })
6   public class Measurement extends UpdatastreamData {
7       // 向上数据通道
8       @Indexed//(unique = true)//@Indexed - 声明该字段需要索引，建索
引可以提高查询效率。
9       private String updatastreamId;
10      // 时间戳
11      @Indexed
12      @JsonFormat(pattern= "yyyy-MM-dd HH:mm:ss",timezone = "GMT+8")
13      private Date timing;
14      // 数值
15      private String value;

16      //…getter/setter 略
17      //…toString 略
18  }
```

Status 实体类代码如下：

【代码 5-60】 Status 文档实体类

```
1   @Document(collection = "status")
2   @CompoundIndexes({
3           @CompoundIndex(name = "timing_idx", def = "{'upDataStreamId':
1, 'timing': -1}")
4   })
5   public class Status extends UpdatastreamData {
6       // 向上数据通道
7       @Indexed//(unique = true)
8       private String updatastreamId;
9       // 时间戳
10      @Indexed
11      @JsonFormat(pattern= "yyyy-MM-dd HH:mm:ss",timezone = "GMT+8")
12      private Date timing;
13      // 状态（0：关，1：开）
```

```
14    private Integer status;

15    //…getter/setter 略
16    //…toString 略
17  }
```

Waypoint 实体类代码如下：

【代码 5-61】 Waypoint 文档实体类

```
1   @Document(collection = "waypoint")
2   @CompoundIndexes({
3       @CompoundIndex(name = "timing_idx", def = "{'upDataStreamId': 1, 'timing': -1}")
4   })
5   public class Waypoint extends UpdatastreamData {

6       // 向上数据通道
7       @Indexed//(unique = true)
8       private String updatastreamId;
9       // 时间戳
10      @Indexed
11      @JsonFormat(pattern= "yyyy-MM-dd HH:mm:ss",timezone = "GMT+8")
12      private Date timing;
13      // 经度
14      private String longitude;
15      // 纬度
16      private String latitude;
17      // 海拔
18      private String elevation;

19    //…getter/setter 略
20    //…toString 略
21  }
```

Alert 实体类代码如下：

【代码 5-62】 Alert 文档实体类

```
1   @Document(collection = "alert")
2   @CompoundIndexes({
3       @CompoundIndex(name = "timing_idx", def = "{'upDataStreamId': 1, 'timing': -1}")
4   })
5   public class Alert extends UpdatastreamData {

6       // 向上数据通道
7       @Indexed//(unique = true)
8       private String updatastreamId;
9       // 时间戳
10      @Indexed
11      @JsonFormat(pattern= "yyyy-MM-dd HH:mm:ss",timezone = "GMT+8")
12      private Date timing;
```

```
13        // 消息
14        @TextIndexed
15   private String news;

16   //…getter/setter 略
17   //…toString 略
18   }
```

其中，@JsonFormat(pattern="yyyy-MM-dd HH:mm:ss", timezone = "GMT+8") 是 com.fasterxml.jackson.annotation 下的注解，用于格式化日期时间格式。

在 applicationContext-mongo.xml 配置扫描实体。

```
<mongo:mapping-converter base-package="com.huatec.hIoT_cloud.mongodb.entity"/>
```

2. DAO

现在，我们来看一下从设备上传和下载数据再到实现该定义可采用哪些 DAO 层方法，这里我们仅提供一些基本的方法。

设备上传即文档插入的方法，我们将其定义为 insert。设备下载数据包括最新数据和历史数据，且数据是通过向上通道 ID 承载的，所以我们定义方法 findLatestOneByUdsId 用于查找最新一条数据；findListByUdsId 用于分页查找（指定查找起点和条数）；findListByUdsIdWithPeriod 用于查找指定时间起止点的数据集。

为此，我们在 IBaseDao<T> 中定义这些方法，然后分别定义 4 种数据类型的 DAO 层方法以实现 IBaseDao<T>。首先，我们来了解 IBaseDao<T> 的定义，代码如下：

【代码 5-63】 IBaseDao 接口

```
1   public interface IBaseDao<T> {
2   /** 文档字段名：updatastreamId*/
3       public static final String udsId = "updatastreamId";
4       /** 文档字段名：timing*/
5   public static final String timing = "timing";

6       /** 创建对象文档 */
7       public void createCollection();
8       /** 对象文档中插入数据 */
9       public void insert(T entity);
10      /** 根据向上通道 ID 查询最新一条数据 */
11      public T findLatestOneByUdsId(String UpdatastreamId);
12      /** 根据向上通道 ID 查询指定位置指定条数的数据 */
13       public List<T> findListByUdsId(String UpdatastreamId,int skip, int limit);
14      /** 根据向上通道 ID 查询指定起止时间点的数据 */
15       public List<T> findListByUdsIdWithPeriod(String UpdatastreamId,Date begin,Date end);
16   }
```

接着我们分别在 Dao 包下创建 MeasurementDao、StatusDao、WaypointDao、AlertDao 及实现 IBaseDao<T> 的方法，下面以 MeasurementDao 为例，代码如下：

【代码 5-64】 MeasurementDao 定义及实现 IBaseDao

```
1    //……其他 import 略
2    import static org.springframework.data.mongodb.core.query.Criteria.where;
3    import static org.springframework.data.mongodb.core.query.Query.query;

4    @Repository //spring用于数据访问层的注入注解
5    public class MeasurementDao implements IBaseDao<Measurement>{
6        @Autowired
7        private MongoTemplate mongoTemplate;

8        @Override
9        public void createCollection() {
10           if (!mongoTemplate.collectionExists(Measurement.class)) {
11               mongoTemplate.createCollection(Measurement.class);
12           }
13       }

14       @Override
15       public void insert(Measurement entity) {
16           mongoTemplate.insert(entity);
17       }

18       @Override
19       public Measurement findLatestOneByUdsId(String updatastreamId) {
20           Query query = query(where(udsId).is(updatastreamId))
21                   .with(new Sort(Sort.Direction.DESC,timing));
22           return mongoTemplate.findOne(query,Measurement.class);
23       }

24       @Override
25       public List<Measurement> findListByUdsId(String updatastreamId, int skip, int limit) {
26           Query query = query(where(udsId).is(updatastreamId))
27                   .with(new Sort(Sort.Direction.DESC,timing))
28                   .skip(skip).limit(limit);
29           return mongoTemplate.find(query,Measurement.class);
30       }

31       @Override
32       public List<Measurement> findListByUdsIdWithPeriod(String updatastreamId, Date begin, Date end) {
33           Query query = query(where(udsId).is(updatastreamId).and(timing).gte(begin).lte(end))
34                   .with(new Sort(Sort.Direction.DESC,timing));
35           return mongoTemplate.find(query,Measurement.class);
36       }
```

```
37  }
```

我们可以在 test 包下的 MongoTest 中利用 spring-test 测试 DAO 层的方法是否可以正常访问数据，代码如下：

【代码 5-65】 Dao 方法测试

```
1   @Test
2   public void testMeasurementDao(){
3       // 创建文档
4       measurementDao.createCollection();
5       // 插入文档
6       Measurement measurement = new Measurement();
7       measurement.setUpdatastreamId("aaa");
8       measurement.setValue("25");
9       measurement.setTiming(new Date());
10      measurementDao.insert(measurement);

11      // 根据 udsId 查询一条数据
12      Measurement m1 = measurementDao.findLatestOneByUdsId("aaa");
13      if(m1!=null){
14          System.out.println(" 插入成功 ");
15          System.out.println("--------------------------");
16          System.out.println(" 根据 updatastreamId<aaa> 查询成功 ");
17          System.out.println(m1);
18          System.out.println("--------------------------");
19      }

20      // 再插入一条文档
21      Measurement measurement1 = new Measurement();
22      measurement1.setUpdatastreamId("aaa");
23      measurement1.setValue("30");
24      measurement1.setTiming(new Date());
25      measurementDao.insert(measurement1);

26      // 根据 udsId 查询指定位置、指定条数的数据
27      List<Measurement> measurementList = measurementDao.findListByUdsId("aaa",0,10);
28      System.out.println(" 根据 updatastreamId<aaa> 查询指定位置 <0> 指定条数 <10> 的数据成功 ");
29      for(Measurement m:measurementList){
30          System.out.println(m);
31      }
32      System.out.println("--------------------------");

33      // 根据 udsId 查询起止时间点的数据
34      Calendar calendar = Calendar.getInstance();
35      calendar.setTime(new Date());
36      calendar.add(Calendar.DATE,-1);
37      List<Measurement> measurementList1 = measurementDao.findListByUdsIdWithPeriod("aaa", calendar.getTime(),new Date());
```

```
38        System.out.println(" 根据 updatastreamId<aaa> 查询昨天到今天的
数据 ");
39        for(Measurement m:measurementList1){
40            System.out.println(m);
41        }
42        System.out.println("--------------------------");
43    }
```

如果访问正常控制台会打印以下信息，代码如下：

【代码 5-66】 Dao 层方法测试结果

```
1   插入成功
2   ----------------------------------------
3   根据 updatastreamId<aaa> 查询成功
4   Measurement{, upDataStreamId='aaa', timing=Sat Dec 23 14:23:17 GMT+08:00 2017, value=25}
5   ----------------------------------------
6   根据 updatastreamId<aaa> 查询指定位置 <0> 指定条数 <10> 的数据成功
7   Measurement{, upDataStreamId='aaa', timing=Sat Dec 23 14:23:17 GMT+08:00 2017, value=30}
8   Measurement{, upDataStreamId='aaa', timing=Sat Dec 23 14:23:17 GMT+08:00 2017, value=25}
9   ----------------------------------------
10  根据 updatastreamId<aaa> 查询昨天到今天的数据
11   Measurement{, upDataStreamId='aaa', timing=Sat Dec 23 14:23:17 GMT+08:00 2017, value=30}
12   Measurement{, upDataStreamId='aaa', timing=Sat Dec 23 14:23:17 GMT+08:00 2017, value=25}
13  ----------------------------------------
```

【练一练】

StatusDao、WaypointDao、AlertDao 的实现及测试。

3. Service

因为此处没有复杂的业务逻辑，所以此处的 Service 层只负责调用 DAO 层的方法。下文只给出 IMeasurementService 接口和 MeasurementService 类的代码供参考（分别在 service 和 service.impl 包下）。IMeasurementService 接口代码如下：

【代码 5-67】 IMeasurementService 接口

```
1  public interface IMeasurementService {
2      /** 根据向上通道 ID 保存设备数据 */
3      public void insert(Measurement measurement);
4      /** 根据向上通道 ID 查询最近一条数据 */
5      public Measurement findLatestOneByUdsId(String updatastreamId);
6      /** 根据向上通道 ID 查询指定位置、指定条数的数据 */
7      public List<Measurement> findListByUdsId(String updatastreamId, int skip, int limit);
```

```
8        /** 根据向上通道 ID 查询指定起止时间点的数据 */
9        public List<Measurement> findListByUdsIdWithPeriod(String
updatastreamId,Date begin,Date end);
10    }
```

MeasurementService 定义及实现 IMeasurementService 代码如下：

【代码 5-68】 MeasurementService 定义及实现 IMeasurementService

```
1  @Service
2  public class MeasurementService implements IMeasurementService{
3      @Autowired
4      private MeasurementDao measurementDao;

5      @Override
6      public void insert(Measurement measurement) {
7          measurementDao.insert(measurement);
8      }

9      @Override
10     public Measurement findLatestOneByUdsId(String
updatastreamId) {
11         return measurementDao.findLatestOneByUdsId(updatastreamId);
12     }

13     @Override
14     public List<Measurement> findListByUdsId(String
updatastreamId, int skip, int limit) {
15         return measurementDao.findListByUdsId(updatastreamId,
skip, limit);
16     }

17     @Override
18     public List<Measurement> findListByUdsIdWithPeriod(String
updatastreamId, Date begin, Date end) {
19         return measurementDao.findListByUdsIdWithPeriod(updata
streamId, begin, end);
20     }
21 }
```

4. 统一对外管理接口

通过以上配置，我们可以调用 Service 方法实现设备数据的上传和下载。不过，为了结构清晰以方便对接口的统一管理，我们定义了统一对外管理接口，该接口是 Mongo 模块的唯一入口和出口。为此，我们新建了包 Manager、IMongoApiManager 接口，并定义了相应功能的入口方法，代码如下：

【代码 5-69】 IMongoApiManager 接口

```
1  public interface IMongoApiManager {
2      /** 上传设备数据保存到 mongodb */
3      public void upload(int dataType, UpdatastreamData
updatastreamData);
```

```
4      /** 查询某一通道最近一条数据 */
5      public UpdatastreamData downloadLastedOneByUdsId(Integer
dataType, String updatastreamId);
6      /** 查询某一通道指定位置、指定数量的数据 */
7      public List<? extends UpdatastreamData> downloadListByUdsId(Integer
dataType, String updatastreamId, Integer skip, Integer limit);
8      /** 查询某一通道指定时间段的数据 */
9      public List<? extends UpdatastreamData> downloadListByUdsId
WithPeriod(Integer dataType, String updatastreamId, Date begin, Date end);
10     }
```

其中，"List<? extends UpdatastreamData>"中"? extends"是泛型通配符，表示所有继承自 UpdatastreamData 类的类都可以作为 List 的元素。前文已经将 Measurement、Status、Waypoint 和 Alert 定义为继承自 UpdatastreamData 的类，所以被通配符标注的返回类型的方法可以直接返回这 4 种类型的集合。

接着我们在 Manager 包下新建 impl 包和 MongoApiManager 从实现 IMongoApiManager 并重写其方法，具体代码如下：

【代码 5-70】 MongoApiManager 实现 IMongoApiManager

```
1   @Component
2   public class MongoApiManager implements IMongoApiManager {
3       @Autowired
4       private IMeasurementService measurementService;
5       @Autowired
6       private IAlertService alertService;
7       @Autowired
8       private IStatusService statusService;
9       @Autowired
10      private IWaypointService waypointService;

11      @Override
12      public void upload(int dataType, UpdatastreamData
updatastreamData) {
13          switch (dataType) {
14              // 数值测量值型:Measurement
15              case 1:
16                  measurementService.insert((Measurement)
updatastreamData);
17                  break;
18              // 开关状态型:Status
19              case 2:
20                  statusService.insert((Status) updatastreamData);
21                  break;
22              // 地理位置定位型:Waypoint
23              case 3:
24                  waypointService.insert((Waypoint) updatastreamData);
25                  break;
26              // 文本预警消息型:Alert
27              case 4:
```

```
28              alertService.insert((Alert) updatastreamData);
29              break;
30          default:
31              throw new IllegalArgumentException(" 数据类型码不正确 ");
32      }
33  }

34  @Override
35  public UpdatastreamData downloadLastedOneByUdsId(Integer dataType, String updatastreamId) {
36      switch (dataType) {
37          // 数值测量值型 :Measurement
38          case 1:
39              return measurementService.findLatestOneByUdsId(updatastreamId);
40          // 开关状态型 :Status
41          case 2:
42              return statusService.findLatestOneByUdsId(updatastreamId);
43          // 地理位置定位型 :Waypoint
44          case 3:
45              return waypointService.findLatestOneByUdsId(updatastreamId);
46          // 文本预警消息型 :Alert
47          case 4:
48              return alertService.findLatestOneByUdsId(updatastreamId);
49          default:
50              throw new IllegalArgumentException(" 数据类型码不正确 ");
51      }
52  }

53  @Override
54  public List<? extends UpdatastreamData> downloadListByUdsId(Integer dataType, String updatastreamId, Integer skip, Integer limit) {
55      switch (dataType) {
56          // 数值测量值型 :Measurement
57          case 1:
58              return measurementService.findListByUdsId(updatastreamId, skip, limit);
59          // 开关状态型 :Status
60          case 2:
61              return statusService.findListByUdsId(updatastreamId, skip, limit);
62          // 地理位置定位型 :Waypoint
63          case 3:
64              return waypointService.findListByUdsId (updatastreamId, skip, limit);
```

```
65              // 文本预警消息型:Alert
66              case 4:
67                 return alertService.findListByUdsId(updatastreamId, skip, limit);
68              default:
69                 throw new IllegalArgumentException("数据类型码不正确");
70           }
71       }

72       @Override
73       public List<? extends UpdatastreamData> downloadListByUdsIdWithPeriod(Integer dataType, String updatastreamId, Date begin, Date end) {
74           switch (dataType) {
75              // 数值测量值型:Measurement
76              case 1:
77                 return measurementService.findListByUdsIdWithPeriod(updatastreamId, begin, end);
78              // 开关状态型:Status
79              case 2:
80                 return statusService.findListByUdsIdWithPeriod(updatastreamId, begin, end);
81              // 地理位置定位型:Waypoint
82              case 3:
83                 return waypointService.findListByUdsIdWithPeriod(updatastreamId, begin, end);
84              // 文本预警消息型:Alert
85              case 4:
86                 return alertService.findListByUdsIdWithPeriod(updatastreamId, begin, end);
87              default:
88                 throw new IllegalArgumentException("数据类型码不正确");
89           }
90       }
91  }
```

在其他模块调用 MongoApiManager 接口之前，我们可以先测试一下。我们在 test 包下的 MongoTest 类中测试此接口，代码如下：

【代码 5-71】 测试 MongoApiManager 接口

```
1   @Test
2   public void testMongoApiManager(){
3       // 插入文档
4       Measurement measurement = new Measurement();
5       measurement.setUpdatastreamId("ccc");
6       measurement.setValue("25");
7       measurement.setTiming(new Date());
8       mongoApiManager.upload(1,measurement);
```

```
9         // 根据 udsId 查询一条数据
10        Measurement m1 = (Measurement) mongoApiManager.downloadLa
stedOneByUdsId(1,"ccc");
11        if(m1!=null){
12            System.out.println(" 插入成功 ");
13            System.out.println("--------------------------");
14            System.out.println(" 根据 updatastreamId<aaa> 查询成功 ");
15            System.out.println(m1);
16            System.out.println("--------------------------");
17        }

18        // 再插入一条文档
19        Measurement measurement1 = new Measurement();
20        measurement1.setUpdatastreamId("ccc");
21        measurement1.setValue("30");
22        measurement1.setTiming(new Date());
23        mongoApiManager.upload(1,measurement1);

24        // 根据 udsId 查询指定位置、指定条数的数据
25        List<Measurement> measurementList = ( List<Measurement>)
mongoApiManager.downloadListByUdsId(1,"ccc",0,10);
26        System.out.println(" 根据 updatastreamId<aaa> 查询指定位置 <0>
指定条数 <10> 的数据成功 ");
27        for(Measurement m:measurementList){
28            System.out.println(m);
29        }
30        System.out.println("--------------------------");

31        // 根据 udsId 查询起止时间点的数据
32        Calendar calendar = Calendar.getInstance();
33        calendar.setTime(new Date());
34        calendar.add(Calendar.DATE,-1);
35        List<Measurement> measurementList1 = ( List<Measurement>)
mongoApiManager.downloadListByUdsIdWithPeriod(1,"ccc", calendar.
getTime(),new Date());
36        System.out.println(" 根据 updatastreamId<aaa> 查询昨天到今天的
数据 ");
37        for(Measurement m:measurementList1){
38            System.out.println(m);
39        }
40        System.out.println("--------------------------");

41        /* List<Measurement> measurementList = ( List<Measurement>)
mongoApiManager.downloadListByUdsId(5,"ccc",0,10);
42        System.out.println(" 根据 updatastreamId<aaa> 查询指定位置 <0>
指定条数 <10> 的数据成功 ");
43        for(Measurement m:measurementList){
44            System.out.println(m);
```

```
45          }
46          System.out.println("--------------------------");*/
47  }
```

5.3.3 物联网云平台MongoDB业务功能调用

到目前为止，Mongo 模块的功能代码都已完成了，接下来，我们转入 core 模块，平台通过 core 模块的 Web 层可调用 Mongo 模块的接口，实现设备数据的上传和下载，并提供对 Swagger 的访问测试。

1. MongoService

我们首先在 service 和 service.impl 包下分别定义一个处理 Mongo 相关逻辑的业务接口——IMongoService 和实现类 MongoService，并给出通过向上通道 ID 查询通道数据类型（同时可判断通道是否存在）的方法，以及根据 Web 请求数据封装 UpdatastreamData 对象的方法。

IMongoService 接口代码如下：

【代码 5-72】 IMongoService 接口

```
1   ……
2   package com.huatec.hIoT_cloud.core.service.ext;

3   public interface IMongoService {
4       /** 根据向上通道 ID 查询通道数据类型 */
5       public Integer findDataTypeByUdsId(String updatastreamId);
6       /** 封装向上通道的数据对象，用以调用 mongo 模块并将数据保存到 MongoDB*/
7      public UpdatastreamData getUdsData(String updatastreamId,Integer
dataType ,String deviceDataStr);
8   }
```

MongoService 实现 IMongoService 代码如下：

【代码 5-73】 MongoService 实现 IMongoService

```
1   @Service
2   public class MongoService implements IMongoService{
3       @Autowired
4       private UpdatastreamDao updatastreamDao;

5       @Override
6       public Integer findDataTypeByUdsId(String updatastreamId) {
7           return updatastreamDao.findDataTypeById(updatastreamId);
8       }

9       @Override
10      public UpdatastreamData getUdsData(String updatastreamId,
Integer dataType , String deviceDataStr) {
11          if(deviceDataStr == null || deviceDataStr.trim().
length()==0){
12              return null;
13          }
```

```
14    /* data_type
15     * 1：数值 2：开关 3：GPS 4：文本
16     */
17    switch (dataType){
18        case 1:
19            Measurement measurement = new Measurement();
20            measurement.setUpdatastreamId(updatastreamId);
21            measurement.setTiming(new Date());
22            measurement.setValue(deviceDataStr);
23            return measurement;

24        case 2:
25            Integer statusInt = null;
26            try{
27               statusInt = Integer.valueOf(deviceDataStr);
28            }catch (NumberFormatException nfe){
29               throw new NumberFormatException("开关型通道数据错误");
30            }
31            Status status = new Status();
32            status.setUpdatastreamId(updatastreamId);
33            status.setTiming(new Date());
34            status.setStatus(statusInt);
35            return status;

36        case 3:
37            /* 经度、纬度、海拔是由字符串接收并通过英文逗号分割的;
38             * 经度、纬度必须有,海拔可选;
39             * 必须按照顺序拼接。
40             */
41            String[] waypointArray = deviceDataStr.trim().split(",");
42            String longitude = waypointArray[0];
43            String latitude = waypointArray[1];
44            String elevation = null;
45            if(waypointArray.length == 3) {
46                elevation = waypointArray[2];
47            }
48            if(longitude == null || latitude ==null){
49                throw new NumberFormatException("地理位置型通道数据错误");
50            }
51            Waypoint waypoint = new Waypoint();
52            waypoint.setUpdatastreamId(updatastreamId);
53            waypoint.setTiming(new Date());
54            waypoint.setLongitude(longitude);
55            waypoint.setLatitude(latitude);
56            waypoint.setElevation(elevation);
57            return waypoint;
```

```
58                    case 4:
59                        Alert alert = new Alert();
60                        alert.setUpdatastreamId(updatastreamId);
61                        alert.setTiming(new Date());
62                        alert.setNews(deviceDataStr);
63                        return alert;
64                    default:
65                        throw new IllegalArgumentException("通道数据类
型码错误");
66                }
67            }
68      }
```

2. MongoController

我们需要在 Controller 层接收 HTTP 请求，然后经过 MongoService 层处理，调用 Mongo 模块完成设备数据的上传和下载，同时嵌入 Swagger 的支持。

我们在 Controller 包下定义 MongoController 类，并用 @RestController 注解，同时注入 IMongoApiManager 和 IMongoService，代码如下：

说明：@RestController 继承自 @Controller 注解。使用这个注解开发 Restful 形式的 Web 服务，response 将一直通过 response body 发送，可以避免使用 @ResponseBody，即 @RestController 等效于 @Controller+@ResponseBody。

【代码 5-74】 MongoController

```
1   @RestController
2   @RequestMapping("mongo")
3   @Api(value = "mongo", description = "设备数据", position = 14)
4   public class MongoController {
5       @Autowired
6       private IMongoApiManager mongoApiManager;
7       @Autowired
8       private IMongoService mongoService;
9   }
```

3. 设备数据上传

4 种通道数据类型有不同类型的数据值要求，数值测量值型数据需要字符串，开关状态型数据需要数字（0 或 1），地理位置定位型数据需要经度、纬度以及可选的海拔，文本预警消息型数据需要字符串。为了简化不同类型值数据的接收，我们统一采用字符串形式作为数据请求的参数类型，其中地理位置定位型数据比较特殊，我们用"经度、纬度、海拔"这样的字符串，然后再分割解析出 3 个对应值（见 MongoService 中 getUdsData 方法的实现）。

设备数据上传在 MongoController 中的实现方法如下：

【代码 5-75】 MongoController 设备数据上传方法

```
1   @RequestMapping(value="/upload" ,method = RequestMethod.POST)
2   @ApiOperation(value = "保存设备数据",notes="按向上通道 ID 保存设备
数据，说明如下：<br/>" +
```

```
3                "1、向上通道ID(updatastreamId)必填<br/>" +
4                "2、deviceData：数据，" +
5                "如果数据类型为3（地理位置型），则按\"longitude,
latitude,elevation\"字符串形式，其中\",\"是英文逗号")
6    public Result upload(@ApiParam(value="向上通道ID")@RequestParam
String updatastreamId,
7                         @ApiParam(value="data") @RequestParam()
String deviceData){
8        Integer dataType = mongoService.findDataTypeByUdsId(updatas
treamId);
9        if(dataType == null){
10            return Result.error(ResultStatus.DATASTREAM_NOT_
FOUND);
11       }
12       UpdatastreamData updatastreamData = mongoService.getUdsDa
ta(updatastreamId,dataType,deviceData);
13       mongoApiManager.upload(dataType,updatastreamData);
14       return Result.ok(ResultStatus.SAVE_SUCCESS);
15   }
```

4. 设备数据下载

以查询某一通道最近一条数据为例，MongoController 设备数据下载代码如下：

【代码 5-76】 MongoController 设备数据下载

```
1    @RequestMapping(value="/download/{updatastreamId}/one"
,method= RequestMethod.GET)
2    @ApiOperation(value = "查询某一设备某一通道最近一条数据",notes=" 查
询某一设备某一通道最近一条数据")
3    /* 请求权限校验 */
4    @Authorization
5    @ApiImplicitParams({
6            @ApiImplicitParam(name = "Authorization", value =
"Authorization", required = true, dataType = "string", paramType =
"header"),
7    })
8    @Permissions(role = Role.DEVELOPER+Role.STAFF)
9    public Result downloadLastedOneByUdsId(@ApiParam("向上通道ID")@
PathVariable String updatastreamId){
10       Integer dataType = mongoService.findDataTypeByUdsId(updata
streamId);
11       UpdatastreamData updatastreamData = mongoApiManager.downl
oadLastedOneByUdsId(dataType,updatastreamId);
12        return Result.ok(ResultStatus.SELECT_SUCCESS,
updatastreamData);
13   }
```

5. 测试

Swagger 接口查看、使用及测试在之前项目中已介绍过，针对 5.3.3 小节的测试不进行重复介绍。

【做一做】

1. 查询某一通道指定位置指定数量的数据 Controller 层。
2. 查询某一通道某一时间段的数据 Controller 层。
3. 设备数据上传和下载功能 swagger 测试。

5.3.4 任务回顾

知识点总结

1. Mongo 模块的功能与各模块的依赖关系。
2. 向上通道的 4 种数据类型与对应的向下通道数据类型。
3. 设备数据上传和下载功能的实现。

学习足迹

任务三的学习足迹如图 5-18 所示。

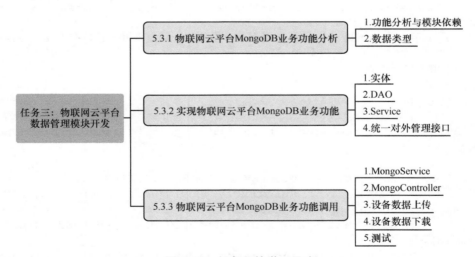

图5-18　任务三的学习足迹

思考与练习

1. 简述物联网云平台业务功能分析流程。
2. 简述物联网云平台业务功能实现流程。
3. 简述物联网云平台业务功能调用流程。

5.4 项目总结

本项目是设备数据持久化和可视化的基础支持，是整个物联网云平台的三大模块之一。所有设备的数据访问都要经过本项目的相关实现。

通过本项目的学习，我们了解了 MongoDB 的定义，包括 NoSQL、MongoDB 与传统关系型数据（如 MySQL）的区别、MongoDB 的存储特性；熟悉 MongoDB 的本地安装与基础配置、MongoDB 的终端操作（mongo shell）；使用 MongoDB Java 驱动操作 MongoDB；还要熟悉 Spring Data MongoDB 对 MongoDB 的封装与集成，学会利用 Spring 式的配置和开发方式开发 MongoDB 项目。

最后，我们要学会分析项目的业务功能和逻辑，整合业务并利用 Spring Data MongoDB 开发项目的 MongoDB。

项目 5 的技能图谱如图 5-19 所示。

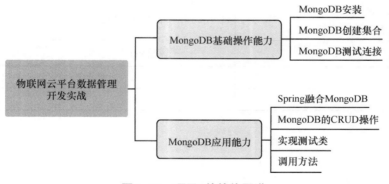

图5-19　项目5的技能图谱

5.5 拓展训练

自主开发：MongoDB 嵌套文档的建模及 CRUD 实现

◆ 调研要求

对于选题，根据实际场景选择有明显对象关联关系的模型。参考关系型数据库表的关联关系，如班级表、学生表、分数表，如分数是哪个学生的、学生属于哪个班级的这种类似的关系。那么采用 MongoDB 文档表示这种关系时就需要在学生文档中嵌套分数文档和班级文档。

开发内容至少包含以下 3 点。

① 展示嵌套文档的数据模型。
② 实现向文档中插入该嵌套文档。
③ 从文档中如何查询嵌套文档。

◆ **格式要求**：统一使用 IntelliJ IDEA 进行编程，开发原生 Mongo Java 驱动开发或 Spring Data MongoDB。

◆ **考核方式**：采取代码提交和课内发言两种形式，时间要求为 15~20 分钟。

◆ **评估标准**：见表 5-12。

表5-12 拓展训练评估表

项目名称： MongoDB嵌套文档的建模及CRUD实现	项目承接人： 姓名：	日期：
项目要求	扣分标准	得分情况
总体要求（10分） ① 嵌套文档模型； ② 插入嵌套文档实现； ③ 查询文档中嵌套文档实现； ④ 更改文档及其嵌套文档实现； ⑤ 根据子文档删除此父文档	① 包括总体要求的5项内容（每缺少一个内容扣2分）； ② 逻辑混乱，语言表达不清楚（扣1分）； ③ 代码书写不规范（扣1分）	
评价人	评价说明	备注
个人		
老师		

项目 6
物联网云平台消息机制

 项目引入

这段时间是不是过得很充实？我们看到物联网云平台一点点搭建成型，心里有些激动，我们的努力没有白费，同时也学到了很多新知识。

我们的 App 和后台是采用 HTTP 通信的，但是对于硬件和后台的通信我全然不知。MQTT（Message Queuing Telemetry Transport，消息队列遥测传输）协议很适合硬件和后台的通信。

> Jack："嗯，你的工作状态很好，具体采用什么协议，其实我们可以跟 Serge 商量，哪种协议在硬件方面的通信更稳定、更适合。"
>
> Serge："这个必须问我啊，我所有的硬件开发都需要跟后台对接。硬件和后台的通信当然优先选择 MQTT 协议，因为 MQTT 协议具备真正的推送功能，可以轮循推送设备的新数据，得到实时数据"
>
> Jack："我们订阅与发布的主题，就用我们的设备通道 ID，这样我们从 MQTT 协议服务器获取数据后，就知道是哪个设备的数据。数据的类型就统一采用 Json 格式。"
>
> Serge："恩，好的。"

经过师傅 Jack 和 Serge 的点拨，我对 MQTT 协议的认识又加深了一层，一个简单的 MQTT 协议的实现原理如图 6-1 所示。

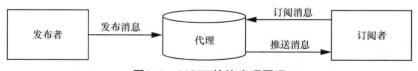

图6-1 MQTT协议实现原理

没有 MQTT 协议的物联网是不完整的物联网。MQTT 协议的后台是订阅者，当发布者发布消息，订阅者又同时订阅该消息时，代理会自动把消息推送给订阅者，这时订阅者可以获取设备的消息。同样的道理，设备也可以获取后台下发的数据，根据数据进行相关的操作。

 知识图谱

项目 6 的知识图谱如图 6-2 所示。

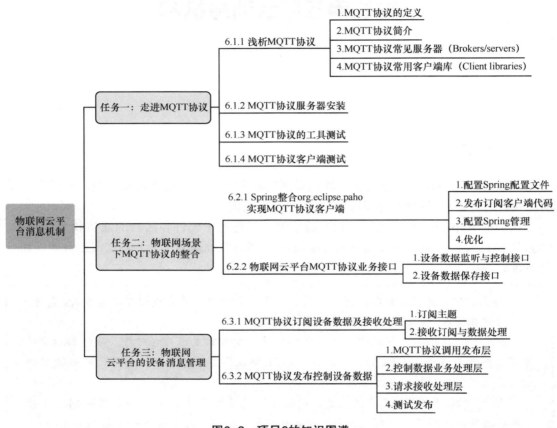

图6-2　项目6的知识图谱

6.1　任务一：走进 MQTT 协议

【任务描述】

MQTT 协议是一种基于发布或订阅模式的"轻量级"通信协议，该协议构建于 TCP/IP 上，由 IBM 于 1999 年发布。MQTT 协议以极少的代码和有限的带宽为远程设备提供实时可靠的消息服务。作为一种低开销、低带宽占用的即时通信协议，MQTT 协议在物联网、小型设备、移动应用等方面有较广泛的应用。进述了 MQTT 协议概述、MQTT 协

议服务器、MQTT 协议客户端以及测试。

6.1.1 浅析MQTT协议

1. MQTT 协议的定义

MQTT 协议是由 IBM 的 Andy Stanford-Clark 博士和 Arcom（现在的 Eurotech）的 Arlen Nipper 于 1999 年发明的。MQTT 协议的最初设计思想是打造一个轻便、开放、简单、规范的通信协议。事实上，MQTT 协议通信协议体现了易于操作的特性，即仅使用极少的代码、空间以及有限的网络宽带，便可提供可以连接远程设备、提供实时可靠的消息服务。

MQTT 协议 v3.1.1 现已成为 OASIS 标准。除标准版外，MQTT 协议还有一个简化版即 MQTT 协议 -SN，它是适配传感装置（SA）的特定版 MQTT 协议，针对的是非 TCP / IP 网络上的嵌入式设备，如 Zigbee。MQTT 协议 -SN 是用于无线传感器网络（WSN）的发布 / 订阅消息传递的协议，旨在将 MQTT 协议扩展到传感器和执行器解决方案的 TCP / IP 基础设施范围之外。

2. MQTT 协议简介

（1）特点

MQTT 协议在 TCP/IP 中运行，或者在其他的网络链接中运行，该链接应提供有序的、可靠的、双向连接的传输方式。MQTT 协议有以下特点。

① 以发布订阅的消息模式传输数据，提供了一对多的消息分发和应用之间的解耦。

② MQTT 协议的消息传输不需要知道负载内容，负载内容无格式要求，信息发布人与接收人统一信息发布规则即可。

③ 提供以下 3 种等级的服务质量。

- "最多一次"，在操作环境所能提供的最大可能下分发消息。但由于是间断性地下发信息，所以消息偶尔丢失并没关系。例如，这个等级可用于环境传感器数据，单次的数据丢失没关系，因为不久之后会再次发送。
- "至少一次"，保证消息可以到达，但是消息可能会重复。
- "仅一次"，保证消息只到达一次。例如，这个等级可用在一个计费系统中，如果消息重复或丢失会导致收费不正确。

④ 很小的传输消耗和协议数据交换，最大限度地减少网络流量，异常连接中断时，能通知到相关各方。

（2）原理

1）实现方式

MQTT 协议的实现需要客户端和服务器端共同完成。如图 6-3 所示，MQTT 协议的 3 种身份分别是发布者、代理、订阅者。MQTT 协议的实现过程中，发布者和订阅者是客户端，消息代理是安装在服务器上的,它既可以作为客户端的发布者也可以同时作为订阅者。

MQTT 协议传输的消息包括主题（Topic）和负载（payload）两部分。

Topic:消息的类型,订阅者订阅（Subscribe）主题后，就会收到该主题的消息内容（payload）。

payload：消息的内容，是指订阅者具体要使用的内容。

图6-3 MQTT协议消息模式

2）网络传输与应用消息

MQTT协议构建底层网络传输：MQTT协议将建立客户端到服务器的连接，给两者之间提供一个有序的、无损的、基于字节流的双向传输。

应用数据在使用MQTT协议发送信息时，MQTT协议会关联之前配置的服务质量（QoS）和主题名（Topic）。

3）MQTT协议服务器（broker/server）

MQTT协议服务器也被称为"消息代理"（Broker），它可以是一个应用程序或一台设备。MQTT协议服务器位于消息发布者和订阅者之间。MQTT协议服务器功能有以下几点：

① 通过客户端连接网络；

② 接收客户端发布的实时信息；

③ 处理客户端的订阅、发布和退订；

④ 给订阅者转发其订阅的应用程序信息。

4）MQTT协议客户端（client）

一个使用MQTT协议的应用程序或者设备总是建立到服务器的网络连接。客户端（发布者/订阅者）具有以下几点功能：

① 客户端可以同时作为发布者的客户端；

② 客户端订阅或发布其他客户端发布或订阅的信息；

③ 客户端可以删除接收的信息；

④ 客户端可以取消订阅的应用程序信息；

⑤ 客户端断开与服务器的连接。

5）控制报文（Control Packet）

MQTT协议规范定义了14种不同类型的控制报文，例如，PUBLISH报文被用于传输应用消息，具体见表6-1。

表6-1 MQTT协议控制报文类型

名字	报文流动方向	描述
CONNECT	客户端到服务端	客户端请求连接服务端
CONNACK	服务端到客户端	确认连接报文
PUBLISH	两个方向都允许	发布消息
PUBACK	两个方向都允许	QoS 1消息发布收到确认
PUBREC	两个方向都允许	发布收到（保证交付第一步）
PUBREL	两个方向都允许	发布释放（保证交付第二步）

（续表）

名字	报文流动方向	描述
PUBCOMP	两个方向都允许	QoS 2消息发布完成（保证交互第三步）
SUBSCRIBE	客户端到服务端	客户端订阅请求
SUBACK	服务端到客户端	订阅请求报文确认
UNSUBSCRIBE	客户端到服务端	客户端取消订阅请求
UNSUBACK	服务端到客户端	取消订阅报文确认
PINGREQ	客户端到服务端	心跳请求
PINGRESP	服务端到客户端	心跳响应
DISCONNECT	客户端到服务端	客户端断开连接

a. 订阅、主题、会话

- 订阅（Subscription）

订阅包含一个主题过滤器（Topic Filter）和一个最大的服务质量（QoS）等级。订阅与单个会话（Session）关联。会话可以包含多个订阅。会话的每个订阅都有一个不同的主题过滤器。

- 主题名（Topic Name）

主题名相当于应用信息的标签，主题发布以后，订阅该主题的客户端会收到该主题附带的应用信息。如果多个客户端订阅，则每个客户端都会接收相应的应用信息。

- 主题筛选器（Topic Filter）

主题筛选器是订阅的一个表达式，用于表示相关的一个或多个主题。主题过滤器可以使用通配符：+（单层通配符）、#（多层通配符）。

- 会话（Session）

会话是客户端和服务端之间的状态交互。一部分会话持续时长与网络连接时长一样，另一部分会话时长可以在客户端和服务端的多个连续网络连接间扩展。

- 负载（Payload）

负载是消息发布者发出的消息内容，同时也是消息订阅者接收的内容。

b. 常用方法

MQTT 协议提供了一些针对确定资源的操作，这个操作传送的数据是预先可知的。

Connect：等待与服务器建立连接。

Disconnect：等待 MQTT 协议客户端完成所做的工作，并与服务器断开 TCP/IP 会话。

Subscribe：等待完成订阅。

UnSubscribe：等待服务器取消客户端的一个或多个 Topics 订阅。

Publish：MQTT 协议客户端发送消息请求，发送完成后返回应用程序线程。

3．MQTT 协议常见服务器（Brokers/Servers）

MQTT 协议是规范网络应用信息传送规则的协议，该协议不能直接被使用，我们需要找到相应的库或者服务器来运行它。

MQTT 协议 Broker（MQTT 协议 v3.1.1 称为 MQTT 协议 Server）是由基于 MQTT 协议的服务器实现的。

常见的 MQTT 协议服务器如下。

MQTTnet 是 MQTT 协议的 NET 开源类库。

Moquette 是一个基于 Netty 事件模型的 Java MQTT 协议代理。

Mosquitto 是一款带有 C 和 C++ 客户端库的开源 MQTT 协议服务器。

emqttd 是一个用 Erlang / OTP 编写的分布式，是高度可扩展的 MQTT 协议消息代理。

RabbitMQ 是一个 AMQP 消息代理，它带有一个 MQTT 协议插件（捆绑在版本 3.x 以上）。

Apache Apollo 是 ActiveMQ 的"下一代"，它通过插件支持 MQTT 协议。

HiveMQ 是一个 MQTT 协议代理，它从头开始构建，具有最大的可扩展性和企业级安全性。

Mosca 是 node.js 编写的 MQTT 协议代理，可以作为插件嵌在 Redis、AMQP、MQTT 协议或 ZeroMQ 之上。既可以独立使用，也可以嵌入另一个 Node.js 应用程序中。

部分 MQTT 协议服务器对比如图 6-4 所示。

Server	QoS 0	QoS 1	QoS 2	auth	bridge	$SYS	SSL	dynamic topics	cluster
mosquitto	✔	✔	✔	✔	✔	✔	✔	✔	§
HiveMQ	✔	✔	✔	✔	✔	✔	✔	✔	✔
Apache Apollo	✔	✔	✔	✔	✘	✘	✔	✔	?
Apache ActiveMQ	✔	✔	✔	✔	✘	✘	✔	✔	✔
RabbitMQ	✔	✔	✘	✔	✘	✘	✔	✔	?
Moquette	✔	✔	✔	?	?	?	✔	?	rm
Mosca	✔	✔	✘	?	?	?	?	?	✘
JoramMQ	✔	✔	✔	✔	✔	✔	✔	✔	✔
VerneMQ	✔	✔	✔	✔	✔	✔	✔	✔	✔
emqttd	✔	✔	✔	✔	✔	✔	✔	✔	✔

Key: ✔ supported ✘ not supported ? unknown § see limitations rm roadmap (planned)

图 6-4　MQTT 协议服务器对比

4．MQTT 协议常用客户端库（Client libraries）

MQTT 协议是基于 MQTT 协议的客户端实现的。

部分用于实现客户端库的语言如下。

（1）设备专用

Espduino（为 ESP8266 量身定制的 Arduino 库）；

mbed（Paho 嵌入式 C 端口）。

（2）C 语言实现

Eclipse Paho C；

Eclipse Paho Embedded C。

（3）C++

Eclipse Paho C++；

libmosquittopp。

（4）Java

Eclipse Paho Java；

moquette；

Fusesource mqtt-client。

（5）Javascript / Node.js

Eclipse Paho HTML5 JavaScript over WebSocket.；

mqtt.js。

（6）Python

Eclipse Paho Python - originally the mosquitto Python client；

nyamuk。

6.1.2 MQTT协议服务器安装

Eclipse Mosquitt 是一个开源（EPL / EDL 许可）的消息代理。MQTT 协议提供了发布/订阅模型执行消息传递的轻量级方法。

下面我们以 mosquitto 在 centos7 下的安装过程为例，学习 mosquitto 的使用过程。

（1）下载

本例为 mosquitto-1.4.14.tar.gz。

（2）上传

使用上传工具（如 SCP）将 mosquitto-1.4.14.tar.gz 上传到 /usr/local。

（3）解压源码包

```
# tar -zxvf mosquitto-1.4.14.tar.gz
```

（4）安装依赖库

```
# yum install -y gcc gcc-c++ openssl-devel c-ares-devel e2fsprogs-devel uuid-devel libuuid-devel
```

（5）编译安装

① 创建目录。

```
# mkdir mosquito
```

② 进入解压包。

```
# cd mosquitto-1.4.14/
```

③ 编译安装，指定安装位置。

```
# make prefix=/usr/local/mosquitto && make install
```

（6）添加用户

```
# useradd mosquitto
```

若不添加用户，系统运行 mosquitto 时会报以下错误。

```
# mosquitto
1508218335: mosquitto version 1.4.14 (build date 2017-10-17 11:00:50+0800) starting
1508218335: Using default config.
1508218335: Opening ipv4 listen socket on port 1883.
1508218335: Opening ipv6 listen socket on port 1883.
1508218335: Error: Invalid user 'mosquitto'.
```

（7）配置文件

安装完成后，所有的配置文件会被放置于 /etc/mosquitto/ 目录下，其中最重要的配置文件是 mosquitto.conf，具体的配置参数说明如下：

【代码 6-1】 mosquitto.conf

```
1   # =================================================================
2   # General configuration
3   # =================================================================
4   # 客户端心跳的间隔时间
5   #retry_interval 20
6   # 系统状态的刷新时间
7   #sys_interval 10
8   # 系统资源的回收时间，0 表示尽快处理
9   #store_clean_interval 10
10  # 服务进程的 PID
11  #pid_file /var/run/mosquitto.pid
12  # 服务进程的系统用户
13  #user mosquitto
14  # 客户端心跳消息的最大并发数
15  #max_inflight_messages 10
16  # 客户端心跳消息的缓存队列
17  #max_queued_messages 100
18  # 用于设置客户端长连接的过期时间，默认永不过期
19  #persistent_client_expiration
20  # =================================================================
21  # Default listener
22  # =================================================================
23  # 服务绑定的 IP 地址
24  #bind_address
25  # 服务绑定的端口号
26  #port 1883
27  # 允许的最大连接数，-1 表示没有限制
28  #max_connections -1
29  # cafile：CA 证书文件
30  # capath：CA 证书目录
```

```
31    # certfile：PEM 证书文件
32    # keyfile：PEM 密钥文件
33    #cafile
34    #capath
35    #certfile
36    #keyfile
37    # 必须提供证书以保证数据的安全性
38    #require_certificate false
39      # 若 require_certificate 值为 true，use_identity_as_username 也必
须为 true
40    #use_identity_as_username false
41    # 启用 PSK（Pre-shared-key）支持
42    #psk_hint
43    # SSL/TSL 加密算法，可以使用 "openssl ciphers" 命令获取
44    # as the output of that command.
45    #ciphers
46    # =================================================================
47    # Persistence
48    # =================================================================
49    # 消息自动保存的间隔时间
50    #autosave_interval 1800
51    # 消息自动保存功能的开关
52    #autosave_on_changes false
53    # 持久化功能的开关
54    persistence true
55    # 持久化 DB 文件
56    #persistence_file mosquitto.db
57    # 持久化 DB 文件目录
58    #persistence_location /var/lib/mosquitto/
59    # =================================================================
60    # Logging
61    # =================================================================
62    # 4 种日志模式：stdout、stderr、syslog、topic
63    # none 表示不记日志，此配置可以提升些许性能
64    log_dest none
65    # 选择日志的级别（可设置多项）
66    #log_type error
67    #log_type warning
68    #log_type notice
69    #log_type information
70    # 是否记录客户端连接信息
71    #connection_messages true
72    # 是否记录日志时间
73    #log_timestamp true
74    # =================================================================
75    # Security
76    # =================================================================
77    # 客户端 ID 的前缀限制，可用于保证安全性
78    #clientid_prefixes
```

```
79   # 允许匿名用户
80   #allow_anonymous true
81   # 用户／密码文件，默认格式：username:password
82   #password_file
83   # PSK 格式密码文件，默认格式：identity:key
84   #psk_file
85   # pattern write sensor/%u/data
86   # ACL 权限配置，常用语法如下：
87   # 用户限制：user <username>
88   # 话题限制：topic [read|write] <topic>
89   # 正则限制：pattern write sensor/%u/data
90   #acl_file
91   # =================================================================
92   # Bridges
93   # =================================================================
94   # 允许服务之间使用"桥接"模式（可用于分布式部署）
95   #connection <name>
96   #address <host>[:<port>]
97   #topic <topic> [[[out | in | both] qos-level] local-prefix remote-prefix]
98   # 设置桥接的客户端 ID
99   #clientid
100  # 桥接断开时，是否清除远程服务器中的消息
101  #cleansession false
102  # 是否发布桥接的状态信息
103  #notifications true
104  # 在桥接模式下，消息将会发布到的话题地址
105  # $SYS/broker/connection/<clientid>/state
106  #notification_topic
107  # 设置桥接的 keepalive 数值
108  #keepalive_interval 60
109  # 桥接模式，目前有三种：automatic、lazy、once
110  #start_type automatic
111  # 桥接模式 automatic 的超时时间
112  #restart_timeout 30
113  # 桥接模式 lazy 的超时时间
114  #idle_timeout 60
115  # 桥接客户端的用户名
116  #username
117  # 桥接客户端的密码
118  #password
119  # bridge_cafile：桥接客户端的 CA 证书文件
120  # bridge_capath：桥接客户端的 CA 证书目录
121  # bridge_certfile：桥接客户端的 PEM 证书文件
122  # bridge_keyfile：桥接客户端的 PEM 密钥文件
123  #bridge_cafile
124  #bridge_capath
125  #bridge_certfile
126  #bridge_keyfile
```

```
127  # 自己的配置信息可以放到以下目录中
128  include_dir /etc/mosquitto/conf.d
```
编辑 mosquitto.conf。
```
# vi /etc/mosquitto/mosquitto.conf
```
若没有 mosquitto.conf 文件,请复制 /etc/mosquitto/mosquitto.conf.example 文件并将其重命名为 mosquitto.conf。
```
# cp mosquitto.conf.example mosquitto.conf
```
(8)启动

方式一:不指定配置文件,使用默认配置。
```
# mosquitto
```
方式二:指定配置文件。
```
# mosquitto -c /etc/mosquitto/mosquitto.conf
```
(9)测试

复制两个终端。

终端一:订阅(mtopic 为主题)。
```
# mosquitto_sub -v -t mtopic
```
其中"-v"表示打印详细信息。

终端二:发布(mtopic 为主题,'hello' 为消息)。
```
# mosquitto_pub -t mtopic -m 'hello'
```
订阅端收到 mtopic hello 时,若出现以下问题,则执行以下步骤。
```
mosquitto_sub: error while loading shared libraries: libmosquitto.so.1: cannot open shared object file: No such file or directory
```
解决办法:创建以下链接。
```
# ln -s /usr/local/lib/libmosquitto.so.1 /usr/lib/libmosquitto.so.1
```
更新动态链接库。
```
# ldconfig
```
以上简单完成了 mosquitto 的测试安装。

(10)简单用户认证

mosquitto 默认允许用户匿名登录,若不允许匿名登录,则需要以下操作。

①修改配置文件 mosquitto.conf。
```
# vi /etc/mosquitto/mosquitto.conf
```
修改以下两项内容。

一是禁止匿名登录。
```
allow_anonymous false
```
二是用户密码配置文件。
```
password_file /etc/mosquitto/pwfile
```
(若没有用户密码配置文件,则复制 /etc/mosquitto/ pwfile.example 文件并将其重命名为 pwfile)

② 添加用户名密码。第一次添加，做以下配置。

```
# mosquitto_passwd -c /etc/mosquitto/pwfile 用户名
```

之后，回车→输入密码→回车→确认密码→回车。例如，用户名为test，密码为test，则做以下配置。

```
# mosquitto_passwd -c /etc/mosquitto/pwfile test
```

然后，回车→输入 test→回车→确认密码→输入 test→回车。后续追加以下语句。

```
# mosquitto_passwd -b /etc/mosquitto/pwfile 用户名 密码
```

③ 测试用户认证。订阅：（mtopic 为主题）。

```
# mosquitto_sub -v -t 'mtopic' -u test -P test
```

发布：（mtopic 为主题，'hello' 为消息）。

```
# mosquitto_pub -t 'mtopic' -u test -P test -m 'hello'
```

订阅端收到：mtopic hello。

6.1.3 MQTT协议的工具测试

随着 MQTT 协议的发展，有许多工具将 MQTT 协议服务器和发布订阅 MQTT 协议主题的测试变得越来越简单了。这些工具有的是基于网络的，有的是基于桌面的。以下分类介绍这些工具。

（1）网页端

mqtt.io 是一个基于 Web 的客户端，可代理公共 IP 地址上的"任何"MQTT 协议。mqtt.io 使用户非常方便地通过任何浏览器快速测试 MQTT 协议的功能。

HiveMQ Websockets Client 是一个支持发布和订阅的、基于 websocket 浏览器的客户端。

（2）桌面端

mqtt-spy 是监视 MQTT 协议主题活动的、最先进的开源工具，是基于 Paho Java 客户端的。

mqtt.fx 是一个基于 Eclipse Paho 的、Java 编写的 MQTT 协议客户端。

（3）网关端

mqtt-http-bridge 是简单的 Web 应用程序，它使用了 REST 接口并在 HTTP 和 MQTT 协议之间提供了一个桥梁。

Xenqtt 具有各种类型的客户端库，同时也是客户端的单元/集成测试的模拟代理，还包括企业级需要的应用程序，比如多个服务器用作单个客户端、HTTP 网关等。

我们以 mqtt.fx 为例，介绍工具如何测试 MQTT 协议的连接、发布、订阅等功能的。

（1）下载

访问网站选择合适的 Windows 版本或者搜索下载资源，并下载。

（2）安装

按照常规的 Windows 应用程序安装方式安装即可。

（3）界面

mqtt.fx 界面如图 6-5 所示。

项目6　物联网云平台消息机制

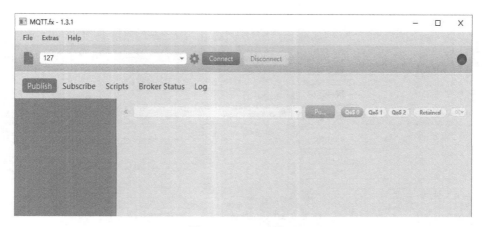

图6-5　mqtt.fx界面

（4）使用

1）连接 MQTT 协议服务器

单击配置连接图标进入配置界面，如图 6-6 所示。

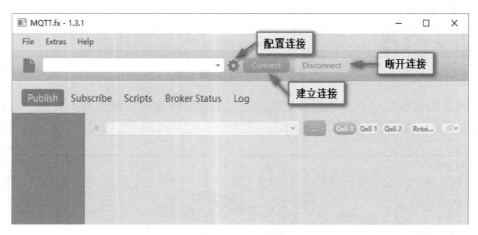

图6-6　mqtt.fx连接入口

创建新连接，配置连接别名、服务器 IP、服务器端口和 clientId，确认配置后回到上一页面。

说明：

必填项为：服务器 IP、服务器端口、clientId。

服务器 IP：6.1.2 节 MQTT 协议服务器 mosquitto 安装的主机 IP。

服务器端口：默认为 1883，可以在 mosquitto.conf 中修改。

clientId：必须唯一，否则无法建立连接。

其他配置参数可以根据实际情况选配。如，连接超时时间、心跳间隔时间、是否保留会话、用户名密码认证、SSL/TLS 安全认证、遗嘱消息设置等，如图 6-7 所示。

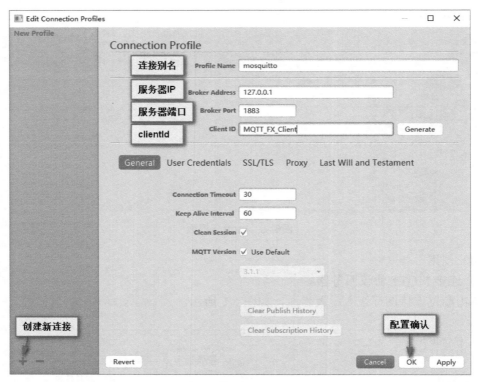

图6-7 mqtt.fx连接配置

此时单击连接即可建立连接。连接成功之后建立连接的按钮变为不可点,断开连接按钮变为可点,如图6-8所示。

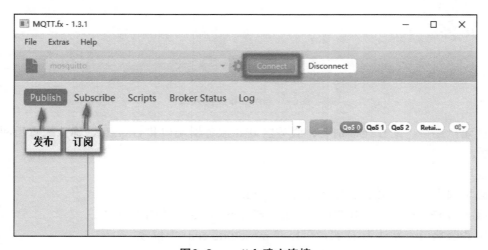

图6-8 mqtt.fx建立连接

2)测试订阅

填写主题,选择服务质量,完成订阅,等待接收发布信息,如图6-9所示。

项目6 物联网云平台消息机制

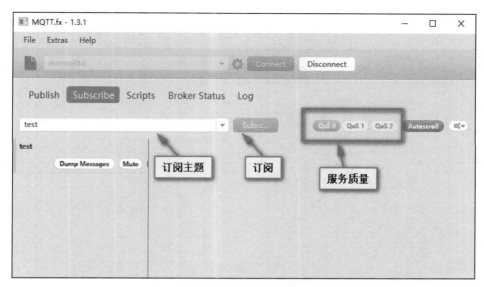

图6-9 mqtt.fx订阅主题

3）测试发布

填写主题、消息，选择服务质量，确认是否保留消息体，完成发布，如图6-10所示。

说明：Retained 为是否保留消息体。若为 true，则该发布消息被保留到服务器中，后续上线的客户端若订阅这个主题都会收到最后一条发布消息；若为 false，则该发布消息不会被保留，后续上线的客户端若订阅这个主题也不会收到在此之前发布的任何消息。

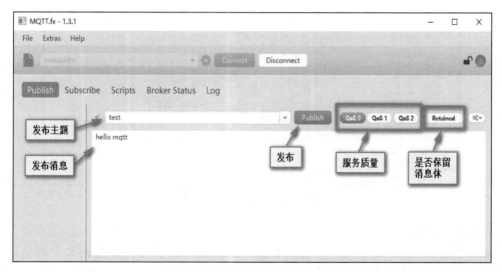

图6-10 mqtt.fx发布消息

回到订阅页面即可看到发布的消息，如图6-11所示。

物联网云平台设计与开发

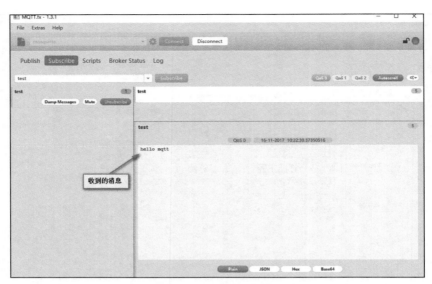

图6-11　mqtt.fx订阅接收消息

发布的订阅通过测试，说明 6.1.2 节安装的 mosquitto 服务器运行正常。

4）其他功能

a. 脚本测试

我们可以通过编写脚本，执行脚本，测试 MQTT 协议服务器的性能，MQTTfx 给出了默认的测试脚本，我们也可以自定义执行脚本，如图 6-12 所示。

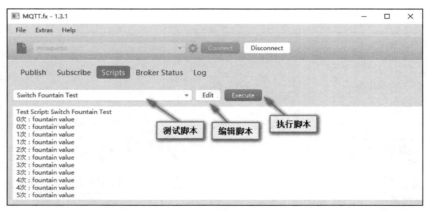

图6-12　mqtt.fx脚本测试

b. 服务器监听

MQTT 协议规定了以 "$" 开头的主题名的用途，服务端应该阻止客户端使用 "$" 开头的主题名与其他客户端交换消息。服务端将 "$" 开头的主题名用作其他目的。例如：

① $SYS/ 被广泛用作包含服务器特定信息或控制接口的主题的前缀；

② 应用不能使用 $ 字符开头的主题。

大部分 MQTT 协议服务器都将 $SYS 开头的主题用作服务器的信息统计。如，系统信息、客户端连接情况、发布订阅统计、信息统计等。客户端可以通过订阅这类主题（如果开放权限的话）去监控这些信息。

mqtt.fx1.3.1 版本支持监听 mosquitto 和 Hive MQ 的服务状态，如图 6-13 所示。

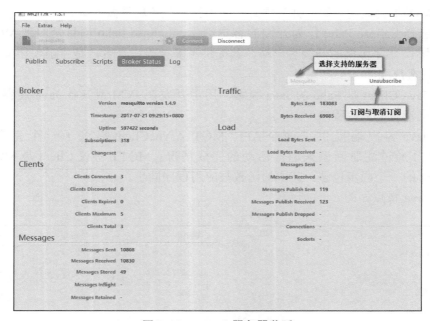

图6-13　mqtt.fx服务器监听

c. 服务器日志

我们可以通过 log 窗口查看服务器的日志信息，实时获取服务器的信息、客户端的连接或发布订阅情况，如图 6-14 所示。

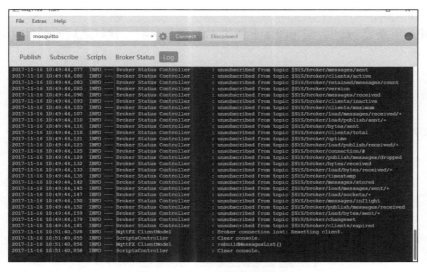

图6-14　mqtt.fx服务器日志

6.1.4　MQTT协议客户端测试

我们引入客户端库，将其变成自己的客户端代码。我们通过简单的客户端示例进一步加深对 MQTT 协议的理解，并为整合实际项目的业务场景做准备。

我们选择 Eclipse Paho 作为开发的客户端库。Eclipse Paho 项目是实现 MQTT 协议和 MQTT 协议 -SN 协议的开源客户端，其提供了多种语言平台，是目前使用非常广泛的 MQTT 协议客户端库。

Paho Java Client 是 Paho 的 Java 版本，用于开发在 JVM 或其他 Java 兼容平台（如 Android）上运行的应用程序。

Paho Java 客户端提供了两个 API。MQTTAsyncClient 提供了一个完全异步的 API，该 API 通过注册回调来通知活动的完成情况。MQTT 协议 Client 是 MQTT 协议 AsyncClient 的一个同步包装，其中的函数与应用程序同步。

Paho Java 特点如图 6-15 所示。

MQTT 3.1	✓	离线缓冲	✓
MQTT 3.1.1	✓	WebSocket支持	✓
LWT	✓	标准的TCP支持	✓
SSL / TLS	✓	非阻塞API	✓
消息持久性	✓	阻止API	✓
自动重新连接	✓	高可用性	✓

图6-15　Paho Java的特点

下面讲解如何使用 Paho Java Client。

（1）环境配置

1）新建工程

在 IDEA 下新建 gradle，在 gradle 下新建 Java 工程（略）。建好之后的项目目录如图 6-16 所示。

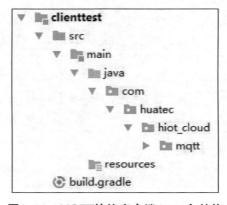

图6-16　MQTT协议客户端demo包结构

2）加入依赖

在 Gradle 的依赖配置文件 build.gradle 中加入名为 org.eclipse.paho 的依赖定义，具体内容如下：

```
compile group: 'org.eclipse.paho', name: 'org.eclipse.paho.client.MQTTv3', version: '1.2.0'
```

更新 Gradle 依赖，下载完成后，我们可以看到依赖库中多了一个 jar 包，如图 6-17 所示。

图6-17　Paho Java 依赖jar

接下来我们可以使用这个库中提供的方法。

（2）编写客户端代码

① 新建类 client。

② 编写客户端连接代码，具体代码如下：

【代码6-2】 客户端类连接代码

```
1  import org.eclipse.paho.client.MQTTv3.*;
2  import org.eclipse.paho.client.MQTTv3.persist.MemoryPersistence;
3  /**
4   * @ Created by
5   * @ Description:
6   */
7  public class Client {
8      private static final String HOST = "tcp:// 127.0.0.1:1883"; //服务器IP:端口
9      private static final String CLIENTID = "client1"; //客户端唯一标识
10     private static final String USERNAME = "test"; //用户名
11 private static final String PASSWORD = "test"; //密码
12 private MQTTClient MQTTClient; //客户端实例

13     public void connect() throws MQTTException{
14         // 新建客户端实例
15         // MemoryPersistence设置客户端实例的保存形式,默认为以内存保存,此处以内存保存
16         MQTTClient = new MQTTClient(HOST,CLIENTID,new MemoryPersistence());
17         // 设置连接时的参数
18         MQTTConnectOptions options = new MQTTConnectOptions();
19         /* 是否清空session,如果设置为false表示服务器会保留客户端的连接记录,
20         该选项设置为true表示客户端每次连接到服务器都以新的身份连接 */
21         options.setCleanSession(true);
```

```
22          // 用户名
23          options.setUserName(USERNAME);
24          // 密码
25          options.setPassword(PASSWORD.toCharArray());
26          // 连接超时时间
27          options.setConnectionTimeout(100);
28          // 心跳间隔时间
29          options.setKeepAliveInterval(180);
30          // 掉线自动重连
31          options.setAutomaticReconnect(true);
32          /* 遗嘱消息：当连接断开时发送的死亡预告,此客户端连接断开后,
33             服务器会把此消息推送给订阅了此主题的客户机 */
34          options.setWill("close","offline".getBytes(),0,true);
35          // 设置回调函数
36          MQTTClient.setCallback(new MQTTCallback() {
37              // 在断开连接时调用
38              @Override
39              public void connectionLost(Throwable cause) {
40                  System.out.println(" 连接断开，可以做重连 ");
41              }
42              // 接收已经预订的发布
43              @Override
44                 public  void  messageArrived(String  topic, MQTTMessage message)
    throws Exception {
45                  System.out.println(" 收到消息主题 :"+topic);
46                  System.out.println(" 收到消息内容 :"+message);
47              }
48              // 接收已经发布的 QoS 1 或 QoS 2 消息的传递令牌时调用
49              @Override
50                 public void deliveryComplete(IMQTTDeliveryToken token) {
51                  System.out.println(" 发布完成 ");
52              }
53          });
54          MQTTClient.connect(options);
55          System.out.println(" 连接成功 ");
56      }
57      public static void main(String[] args) throws MQTTException {
58          Client client = new Client();
59          client.connect();
60      }
```

说明如下。

① HOST：连接形式为 tcp；服务器地址为 127.0.0.1；端口为 1883（tcp 连接默认端口号）。

② CLIENTID：客户端唯一标识符，一旦重复，服务器会关闭之前连接的客户端。

③ USERNAME/PASSWORD：如果开启了用户名密码认证，那么密码为必填而且用

户所填的用户名和密码已在服务器中注册。

④ CleanSession：是否清空此次连接会话。

如果设置为 false，表示服务器会保留客户端的连接记录，下次再连接时会从服务器中读取出保存的会话，直接连接；设置为 true，表示每次以新的身份连接服务器，这表明之前的订阅都是无效的。

⑤ KeepAliveInterval：将客户端的在线信息发送给服务器，使服务器知道客户端一直在线，或者是客户端当前是否在线。保持连接间隔时间，单位为秒，客户端需要每隔 n 秒向服务器发送消息证明自己在线，若服务器 1.5 秒内没有收到客户端的信息，会认为客户端已断开连接，服务器会强行断开此连接。

⑥ Will：遗嘱。连接出现异常断开时，服务器要帮客户端完成遗嘱，遗嘱是设置好的内容，当服务器监测到客户端连接异常时，服务器会把此消息推送给订阅了此主题的客户机。

Will 需要指定主题（Will Topic）、消息（Will Message）、服务质量（Will QOS）、是否保留（Will Retain），如果设置遗嘱保留为 true，此遗嘱消息会保留在服务器中，后续新连接的客户机如果订阅了此遗嘱的主题，则会收到该消息。

⑦ Callback：回调函数，每个客户机必须指定回调，并且必须实现 MQTT 协议 Callback 及其实现类的相关方法。

⑧ 写 main 方法，测试连接

main 方法测试连接代码如下：

【代码 6-3】 main 方法测试连接

```
public static void main(String[] args) throws MQTT协议 Exception {
        Client client = new Client();
        client.connect();
}
```

如果连接成功，控制台会出现"连接成功"字样。

（3）测试发布订阅

1）编写订阅发布代码

main 方法测试发布订阅功能代码如下：

【代码 6-4】 main 方法测试发布订阅

```
1  public static void main(String[] args) throws MQTT Exception {
2  Client client = new Client();
3  client.connect();
4  // 主题
5  String topic = "topic";
6  // 订阅
7  client.MQTTClient.subscribe(topic,0);
8  // 发布
9  MQTTMessage MQTTMessage = new MQTTMessage();
10 MQTTMessage.setQos(0);
11 MQTTMessage.setRetained(false);
12 // 发布的消息内容
```

```
13    String msg = "test MQTT";
14    MQTTMessage.setPayload(msg.getBytes());
15    MQTTTopic MQTTTopic = client.MQTTClient.getTopic(topic);
16    client.publish(MQTTTopic,MQTTMessage);
17 }
18 public void publish(MQTTTopic topic, MQTTMessage message) throws MQTTException {
19    MQTTDeliveryToken token = topic.publish(message);
20    token.waitForCompletion();
21 }
```

说明：

① Topic：主题，是一个 UTF-8 的字符串，MQTT 协议服务器用其来过滤每个连接的客户端的消息。主题由一个或多个主题级别组成，每个主题级别之间由正斜杠（/）（主题层级分隔符）分隔。

只有订阅主题才可以使用通配符，这样用户可以同时订阅多个主题，发布主题是不可以使用通配符的，因为 MQTT 协议要求发布的主题是独一无二的。通配符可以使用户可以同时订阅匹配通配符的所有主题。通配符有两种类型：单层和多层通配符。

② 多层通配符（#）：是用于匹配多层级别的通配符，多层级别表示父级和其他数量的不同子集。多层通配符必须位于自己的层级或者跟在主题层级分隔符的后面。不管是哪种情况，多层通配符都必须是主题过滤器的最后一个字符。

例如，如果客户端订阅主题"sport/tennis/player1/#"，会收到使用下列主题名发布的消息：

"sport/tennis/player1"；

"sport/tennis/player1/ranking"；

"sport/tennis/player1/score/wimbledon"。

其他：

"#"是有效的，会收到所有的应用消息。

"sport/tennis#"是无效的。

"sport/tennis/#/ranking"是无效的。

③ 单层通配符（+）：是只能用于单个主题层级匹配的通配符。主题过滤器的任意层级都可以使用单层通配符。单层通配符必须占据过滤器的整个层级。可以在主题过滤器中的多个层级中使用，也可以和多层通配符一起使用。

例如，"sport/tennis/+"匹配"sport/tennis/player1"和"sport/tennis/player2"，但是不匹配"sport/tennis/player1/ranking"。同时，单层通配符只能匹配一个层级，"sport/+"不匹配"sport"，但是却匹配"sport/"。

其他：

"+"是有效的。

"+/tennis/#"是有效的。

"sport+"是无效的。

"sport/+/player1"也是有效的。

"/finance"匹配"+/+"和"/+"，但是不匹配"+"。

④ QoS：服务质量等级

MQTT 协议根据 QoS 定义的等级来传输消息。等级描述如下。

a. level 0：最多一次的传输。

说明消息是通过 TCP/IP 网络传输的，可能连接成功，也可能连接失败。此种传输没有回应，在协议中也没有定义重传的语义。消息可能到达服务器 1 次，也可能不会到达服务器。

b. level 1：至少一次的传输。

服务器会通过接收一个 PUBACK 信息判断信息是否发送成功。如果有一个信息传输失败，无论是通信连接还是发送设备确认信息没有收到后，发送方都会将消息头的 DUP 位置 1，然后再次发送消息。消息至少到达服务器一次，确认信息发送成功。SUBSCRIBE 和 UNSUBSCRIBE 都是使用 level 1 的 QoS。

无论是应用定义超时，还是监测失败导致通信 session 重启或是其他原因，最终导致客户端没有接收到 PUBACK 信息时，客户端会再次发送 PUBLISH 信息，并且将 DUP 位置 1。当其从客户端接收到重复的数据时，服务器会重新发送消息给订阅者，并且发送另一个不同的 PUBACK 消息。

c. level 2：只有一次的传输。

QoS level 1 上附加的协议流保证重复的消息不会被传送到接收的应用中。这是最高级别的传输，重复的消息在不被允许的情况下使用时，会增加网络流量，但是它通常是可以接受的，因为消息内容很重要。QoS level 2 在消息头中有 Message ID。

d. retain：消息保留。

将消息保留设置为 true 即可，服务器端必须保存这个应用消息和服务质量等级（QoS），以便其可以分发给与未来的主题名匹配的订阅者。

e. Payload：有效载荷。

该传输的内容必须是二进制数据（消息的内容发布后将消息的内容转化为二进制数据），这样才能属于有效载荷。

2）测试

程序运行 main 方法进行测试，程序在测试的过程中会走到回调方法内，并执行相应的实现方法。如果运行正常，控制台会得到以下结果。

```
发布完成
收到消息主题:topic
收到消息内容:test MQTT 协议
```

以上示例实现了 MQTT 协议客户端的简单应用，后面实际项目的业务逻辑应用都是在此基础上实现的。

6.1.5 任务回顾

知识点总结

1. MQTT 协议是一种基于发布 / 订阅（publish/subscribe）模式的"轻量级"通信协议，该协议构建于 TCP/IP 上。

2. MQTT 协议 Broker（Server）是 MQTT 协议的服务端实现，如 mosquitto 负责消息代理与中转。

3. MQTT 协议是 MQTT 协议的客户端实现的，如 Eclipse Paho。client 连接到 Broker 通过订阅发布与其他客户端进行数据交换。

4. MQTT 协议中的规范，如，控制报文（Control Packet）、主题（Topic）、服务质量等级（QoS）、意愿（Will）、保留（Retain）等。

5. Mosquitto 和 Eclipse Paho 分别是 MQTT 协议服务端和客户端的开源实现。我们可以直接使用这些实现完成项目，同时也可以基于这些开源库做二次开发，甚至可以自行实现服务器端和客户端。

学习足迹

任务一的学习足迹如图 6-18 所示。

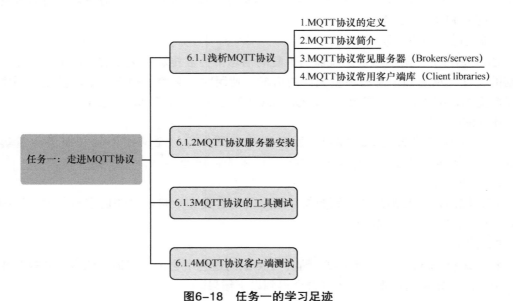

图6-18 任务一的学习足迹

思考与练习

1. 以下哪项不属于 MQTT 协议测试工具类型（　　）。
   A. 网页端　　　B. 桌面端　　　C. 网关端　　　D. 软件端
2. MQTT 协议服务器的作用是_____。
3. MQTT 协议提供的三种服务器质量是_____、_____、_____。
4. 请分别阐述 MQTT 协议的订阅、主题、会话。
5. 简述 MQTT 协议的实现方式。

6.2 任务二：物联网场景下 MQTT 协议的整合

【任务描述】

认识 MQTT 协议通信协议后，我们需要将 MQTT 协议运用到项目中，使设备和物联网云平台通信，那如何把 MQTT 协议整合进来呢？接下来，我们从 Spring 中找到了对 MQTT 协议的集成支持，让我们一起学习具体的实现流程吧。

6.2.1 Spring整合org.eclipse.paho实现MQTT协议客户端

Spring 官方提供了 spring 与 MQTT 协议的集成支持，在项目 spring-integration 下，有兴趣的读者可以自行去了解。

此项目没有采用 spring-integration-mqtt，但我们将 spring 与 org.eclipse.paho 整合，以达到与 spring-integration-mqt 同样的目的，该目的是将 MQTT 协议模块的生命周期托管给 spring，便于与物联网云平台的整合，同时尽量减少对 org.eclipse.paho 的再封装，以便更好地理解 MQTT 协议的开发思路与流程。

1. 配置 Spring 配置文件

将 build.gradle 加入 spring 依赖库中。

```
compile 'org.springframework:spring-beans:4.1.7.RELEASE'
compile group: 'org.springframework', name: 'spring-context', version: '4.3.7.RELEASE'
```

我们在资源目录 resources 下，创建 spring 配置的文件 applicationContext-mqtt.xml（在 resources 包下）。内容只有一项，即扫描该模块下的 spring bean，并将之纳入管理。

```
<context:component-scan base-package="com.huatec.hIoT_cloud.mqtt" />
```

2. 发布订阅客户端代码

订阅和发布分别建立在一个客户端类中，在 MQTT 协议 .client 下创建 PubClient 和 SubClient，订阅为 SubClient，clientID 为"subClient"；发布为 PubClient，clientID 为"pubClient"。并将回调类单独提取出来作为独立的类，订阅回调类为 SubCallBack；发布回调类为 PubCallBack。SubCallBack 和 PubCallBack 都实现 MQTT 协议 CallbackExtended。（SubCallBack 和 PubCallBack 在 callBack 包下）

MqttcallbackExtended 继承自 MqttCallback，并且增加了 connectComplete 方法（连接成功后会调用此方法），我们可根据此方法做连接成功后的操作（若判断此连接为自动重连，可重新操作订阅）。

客户端连接设置回调代码如下。

订阅回调。

```
mqttClient.setCallback(new SubCallBack());
```

发布回调。

```
MqttClient.setCallback(new PubCallBack());
```

通过 main 方法测试连接，订阅为 SubClient，发布为 PubClient。

订阅代码如下：

【代码 6-5】 订阅测试

```
1  public static void main(String[] args) throws MqttException {
2      SubClient client = new SubClient();
3      client.connect();
4      // 主题
5      String topic = "topic";
6      // 订阅
7      client.MqttClient.subscribe(topic,0);
8  }
```

发布代码如下。

【代码 6-6】 发布测试

```
1  public static void main(String[] args) throws MqttException {
2      PubClient client = new PubClient();
3      client.connect();
4      // 主题
5      String topic = "topic";
6      // 发布
7      MqttMessage MqttMessage = new MqttMessage();
8      MqttMessage.setQos(0);
9      MqttMessage.setRetained(false);
10     // 发布的消息内容
11     String msg = " 测试连接 ";
12     MqttMessage.setPayload(msg.getBytes());
13     MqttTopic MqttTopic = client.MqttClient.getTopic(topic);
14     client.publish(MqttTopic,MqttMessage);
15 }
16 public void publish(MqttTopic topic, MqttMessage message) throws MqttException {
17     MqttDeliveryToken token = topic.publish(message);
18     token.waitForCompletion();
19 }
```

首先启动订阅客户端，然后再启动发布客户端，若连接成功，控制台会分别打印以下信息。
发布。

```
连接成功
发布完成
```

订阅。

```
连接成功
收到消息主题：topic
收到消息内容：测试连接
```

3. 配置 Spring 管理

要将发布和订阅客户端类的实例化交给 Spring 容器管理，并使用 @Component 注解，客户端类 SubClient 和 PubClient 注册为 spring Bean。

SubClient 新增方法 connAndSub()，该方法用于建立连接及订阅，代码如下。

【代码 6-7】 测试连接及订阅

```
1  public void connAndSub() throws MqttException {
2      connect();
3      // 主题
4      String topic = "topic";
5      // 订阅
6      MqttClient.subscribe(topic,0);
7  }
```

PubClient 新增方法 connAndPub()，该方法用于建立连接及发布，代码如下。

【代码 6-8】 测试连接及发布

```
1   public void connAndPub() throws MqttException {
2       connect();
3       // 主题
4       String topic = "topic";
5       // 发布
6       MqttMessage mqttMessage = new MqttMessage();
7       MqttMessage.setQos(0);
8       MqttMessage.setRetained(false);
9       // 发布的消息内容
10      String msg = "测试连接发布订阅";
11      MqttMessage.setPayload(msg.getBytes());
12      MqttTopic mqttTopic = mqttClient.getTopic(topic);
13      publish(mqttTopic,mqttMessage);
14  }
```

新增 test 包作为测试类所在的包。新增连接测试类 ConnTest。

首先定义私有属性 ac（spring 上下文），并且用静态代码块去实例化 ac，代码如下：

【代码 6-9】 获取 spring 上下文

```
1  private static ApplicationContext ac;
2  static{
3      String conf="applicationContext-mqtt.xml";
4      ac=new ClassPathXmlApplicationContext(conf);
5  }
```

然后写 main 方法测试，实例化 SubClient 并调用 connAndSub() 方法建立 client，连接并订阅主题"topic"，最后，实例化 PubClient 并调用 connAndPub() 方法建立 client，连接并在主题"topic"上发布消息，代码如下：

【代码 6-10】 测试类中测试连接订阅及发布

```
1  public static void main(String[] args) throws MqttException{
2      SubClient subClient = (SubClient)ac.getBean("subClient");
3      subClient.connAndSub();
4      PubClient pubClient = (PubClient)ac.getBean("pubClient");
5      pubClient.connAndPub();
6  }
```

单击测试，控制台打印连接成功的消息，代码如下。

```
连接成功 p
连接成功 s
发布完成
收到消息主题:topic
收到消息内容： 测试连接发布订阅
```

4. 优化

进一步优化 SubClient 和 PubClient 的客户端连接、订阅、发布逻辑与代码。

（1）实例化客户端即建立连接

spring 注解 @PostConstruct 可以在构造器实例化对象之后调用此注解下的方法。因此我们可以在 SubClient 和 PubClient 的 connect() 方法上使用该注解，实例化 SubClient 和 PubClient 后自动调用 connect() 方法完成客户端到服务器的注册连接。

SubClient：

```
@PostConstruct
public void connect() throws MqttException{
```

PubClient：

```
@PostConstruct
public void connect() throws MqttException{
```

（2）订阅封装成一个方法用以动态订阅主题

客户端不仅支持订阅单个主题，还支持订阅多个主题（以数组形式）。我们可以在 SubClient 中新增方法 addSub() 用以实现该功能，具体代码如下。

【代码 6-11】 新增订阅方法

```
1  // 增加订阅
2  public void addSub(String[] topics,int qos) throws MqttException {
3      // 订阅
4      int[] qoss = new int[topics.length];
5      Arrays.fill(qoss,qos);
6      mqttClient.subscribe(topics,qoss);
7  }
```

（3）发布封装成一个方法用以动态发布消息

客户端只能逐个发布信息，我们可在 PubClient 中新增方法 addPub() 实现该要求，具体代码如下。

【代码 6-12】 新增发布方法

```
1  // 发布
2      public void addPub(String topic,int qos,String msg) throws MqttException {
3          // 发布
4          MqttMessage mqttMessage = new MqttMessage();
5          mqttMessage.setQos(qos);
6          mqttMessage.setRetained(false);
7          // 发布的消息内容
8          mqttMessage.setPayload(msg.getBytes());
9          MqttTopic mqttTopic = mqttClient.getTopic(topic);
```

```
10        publish(mqttTopic,mqttMessage);
11    }
```

（4）订阅回调类

我们将订阅回调类 SubCallBack 的 messageArrived() 方法的消息处理单独创建一个类即 SubCallBackService，将其放在新建的 service 包下，并配置 @Service 注解，代码如下。

【代码 6-13】 订阅回调处理类

```
1 @Service
2 public class SubCallBackService {
3     public void msgHandle(String topic,String msg){
4         System.out.println(topic);
5         System.out.println(msg);
6     }
7 }
```

在 SubCallBack 类上标注 @Component，并且将 SubCallBackService 配置为属性，使用 @Autowired 自动注入，因为 SubCallBackService 实例化必须在 SubCallBack 之前，所以利用 @DependsOn("subCallBackService") 注解标示 SubCallBack 的实例化依赖 SubCallBackService，即 SubCallBackService 先实例化后，再实例化 SubCallBack，代码如下。

【代码 6-14】 订阅回调 spring 管理

```
1 @Component
2 @DependsOn("subCallBackService")
3 public class SubCallBack implements MqttCallbackExtended{
4     @Autowired
5     private SubCallBackService subCallBackService;
```

messageArrived() 方法调用 SubCallBackService 下的 msgHandle() 方法，代码如下。

【代码 6-15】 订阅回调 messageArrived 方法

```
1 @Override
2 public void messageArrived(String topic, MqttMessage message) throws Exception {
3         //System.out.println(" 收到消息主题 :"+topic);
4         //System.out.println(" 收到消息内容 :"+message);
5         String msg = message.toString();
6         if(msg.trim().length()>0){
7             subCallBackService.msgHandle(topic,msg);
8         }
9 }
```

问题随之而来，因为 SubCallBack 由 spring 容器实例化，SubClient 却是通过 new 实例化 SubCallBack 得到的，所以需要修改 SubClient 实例化 SubCallBack 的方式。步骤与上步类似，配置自动注入的 SubCallBack 的属性，并使 SubCallBack 的实例化先于 SubClient，代码如下：

【代码 6-16】 订阅客户端 spring 管理

```
1 @DependsOn("subCallBack")
2 public class SubClient {
3     @Autowired
```

```
4        private SubCallBack subCallBack;
```

接着将 subCallBack 直接设置成回调函数，具体内容如下。

```
// 设置回调函数
mqttClient.setCallback(subCallBack);
```

至此，完成 spring 整合 org.eclipse.paho 的设置，实现了 MQTT 协议发布订阅及回调处理的基础配置。我们利用 addSub() 实现订阅，利用 addPub() 实现发布，利用 SubCallBackService 的 msgHandle() 方法实现对接收到的订阅信息的处理。

（5）测试优化

在 ConnTest 测试类下新建方法 testOptimize()，测试代码如下。

【代码6-17】 优化后的客户端发布订阅测试

```
1  @Test
2  public void testOptimize() throws MqttException{
3      SubClient subClient = (SubClient)ac.getBean("subClient");
4      subClient.addSub(new String[]{"topic1","topic2"},0);
5      PubClient pubClient = (PubClient)ac.getBean("pubClient");
6      pubClient.addPub("topic1",0," 消息 1");
7      pubClient.addPub("topic2",0," 消息 2");
8  }
```

控制台打印成功的信息，具体如下。

```
连接成功 p
连接成功 s
发布完成
发布完成
topic1
消息 1
topic2
消息 2
```

6.2.2 物联网云平台MQTT协议业务接口

物联网云平台通过 MQTT 协议与设备端交互数据，每一台设备端作为 MQTT 协议的一台设备客户端，物联网云平台 MQTT 协议模块作为 MQTT 协议的设备消息管理客户端，MQTT 协议 broker（mosquitto）作为消息代理。设备客户端和设备消息管理客户端通过消息代理实现设备数据及控制数据的交互，实现原理如图 6-19 所示。

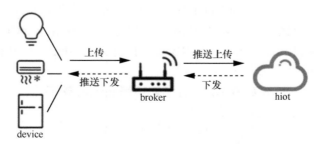

图6-19　hIoT设备消息管理架构

物联网云平台设备消息管理客户端负责接收设备的上传数据并控制数据的发出。物联网云平台要实现对设备的监听与控制，首先需要订阅设备端上传数据时所用的主题，这就需要设备消息管理客户端主动订阅这些主题。上层核心模块决定需要订阅哪些主题，核心模块指定好主题集之后通知设备消息管理客户端订阅这些主题。某些设备如果不需要被监控与控制，则需要通知设备消息管理客户端，取消与这些设备相关的订阅。

下发的控制数据来自上层的物联网云平台的核心模块，用户通过 App 或 Web 发起对设备的控制，并由 http 传递到云后台，云后台通过对请求的过滤与包装将控制请求转发到设备消息管理客户端，让其发出控制数据。设备上传数据通过指定主题被发出后，设备消息管理客户端订阅该主题，将在订阅回调中接收到此数据，并过滤此数据（如判断该数据是否合法）和处理之后经由数据存储模块保存到 MongoDB 中。另外，设备需要将自身的在线状态、对用户控制的响应等数据上传到设备消息管理客户端，并经由它返回给上层核心模块，以便使用者可以掌握设备的状态。

数据流转方向与目标如图 6-20 所示。

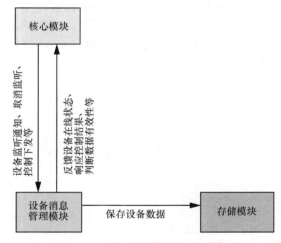

图6-20　设备数据流转方向与目标

为此，我们需要针对数据的流转方向与目的地设计相应的接口，并暴露给上层核心模块和存储模块，用以实现上述功能和其他额外的功能。

1. 设备数据监听与控制接口

设备数据监听与控制接口主要用于和上层核心模块进行通信与数据交换，数据有以下两种流向。

（1）上层核心模块→设备消息管理客户端模块

上层核心模块→设备消息管理客户端模块。核心模块通过指定主题完成对指定设备的监听通知（订阅指定主题），包括初始化订阅（即程序启动时订阅所有监听控制设备需要订阅的主题），实现核心模块对设备控制的下发等，取消监听通知（取消指定主题）。

上层核心模块→设备消息管理客户端模块中对应的功能接口（上层核心模块的接口）

是可供外部调用的。

下面我们分析这些接口是如何被定义、实现及调用的。

定义接口：在 service 包下创建 interface（接口）ICoreServiceOuter，并定义相关方法，代码如下：

【代码 6-18】 供外部调用的接口定义

```
1  public interface ICoreServiceOuter {
2      /** 增加主题订阅 */
3      boolean addSub(String[] topics,int qos);
4      /** 增加信息发布 */
5      boolean addPub(String topic,int qos,String msg);
6      /** 取消主题订阅 */
7      boolean removeSub(String[] topics);
8  }
```

接口实现：在 service 包下新建 impl 包，在 impl 包下创建 CoreServiceOuter 并实现 ICoreServiceOuter，并且重写 ICoreServiceOuter 的方法，代码如下：

【代码 6-19】 供外部调用的接口实现类

```
1  @Service
2  public class CoreServiceOuter implements ICoreServiceOuter{
3      @Autowired
4      private SubClient subClient;
5      @Autowired
6      private PubClient pubClient;

7      @Override
8      public boolean addSub(String[] topics,int qos) {
9          try {
10             if(qos != 0 && qos != 1 && qos != 2){
11                 qos = 0;
12             }
13             subClient.addSub(topics,qos);
14             return true;
15         } catch (MqttException e) {
16             e.printStackTrace();
17             return false;
18         }
19     }

20     @Override
21     public boolean addPub(String topic,int qos,String msg) {
22         try {
23             if(qos != 0 && qos != 1 && qos != 2){
24                 qos = 0;
25             }
26             pubClient.addPub(topic,qos,msg);
27             return true;
28         } catch (MqttException e) {
```

```
29                e.printStackTrace();
30                return false;
31            }
32      }
33
34      @Override
35      public boolean removeSub(String[] topics) {
36          try {
37              subClient.removeSub(topics);
38              return true;
39          } catch (MqttException e) {
40              e.printStackTrace();
41              return false;
42          }
43      }
44 }
```

调用测试：在 test 包下新建测试类 CoreServiceTest，并参照 ConnTest 类获取 spring 上下文实例，代码如下：

【代码 6-20】 业务接口测试类

```
1  public class CoreServiceTest {
2      private static ApplicationContext ac;
3      static{
4          String conf="applicationContext-mqtt.xml";
5          ac=new ClassPathXmlApplicationContext(conf);
6      }
```

然后编写测试方法 testOuter ()，代码如下：

【代码 6-21】 供外部调用的接口测试方法

```
1  @Test
2  public void testOuter() throws MQTTException, InterruptedException {
3  CoreServiceOuter coreServiceOuter = (CoreServiceOuter) ac.getBean("coreServiceOuter");
4      boolean b = coreServiceOuter.addSub(new String[]{"topic1","topic2"},0);
5      System.out.println(b);
6      System.out.println("--------------------------");
7      boolean pb = coreServiceOuter.addPub("topic1",0,"消息1");
8      System.out.println(pb);
9      boolean pb2 = coreServiceOuter.addPub("topic2",0,"消息2");
10     System.out.println(pb2);
11     System.out.println("--------------------------");
12     Thread.sleep(3000);
13     boolean pb3 = coreServiceOuter.removeSub(new String[]{"topic2"});
14     System.out.println(pb3);
15     System.out.println("--------------------------");
16     boolean pb4 = coreServiceOuter.addPub("topic1",0,"消息1-2");
```

```
17            System.out.println(pb4);
18             boolean pb5 = coreServiceOuter.addPub("topic2",0," 消息
2-2");
19            System.out.println(pb5);
20 }
```

测试如果正确，控制台打印测试成功的信息，代码如下：

【代码 6-22】 供外部调用的接口测试结果——控制台打印

```
1  连接成功 p
2  连接成功 s
3  true
4  ----------------------------------
5  发布完成
6  topic1
7  消息 1
8  true
9  发布完成
10 topic2
11 消息 2
12 true
13 ----------------------------------
14 true
15 ----------------------------------
16 发布完成
17 true
18 发布完成
19 true
20 topic1
21 消息 1-2
```

（2）设备消息管理客户端模块→上层核心模块

设备消息管理客户端模块→上层核心模块中的设备消息管理模块将接收的设备数据在线状态反馈给上层核心模块，并将响应结果返回给上层核心模块，进而判断设备上传数据的有效性。设备消息管理模块异常重连后会初始化订阅主题。

针对设备消息管理客户端模块→上层核心模块中对应的功能接口是供内部调用（即设备消息管理客户端模块自身）的。需要说明的是，这部分功能都是在订阅回调类 SubCallBack 及其回调处理类 SubCallBackService 中完成调用的。这是因为这部分功能是后处理设备数据时或者在设备消息管理客户端异常重连之后进行的相关操作，这些都是在回调中处理的。

下面我们分析这些接口是如何被定义、实现及调用的。

定义接口：在 service 包下创建 interface（接口）ICoreServiceUp，并定义相关方法，代码如下：

【代码 6-23】 供内部调用的接口定义

```
1 public interface ICoreServiceInner {
2     /** 初始化（重连）订阅 */
3     boolean initSub();
```

```
4       /** 判断主题是否有效 */
5       boolean isValidTopic(String topic);
6       /** 更新设备在线状态 */
7       boolean updateOnlineStatus(String topic,String msg);
8       /** 上传设备的控制响应 */
9       boolean returnResponse(String topic,String msg);
10 }
```

接口实现：在 impl 包下创建 CoreServiceInner，并实现 ICoreServiceInner，并且重写 ICoreServiceInner 下的方法（这里只做测试性的控制台打印，实际业务逻辑后面会补充），代码如下：

【代码 6-24】 供内部调用的接口实现类

```
1  @Service
2  public class CoreServiceInner implements ICoreServiceInner{
3      @Override
4      public boolean initSub() {
5          System.out.println("这里做重新订阅（结合实际业务）");
6          return false;
7      }
8      @Override
9      public boolean isValidTopic(String topic) {
10         System.out.println("这里判断主题是否有效");
11         return false;
12     }
13     @Override
14     public boolean updateOnlineStatus(String topic, String msg) {
15         System.out.println("这里上传设备的在线状态");
16         return false;
17     }
18     @Override
19     public boolean returnResponse(String topic, String msg) {
20         System.out.println("这里上传设备的响应数据");
21         return false;
22     }
23 }
```

同时在回调处理类 SubCallBackService（Service 包下）中增加方法 initSub()，用于调用 CoreServiceInner 中的 initSub() 方法，并且注入 CoreServiceInner 实例，代码如下：

【代码 6-25】 订阅回调处理类重连订阅方法

```
1  @Autowired
2  private ICoreServiceInner coreServiceInner;
3  /** 掉线重连重新订阅 */
4  public void initSub(){
5      coreServiceInner.initSub();
6  }
```

在订阅回调类 SubCallBack 中的 connectComplete() 方法中,增加掉线重连后重新订阅的功能,代码如下:

【代码 6-26】 订阅回调类连接完成方法

```
1  // 连接成功时调用
2      @Override
3      public void connectComplete(boolean reconnect, String serverURI) {
4          System.out.println("连接成功 s");
5          // 重连需要重新订阅主题
6          if(reconnect){
7              System.out.println("重连成功 s");
8              subCallBackService.initSub();
9          }
10 }
```

SubClient 因为网络延迟等异常与 MQTT 协议 broker 断开连接时,可在重新建立连接后订阅断开连接之前的所有已订阅的主题。

对于 isValidTopic()、updateOnlineStatus() 和 returnResponse() 这 3 个方法,我们可以在 msgHandle() 模拟一个控制语句,使它们在接收不同主题或消息时进入不同的方法,代码如下(注:仅作测试用)。

【代码 6-27】 订阅回调处理类消息接收处理方法

```
1  /** 设备消息处理 */
2  public void msgHandle(String topic,String msg){
3      System.out.println(topic);
4      System.out.println(msg);
5      if(topic.length()>10){
6          coreServiceInner.isValidTopic(topic);
7      }else if(msg.equals("offline")){
8          coreServiceInner.updateOnlineStatus(topic,msg);
9      }else if(msg.startsWith("response:")){
10         coreServiceInner.returnResponse(topic,msg);
11     }
12 }
```

调用测试:我们可用 MQTT 协议测试工具(mqtt.fx)测试发布主题,在测试类中订阅这些主题并启动测试。根据发布的主题和内容,过滤控制语句,使用不同的方法测试这些定义的方法。在测试类 CoreServiceTest 中的 main 方法中订阅主题后并启动测试,代码如下。

【代码 6-28】 供内部调用的接口测试方法

```
1 public static void main(String[] args) throws MqttException, InterruptedException {
2     CoreServiceOuter coreServiceOuter = (CoreServiceOuter)ac.getBean("coreServiceOuter");
3     coreServiceOuter.addSub(new String[]{"topic1","topic123456"},0);
4 }
```

我们分别在 mqtt.fx 发布"主题=消息",即 topic123456=1;topic1=offline;topic1=

response:1。

则控制台会分别打印以下几项内容。

```
topic123456
1
这里判断主题是否有效
topic1
offline
这里上传设备的在线状态
topic1
response:1
这里上传设备的响应数据
```

说明测试成功。

2. 设备数据保存接口

设备数据保存接口主要用于向设备数据存储模块传输设备数据并持久化存储。存储模块使用 MongoDB 存储设备数据。此处的数据流向是单向的，即从设备消息管理客户端模块流向设备数据存储模块。

下面我们分析接口的定义、实现及测试。

接口定义：在 service 包下新建接口（interface）IMongoService，并定义方法 saveToMongo()，代码如下。

【代码 6-29】 MongoDB 数据存储接口

```
1  public interface IMongoService {
2      /** 将设备数据保存到MongoDB*/
3      public boolean saveToMongo(String topic,String msg);
4  }
```

接口实现：在 service.impl 包下新建类 MongoService，实现 IMongoService 并重写方法 saveToMongo()，这里只提供测试示例，代码如下。

【代码 6-30】 MongoDB 数据存储接口方法定义

```
1  @Service
2  public class MongoService implements IMongoService{
3      @Override
4      public boolean saveToMongo(String topic, String msg) {
5          System.out.println("这里将设备数据保存到MongoDB");
6          return false;
7      }
8  }
```

然后将订阅回调到处理类（SubCallBackService）的 msgHandle() 方法中，代码如下。

【代码 6-31】 原消息处理部分代码

```
1  if(topic.length()>10){
2      coreServiceInner.isValidTopic(topic);
3  }
```

稍加修改，代码如下。

【代码 6-32】 修改后的消息处理部分代码

```
1  if(topic.length()>10){
2      boolean isValidTopic = coreServiceInner.isValidTopic(topic);
3      if(isValidTopic){
4          mongoService.saveToMongo(topic,msg);
5      }
6  }
```

并注入 IMongoService 实例，代码如下。

```
@Autowired
private IMongoService mongoService;
```

最后将 coreServiceInner.isValidTopic() 方法的返回值改为 true，接下来便可以测试了。

调用测试：参照 6.2.1 节测试调用，启动 CoreServiceTest 中的 main 方法，并用 MQTT 协议 .fx 分别发布消息："主题：消息"，即 topic1=1；topic123456=1。

从测试结果可得：topic1 不满足主题发布的条件，没有进入 mongoService.saveToMongo() 方法，topic123456 满足主题发布条件，进入该方法。控制台打印结果如下。

```
topic1
1
topic123456
1
这里判断主题是否有效
这里将设备数据保存到 MongoDB
```

至此，我们在企业应用框架中实现了物联网云平台的业务需求与逻辑定义 MQTT 协议接口相结合，并提供了实现 demo 的方法，以及如何调用 demo 方法等一系列流程与思路。本节没有涉及具体的业务，目的是为了让大家进一步理解 MQTT 协议的实现原理，熟悉如何使用开源客户端库完成与 MQTT 协议服务的连接及通过 MQTT 协议服务器与其他客户端建立信息通信。本节给大家提供一种如何定义与具体业务模块交互的接口以及如何处理收发消息的方式与思路。

6.2.3 任务回顾

知识点总结

1. MQTT 协议客户端回调的作用以及回调中实现的功能。
2. MQTT 协议客户端连接、发布订阅的实现原理。
3. Spring 框架如何管理 MQTT 协议客户端。
4. 如何结合物联网云平台的业务功能与模块实现接口的订阅与调用。
5. 如何在 MQTT 协议客户端回调中处理接收的数据。

学习足迹

任务二的学习足迹如图 6-21 所示。

项目6 物联网云平台消息机制

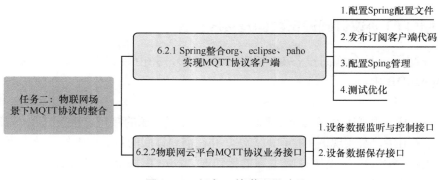

图6-21 任务二的学习足迹

 思考与练习

1. Spring 整合 MQTT 协议需要增加什么 jar 包？
2. 简述 MQTT 协议业务对接流程。

6.3 任务三：物联网云平台的设备消息管理

【任务描述】

物联网云平台采用通道的方式实现设备数据的上传下发，为了简化设备端处理，我们规定 MQTT 协议的主题采用通道 ID，设备在线状态的监控采用设备 ID。

MQTT 协议的主题大致分为设备 ID 和通道 ID。设备 ID 用于云后台的订阅，以监控设备状态；通道 ID 分向上通道 ID 和向下通道 ID，其中，向上通道 ID 用于云后台的订阅，以实现设备数据的上传功能，向下通道 ID 用于设备端订阅，以实现控制设备。

由此，除了使用任务二的设备消息管理客户端模块外，还需要引入之前项目的模块，即上层核心模块 core 和数据存储模块 mongo。引入之后的项目目录如图 6-22 所示。

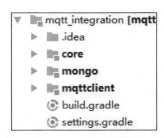

图6-22 引入其他模块之后的项目目录

下面我们分析物联网云平台业务如何整合上层核心模块 core 和数据存储模块 mongo 实现设备的消息管理。

6.3.1 MQTT协议订阅设备数据及接收处理

本节介绍了云后台订阅设备 ID 和向上通道 ID，并由接收设备过滤上传数据后将其存储到 MongoDB 中。

1. 订阅主题

在任务二中，我们已经在 client 模块上实现了订阅主题的接口。接下来我们需要在 core 模块中编写调用接口及实现调用接口的方法，并在需要订阅的业务层中执行该调用方法。

core 模块调用 client 模块订阅主题的接口时，core 模块需要依赖 client 模块，因此我们需要在 core 模块的 build.gradle 中引用 client 模块，具体做法是在 dependencies {} 内添加以下语句。

```
compile project(':mqttclient')
```

定义接口：在 core.service.ext 包下新建 MQTT 协议，操作统一接口 IMQTT 协议 Service，定义增加订阅方法 addSub()，代码如下：

【代码 6-33】 core 模块下的 MQTT 协议接口订阅方法

```
1 public interface IMqttService {
2     /** 通过mqtt 订阅主题实现对设备数据的上传保存 */
3 public boolean addSub(String[] topics,int qos)throws MqttException;
4 }
```

接口实现：在 core.service.ext.impl 包下新建类 MqttServiceImpl，并继承 IMqttService，并将其注入 client 模块的 mqtt.service 包下的 ICoreServiceOuter，并重写 addSub() 方法，代码如下：

【代码 6-34】 core 模块下的 MQTT 协议接口订阅方法实现

```
1  @Service
2  public class MqttServiceImpl implements IMqttService{
3      @Autowired
4  private ICoreServiceOuter coreServiceOuter;
5  @Override
6  public boolean addSub(String[] topics,int qos) throws MqttException {
7      if(topics != null && topics.length>0){
8          return coreServiceOuter.addSub(topics,qos);
9      }
10     return true;
11 }
12 }
```

接口调用：

我们要考虑物联网云平台在什么情况下需要订阅设备 ID 和向上通道 ID。设备在 Web 后台被创建时，会有两种状态：一种是激活状态，另一种是未激活状态。其中激活状态表明设备已经联网或者用户绑定了该设备，即设备可以上传数据或者用户准备使用该设备。所以以上情况表示在设备激活状态下需要程序动态，将设备 ID 和向上通道 ID

订阅到 MQTT 协议。

首先，我们将设备状态更新为激活状态或用户绑定设备时再激活，这都是针对设备的操作，即此时可以获得设备 ID，所以我们需要根据设备 ID 查询出所有向上通道 ID，然后才能将这些向上通道 ID 加入 MQTT 协议订阅中。因此我们在 core.service.IUpdatastreamService 接口下定义方法 findByDevIdAndAddSub()，代码如下：

【代码 6-35】 查询通道并订阅方法定义

```
1   // 根据 ID 查询设备下的所有通道并加入 MQTT 协议订阅
2   public boolean findByDevIdAndAddSub(String deviceId);
```

在实现类 UpdatastreamServiceImpl（在 service、Impl 包下）中重写此方法，代码如下：

【代码 6-36】 查询通道并订阅方法实现

```
1   @Override
2       public boolean findByDevIdAndAddSub(String deviceId) {
3           List<String> updatastreamIds = updatastreamDao.findIdByDeviceId(deviceId);
4           // 设备没有通道，则没必要订阅
5           if(updatastreamIds == null || updatastreamIds.size()==0){
6               return true;
7           }
8           // 同时将设备 ID 作为主题并用于监测设备的在线状态
9           updatastreamIds.add(deviceId);
10          String[] topics = new String[updatastreamIds.size()];
11          updatastreamIds.toArray(topics);
12          try {
13              // 调用订阅接口方法
14              return mqttService.addSub(topics,0);
15          } catch (MqttException m){
16              m.printStackTrace();
17              return false;
18          }
19      }
```

其中，updatastreamDao.findIdByDeviceId(deviceId) 通过设备 ID 查询向上通道 ID 的集合。updatastreamDao 接口中的定义及 sqlmapper/UpdatastreamMapper.xml 中的查询语句，代码如下：

```
// 查询某个设备下的所有向上通道 ID。
public List<String> findIdByDeviceId(String deviceId);
<select id="findIdByDeviceId" resultType="String">
    select id from updatastream where device_id=#{deviceId}
</select>
```

我们分别在设备更新的业务代码和用户绑定设备的业务代码中加入对 IUpdatastreamService 的调用 findByDevIdAndAddSub() 的方法。

在设备业务接口 IDeviceService 的实现类 DeviceServiceImpl（在 service.Impl 包下）中的 updateDev() 方法中加入判断，如果设备状态更改为激活，则调用 IUpdatastreamService 的 findByDevIdAndAddSub() 方法，代码如下：

【代码6-37】 更新设备状态为激活时调用 findByDevIdAndAddSub 方法

```
1    // 根据状态订阅或取消订阅
2    Integer oldStatus = deviceDao.findStatusById(deviceId);
3    Integer newStatus = device.getStatus();
4    if(oldStatus != newStatus && null != newStatus){
5        // 如果设备状态更改为激活，则需要将设备 ID 及通道 ID 加入 MQTT 订阅
6        if(newStatus == Constants.DEVICE_STATUS_ACTIVATED){
7            updatastreamService.findByDevIdAndAddSub(deviceId);
8        }
9    }
```

设备持有者接口（IHolderService）的实现类（HolderServiceImpl 在 service.Impl 包下）中重写用户绑定设备的 save() 方法。

```
// 将此设备下的所有通道加入 MQTT 协议订阅主题中
updatastreamService.findByDevIdAndAddSub(dev_id);
```

测试订阅：我们可以启动 core 模块下的 tomcat 服务，测试订阅是否可用。启动 tomcat 后，访问 Swagger 接口列表，找到 device 组下的"编辑设备"，如图 6-23 所示。

图6-23　swagger编辑设备接口

从存在的设备列表中（查 device 组下的"查询用户创建的设备"）选择一个未激活设备的设备 ID，从接口登录，找到登录用户的 Token。如图 6-24 所示，填写接口参数，其中设备 ID、status、Authorization 为必填选项，status 填 1（1 表示设备激活），如图 6-25 所示。

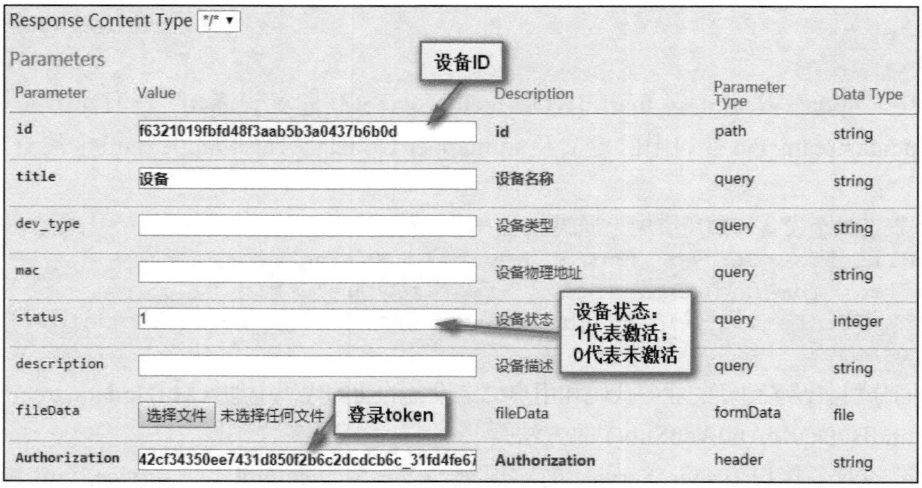

图6-24　swagger编辑设备接口参数

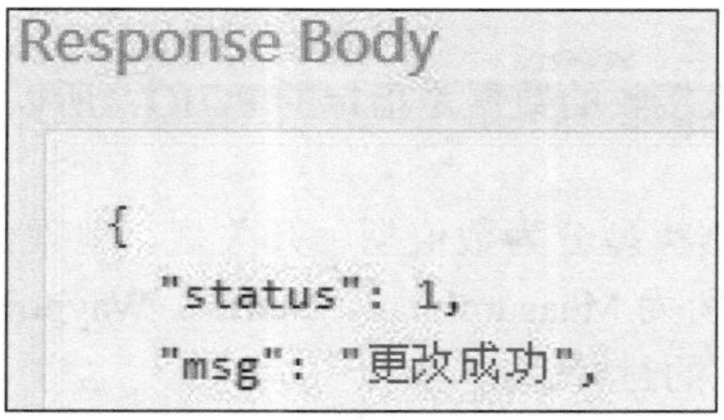

```
        Response Body
        {
            "status": 1,
            "msg": "更改成功",
```

图6-25　swagger编辑设备接口测试响应结果

单击"Try it out",请求接口,Response Body 返回信息提示更改成功,此时该设备 ID 对应设备下的向上通道 ID,该 ID 存在于 MQTT 协议订阅中。为了验证我们的想法,我们可以使用 mqtt.fx 向该设备下的向上通道 ID 发送消息,之后在控制台看到接收成功的消息。

这里,设备对应的向上通道 ID 有两个,分别是:879c2cb51e0e423f94f328dd8400c61d 和 c9b9d19224ff4ffeb053228812dbedd4。我们分别将这两个 ID 作为主题在 MQTT.fx 上发布消息:879c2cb51e0e423f94f328dd8400c61d 发布消息 0,c9b9d19224ff4ffeb053228812dbedd4 发布消息 1。

如果订阅成功,client 模块会接收消息,并打印消息(任务二设置的测试打印),代码如下。

```
879c2cb51e0e423f94f328dd8400c61d
0
这里判断主题是否有效
这里将设备数据保存到 MongoDB
c9b9d19224ff4ffeb053228812dbedd4
1
这里判断主题是否有效
这里将设备数据保存到 MongoDB
```

2. 接收订阅与数据处理

我们已经成功订阅向上通道 ID,并且验证可以收到订阅消息。这节我们研究如何处理收到的设备数据并将其保存在 MongoDB 中。

在任务二中,我们在 client 模块中定义了订阅回调处理接收数据的业务类。接下来我们需要在 client 模块中编写处理接收的数据并将其保存在 MongoDB 中(所以需要调用 mongo 模块的持久化数据接口),一旦接收新消息就会进入这里再进行相应的处理。

client 模块调用 mongo 模块持久化的数据接口,client 模块需要依赖 mongo 模块,因此我们需要在 client 模块的 build.gradle 中引用 mongo 模块,具体做法是在 dependencies {} 内添加以下语句。

```
compile project(':mongo')
```

接口定义:mongo 模块的持久化数据接口在之前的项目中已经实现了,这里可以直接调用。client 模块对应的调用 mongo 接口的接口也在任务二定义好了,我们这里只需调用即可。

调用接口：mongo 模块接收的数据是指定的 POJO，所以我们需要在 client 模块中将数据封装好再调用。

设备上传的数据按数据类型分为数值型、开关型、地理位置型和文本型 4 种，对应的 mongo 模块的 POJO 分别为 Measurement、Status、Waypoint 和 Alert。我们这里也要根据接收的数据类型做相应的封装。

接收到的数据 Topic 为向上通道 ID，消息内容为此通道携带的设备数据。我们要想知道数据类型，需要通过向上通道 ID 去 MySQL 数据库中查询，这里我们需要调用 core 模块的相应方法。我们应该引入 core 模块依赖，如图 6-26、图 6-27、图 6-28 和图 6-29 所示。

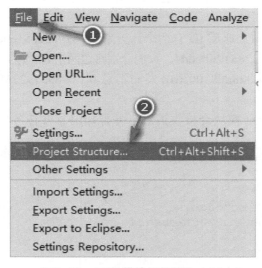

图6-26　IDEA模块依赖操作（1）

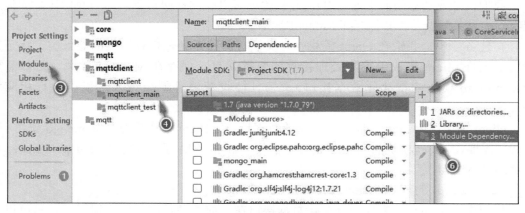

图6-27　IDEA模块依赖操作（2）

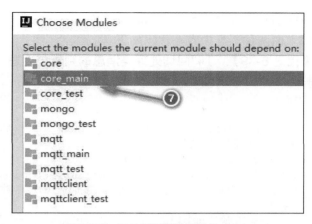

图6-28 IDEA模块依赖操作（3）

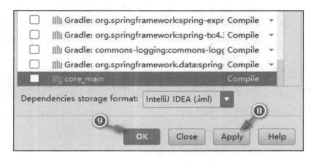

图6-29 IDEA模块依赖操作（4）

执行以上4个步骤，client 模块成功依赖 core 模块。

根据需求，我们需要确定 Topic 是否为向上通道 ID，若确定是向上通道 ID 则查出对应的通道数据类型，该查询需要在 core 模块中进行，实现方法是 MQTT 协议 Service 中的 findDataTypeByUdsId() 方法。

接下来，我们需要在 client 模块 service.impl 包下的 IMongoService 接口中定义调用方法 findDataTypeByUdsId()。同样在实现类中重写此方法，代码如下：

【代码6-38】 根据向上通道 ID 获取通道数据类型

```
1  @Override
2  public Integer findDataTypeByUdsId(String topic) {
3      return mqttService.findDataTypeByUdsId(topic);
4  }
```

然后，我们回到订阅回调处理类 SubCallBackService（service 包下）的消息处理方法 msgHandle() 中，稍加处理逻辑。由于所有接收的回调消息都要经过这里，为了防止我们订阅的其他主题（如设备 ID）与本节需要的向上通道 ID 的处理混淆，我们先通过事先约定的主题消息规则，过滤掉除向上通道 ID 发送的设备数据的其他主题与数据。我们约定以下内容。

①通过设备 ID 发送的主题消息内容为："online" 或 "offline"；（用于设备在线状态）；

② 设备控制响应的消息内容前缀为："response:"；
③ 我们需要过滤上面两种消息内容，代码如下。

【代码 6-39】 订阅回调处理类消息的判断与处理

```
1   // 接收设备的上线下线信息的处理
2         if(msg.equalsIgnoreCase("online") || msg.equalsIgnoreCase("offline")){
3             coreServiceInner.updateOnlineStatus(topic,msg);
4         // 接收设备控制响应的处理
5         }else if(msg.startsWith("response:")){
6             coreServiceInner.returnResponse(topic,msg);
7         // 其他接收的消息是向上通道 ID 作为主题上传的设备数据
8         }else {
9             // 确认主题是向上通道 ID 并由此查出通道的数据类型
10            Integer dataType = coreServiceInner.findDataTypeByUdsId(topic);
11            // 上步确认通过，执行持久化到 mongodb 操作
12            if(dataType != null){
13                mongoService.saveToMongo(topic,dataType,msg);
14            }
15        }
```

上面的代码同时给出了确认主题是向上通道 ID，并由此查出通道数据类型后，调用将设备数据持久化到 MongoDB 的接口方法。其中，mongoService.saveToMongo 是任务二定义的，但比任务二多了一个参数传递 Integer 型的 dataType，这是在整合业务逻辑时对当时定义接口的修改。修改后的方法定义如下：

```
/** 将设备数据保存到 MongoDB*/
public boolean saveToMongo(String topic,Integer dataType,String msg);
```

同时 MongoService 重写此方法并根据通道类型封装 POJO，再调用 mongo 模块的方法做持久化。在此之前，我们要约定设备端发布主题数据（即后台订阅主题）的格式如下：

dataType = 1 时：value（字符串型）。

dataType = 2 时：status（数值型）。

dataType = 3 时：longtitude, latitude, elevation(可空缺)（均为字符串型）。

dataType = 4 时：news（字符串型）。

例如，向上通道 ID 为 8f46876a9b79418580e698bcedbbb228，数据类型为 1（数值测量值型），设备数据为 23，则：

设备发送主题为：8f46876a9b79418580e698bcedbbb228。发送消息内容为：23。

后台订阅主题为：8f46876a9b79418580e698bcedbbb228。则将接收到内容：23。

后台可以通过 8f46876a9b79418580e698bcedbbb228，确认通道是否存在并查询出数据类型码为 1，根据下面的方法将设备数据 23 保存到 MongoDB。

实现 saveToMongo() 方法的代码如下：

【代码 6-40】 将数据保存到 MongoDB 的方法

```
1   @Autowired
```

```
 2    private IMongoApiManager mongoApiManager;

 3    @Override
 4    public boolean saveToMongo(String topic,Integer dataType,String
msg) {
 5        /* dataType 表示通道的数据类型：
 6         * 1：数值测量值型；2：开关状态型；3：地理位置定位型；4：文本预警消息型。
 7         **/
 8        if (0 < dataType && dataType < 5) {
 9            UpdatastreamData udsData = null;
10            switch (dataType) {
11                case 1:
12                    Measurement measurement = new Measurement();
13                    measurement.setUpDataStreamId(topic);
14                    measurement.setTiming(new Date());
15                    measurement.setValue(msg);
16                    udsData = measurement;
17                    break;
18                case 2:
19                    Integer stat = null;
20                    try {
21                        stat = Integer.valueOf(msg);
22                    } catch (NumberFormatException nfe) {
23                        nfe.printStackTrace();
24                    }
25                    if (stat != 0 && stat != 1) {
26                        return false;
27                    }
28                    Status status = new Status();
29                    status.setUpDataStreamId(topic);
30                    status.setTiming(new Date());
31                    status.setStatus(stat);
32                    udsData = status;
33                    break;
34                case 3:
35                    String[] str = msg.split(",");
36                    if (str.length < 2) {
37                        return false;
38                    }
39                    Waypoint waypoint = new Waypoint();
40                    waypoint.setUpDataStreamId(topic);
41                    waypoint.setTiming(new Date());
42                    waypoint.setLongitude(str[0]);
43                    waypoint.setLatitude(str[1]);
44                    if (str.length == 3) {
45                        waypoint.setElevation(str[2]);
46                    }
47                    udsData = waypoint;
48                    break;
49                case 4:
```

```
50                    Alert alert = new Alert();
51                    alert.setUpDataStreamId(topic);
52                    alert.setTiming(new Date());
53                    alert.setNews(msg);
54                    udsData = alert;
55                    break;
56                default:
57                    return false;
58            }
59            MongoResult mongoResult = mongoApiManager.upload(dataType, udsData, "dev");
60            if (mongoResult != null && mongoResult.getStatus() == 1) {
61                return true;
62            } else {
63                return false;
64            }
65        }else {
66            return false;
67        }
68 }
```

至此完成设备数据的接收并持久化处理。

测试订阅持久化：测试订阅持久化和之前订阅测试的步骤是一样的，差别在于测试订阅持久化用 mqtt.fx 模拟发布后需要到 MongoDB 中查看数据是否已保存，这里不在赘述。

【练一练】

1. 取消订阅。
2. 初始化订阅。

6.3.2 MQTT协议发布控制设备数据

6.3.1 节实现了后台订阅接收并持久化设备数据的功能，与之相对应的是后台通过发布消息实现控制设备的功能。

向上通道对应的是设备上传数据，那控制设备是向下通道的任务。控制设备是设备使用者主动发起的请求。对于 B/S 模式的项目，用户控制设备的请求一般来自浏览器或移动 App。我们首先需要在 controller 层定义一个接收请求的接口，然后需要在业务层过滤封装控制指令数据，最后需要通过 MQTT 协议调用层去调用 client 模块的发布方法（任务二已经实现）。我们是从外到内规划流程，由内到外实现代码。

1. MQTT 协议调用发布层

在 service 包下 IMqttService 接口中定义方法 addPub()，代码如下：

```
/** 通过 MQTT 协议发布主题实现对设备控制 */
public boolean addPub(String topic,int qos,String msg)throws MQTTException;
```

在 service.impl 包下定义其实现类 MQTT 协议 ServiceImpl，并重写 addPub() 方法，代码如下。

【代码 6-41】 core 模块下的 MQTT 协议接口发布方法

```
1  @Override
2  public boolean addPub(String topic, int qos, String msg) throws MqttException {
3      return coreServiceOuter.addPub(topic,qos,msg);
4  }
```

完成调用 client 模块 MQTT 协议发布的出口。

2. 控制数据业务处理层

在请求接收处理层，我们统一将控制指令转化为字符串，我们只需要在业务层接收向下通道 ID 和指令字符串即可。因为设备控制是通过向下通道实现的，所以我们在 service. 包下的 IDowndatastreamService 接口内定义了方法 controlByMQTT 协议()，并在 service 包下 impl 包下的实现类 DowndatastreamServiceImpl 中重写此方法，代码如下。

【代码 6-42】 控制设备的业务处理方法

```
1  @Override
2  public Result controlByMqtt(String downdatastreamId, String directive) throws MqttException {
3      Integer dataType = downdatastreamDao.findDataTypeById(downdatastreamId);
4      if(dataType == null){
5          return Result.error(ResultStatus.DATASTREAM_NOT_FOUND);
6      }
7      boolean bPub = mqttService.addPub(downdatastreamId,0,directive);
8      if(bPub){
9          return Result.ok(ResultStatus.OPERATION_SUCCESS);
10     }else {
11         return Result.error(ResultStatus.OPERATION_ERROR);
12     }
13 }
```

其中，downdatastreamDao.findDataTypeById() 方法是通过向下通道 ID 查询向下通道数据类型。6.3.1 节通过向上通道 ID 查询向上通道数据类型。

3. 请求接收处理层

设备上传数据对应的 4 种类型见表 6-2。

表6–2　向上通道数据类型

类型码	类型	实体类
1	数值测量值型	Measurement
2	开关状态型	Status
3	地理位置定位型	Waypoint
4	文本预警消息型	Alert

向上通道负责设备的数据上传，向下通道负责设备控制，设备控制是将设备的数据改为指定的数据。因此向上通道与向下通道应该是一一对应的。向下通道的数据类型（即控制设备的数据类型）也应该定义为 4 种类型。为方便将物理模型转化成程序模型，我们取了不同的名字，但其表示的数据是一样的，见表 6-3。

表6–3　向下通道数据类型

类型码	类型	实体类	对应向上类型实体类
1	数值配置型	Configuration	Measurement
2	开关控制型	Switch	Status
3	地理位置定位型	Location	Waypoint
4	文本消息型	Messages	Alert

为了便于接收不同类型的数据与识别，我们在 4 种类型对应的 controller 层中定义了请求接收的类，分别在 controller 包下创建 ConfigurationController、SwitchController、LocationController、MessageController 并定义方法 add()，相应的实现代码如下：

ConfigurationController 实现代码如下：

【代码 6-43】　数值配置型控制请求接收

```
 1  @RequestMapping(value="{downdatastream_pk}/configuration", method= RequestMethod.POST)
 2  @ResponseBody
 3  @ApiOperation(value = "对设备的配置操作指令", notes = "保存对设备的数值型配置操作指令")
 4  @Authorization
 5  @ApiImplicitParams({
 6      @ApiImplicitParam(name = "Authorization", value = "Authorization", required = true, dataType = "string", paramType = "header"),
 7  })
 8  @Permissions(role = Role.DEVELOPER+Role.STAFF)
 9  public Result add(@ApiParam(value = "向下通道ID")  @PathVariable(value="downdatastream_pk") String downdatastream_pk,
10                   @ApiParam("数值型配置值") @RequestParam String value ) {
11      try {
12          return downdatastreamService.controlByMQTT(downdatastream_pk,value);
13      }catch (Exception e){
14          e.printStackTrace();
15          return Result.error(ResultStatus.OPERATION_ERROR);
16      }
17  }
```

因为数值配置型为接收字符串数据，所以可以直接调用业务层。

SwitchController 的实现代码如下：

项目6 物联网云平台消息机制

【代码6-44】 开关控制型控制请求接收

```
 1  @RequestMapping(value="{downdatastream_pk}/switch",method=
RequestMethod.POST)
 2   @ResponseBody
 3   @ApiOperation(value = "对设备的开关操作指令",notes = "保存对设备的
开关操作指令")
 4   @Authorization
 5   @ApiImplicitParams({
 6          @ApiImplicitParam(name = "Authorization", value =
"Authorization", required = true, dataType = "string", paramType =
"header"),
 7   })
 8   @Permissions(role = Role.DEVELOPER+Role.STAFF)
 9   public Result add(@ApiParam(value = "向下通道ID") @PathVariable
 String downdatastream_pk, @ApiParam(value = "开:1; 关:0") @
RequestParam Integer status) {
10      try {
11             return downdatastreamService.controlByMQTT协 议
(downdatastream_pk,status.toString());
12      }catch (Exception e){
13           e.printStackTrace();
14           return Result.error(ResultStatus.OPERATION_ERROR);
15      }
16  }
```

开关控制型数据为0或1,所以只需将此转化为String类型即可直接调用业务层。

LocationController 的实现代码如下:

【代码6-45】 位置定位型控制请求接收

```
 1  @RequestMapping(value="{downdatastream_pk}/location",method=
RequestMethod.POST)
 2   @ResponseBody
 3   @ApiOperation(value = "对设备的GPS操作指令", notes = "保存对设备
的位置型GPS操作指令")
 4   @Authorization
 5   @ApiImplicitParams({
 6          @ApiImplicitParam(name = "Authorization", value =
"Authorization", required = true, dataType = "string", paramType =
"header"),
 7   })
 8   @Permissions(role = Role.DEVELOPER+Role.STAFF)
 9   public Result add(@ApiParam(value = "向下通道id")@PathVariable
("downdatastream_pk") String downdatastream_pk,
10                  @RequestBody Location location ) {
11      if(location==null){
12           return Result.error(ResultStatus.DATA_NOT_FOUND);
13      }
14      String directive = location.getLongitude()+","+location.
getLatitude();
15      String elevation = location.getElevation();
```

```
16     if(elevation != null && elevation.length()>0){
17         directive = directive + "," + elevation;
18     }
19     try {
20         return downdatastreamService.controlByMqtt(downdatastream_pk,directive);
21     }catch (Exception e){
22         e.printStackTrace();
23         return Result.error(ResultStatus.OPERATION_ERROR);
24     }
25 }
```

因为地理位置定位型数据是直接通过 Location 实体类接收的，其包括经度（longtitude）、纬度（latitude）、海拔（elevation），而经度和纬度又是必填选项，我们要将其拼接成事先规定的字符串，且顺序必须固定不变。我们规定拼接字符串格式是：Longtitude，latitude，elevation，海拔之间用英文状态下的逗号隔开。

MessageController 的实现代码如下：

【代码 6-46】 文本消息型控制请求接收

```
1  @RequestMapping(value="{downdatastream_pk}/message",method=RequestMethod.POST)
2  @ResponseBody
3  @ApiOperation(value = "对设备的消息操作指令", notes = "保存对设备的文本型消息操作指令")
4  @Authorization
5  @ApiImplicitParams({
6      @ApiImplicitParam(name = "Authorization", value = "Authorization", required = true, dataType = "string", paramType = "header"),
7  })
8  @Permissions(role = Role.DEVELOPER+Role.STAFF)
9  public Result add(@ApiParam(value = "向下通道ID")  @PathVariable("downdatastream_pk") String downdatastream_pk,
10                   @ApiParam(value = "消息文本") @RequestParam String news ) {
11     try {
12         return downdatastreamService.controlByMqtt(downdatastream_pk,news);
13     }catch (Exception e){
14         e.printStackTrace();
15         return Result.error(ResultStatus.OPERATION_ERROR);
16     }
17 }
```

文本消息型为接收字符串数据，所以可以直接调用业务层。

4. 测试发布

Client 模块的 MQTT 协议发布功能已经完成，我们可以通过设备向下通道控制设备。因为此时平台还没有接入实际设备，所以我们要通过测试，确认是否可以通过订阅相应的向下通道 ID 去接收控制指令。若成功接收，则表示真实设备接入平台可以收到该控制指令，而至于设备端如何利用该指令实现真正的控制，那是硬件编程的范畴了。

测试的具体做法有以下 3 点：
① 利用 MQTT 协议测试工具 mqtt.fx 订阅相应的向下通道 ID；
② 利用 Swagger 接口文档通过接口测试完成发布该向下通道 ID 作为主题的内容；
③ 查看 matt.fx 是否收到该内容，收到则说明成功。

mqtt.fx 使用和利用 Swagger 测试接口的方法在之前章节都已详细讲过。此处就不给出针对测试的实例了。

至此，我们实现了通过发布 MQTT 协议主题消息控制设备的 API。

【练一练】
1. 设备状态的监听。
2. 设备对控制的结果响应实现。

6.3.3 任务回顾

 知识点总结

1. 通过 MQTT 协议订阅向上通道 ID 主题实现设备上传数据并持久化的功能。
2. 通过 MQTT 协议发布向下通道 ID 主题内容实现设备控制功能。
3. 向上通道和向下通道对应的 4 种数据类型及其用法。

学习足迹

任务三的学习足迹如图 6-30 所示。

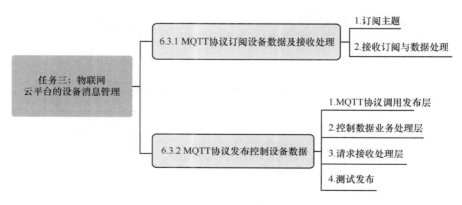

图 6-30 任务三的学习足迹

思考与练习

1. 以下哪项不属于 MQTT 协议实现的功能（　　）。
   A. 订阅　　　　B. 发布　　　　C. 网关　　　　D. 软件
2. MQTT 协议项目部分用＿＿＿＿＿＿＿＿＿＿＿＿服务测试。
3. MQTT 协议的主题分为＿＿＿＿＿＿、＿＿＿＿＿＿两种。
4. 在 MQTT 协议项目的开发中 core 模块是什么内容？

6.4 项目总结

本项目是整本书的重点，因为它是打通云后台与设备端的桥梁，有了设备接入的能力，物联网云平台才算得上真正意义的物联网云平台。

通过本项目的学习，我们要了解 MQTT 协议内容、熟悉 MQTT 协议发布订阅模式的原理；了解当下 MQTT 协议的服务器和客户端库的实现、如何利用工具测试 MQTT 协议以加深对其的理解、如何利用 org.eclipse.paho.java 实现与 mosquitto 等 MQTT 协议服务器的消息通信、如何实现 Java 语言下的 MQTT 协议发布与订阅并整合业务逻辑、如何将 org.eclipse.paho.java 与 spring 框架集成、如何利用 MQTT 协议实现物联网场景下的业务需求与功能；如何在 MQTT 协议客户端回调中处理接收到的数据、初步实现利用 MQTT 协议完成对物联网设备的监控与控制。

项目 6 的技能图谱如图 6-31 所示。

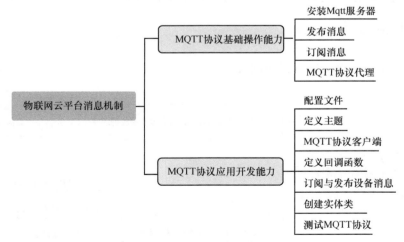

图6-31　项目6的技能图谱

6.5 拓展训练

自主调研：MQTT 协议主题分层的优化。
- ◆ **调研要求**

对于选题，MQTT 协议主题分层的合理性优化。
调研报告需包含以下关键点：
① MQTT 协议服务器实现主题查找和过滤的原理；
② 主题分层不合理对性能有什么影响；
③ 如何优化主题分层。
- ◆ **格式要求**：采用 PPT 的形式展示。
- ◆ **考核方式**：采取课内发言，时间要求为 3~5 分钟。
- ◆ **评估标准**：见表 6-4。

表6-4 拓展训练评估表

项目名称： MQTT协议主题分层的合理性优化	项目承接人： 姓名：	日期：
项目要求	扣分标准	得分情况
总体要求（10分） ① 描述不同MQTT协议服务器对主题查找过滤原理； ② 能针对主题分层不当产生的性能问题给出优化建议	① 包括总体要求的3项内容（每缺少一个内容扣5分）； ② 逻辑混乱，语言表达不清楚（扣2分）； ③ PPT制作不合格（扣2分）	
评价 人	评价说明	备注
个人		
老师		